四川省重点出版项目

高分子材料研究与应用丛书

聚氯乙烯
制备及生产工艺学

JULÜYIXI ZHIBEI JI SHENGCHAN GONGYIXUE

张　倩／主编

四川大学出版社

项目策划：毕　潜
责任编辑：毕　潜
责任校对：龚娇梅
封面设计：墨创文化
责任印制：王　炜

图书在版编目（CIP）数据

聚氯乙烯制备及生产工艺学 / 张倩主编．— 成都：
四川大学出版社，2020.10
（高分子材料研究与应用丛书）
ISBN 978-7-5690-3896-5

Ⅰ．①聚… Ⅱ．①张… Ⅲ．①聚氯乙烯—制备②聚氯
乙烯—生产工艺 Ⅳ．① TQ325.3

中国版本图书馆 CIP 数据核字（2020）第 189984 号

书名　聚氯乙烯制备及生产工艺学

主　　编	张　倩
出　　版	四川大学出版社
地　　址	成都市一环路南一段 24 号（610065）
发　　行	四川大学出版社
书　　号	ISBN 978-7-5690-3896-5
印前制作	四川胜翔数码印务设计有限公司
印　　刷	郫县犀浦印刷厂
成品尺寸	185mm×260mm
印　　张	15.75
字　　数	405 千字
版　　次	2020 年 12 月第 1 版
印　　次	2020 年 12 月第 1 次印刷
定　　价	63.00 元

四川大学出版社
微信公众号

前　言

聚氯乙烯（PVC）是由氯乙烯在引发剂作用下聚合而成的热塑性树脂，是世界上最早实现工业化的塑料品种之一。在众多的塑料品种中，PVC 以其优良的综合性能、便宜的价格以及与氯碱工业密切的关系，在工业、农业、建筑、日用品、医药、包装以及电力等方面得到了广泛应用。

PVC 是我国最早开发的塑料品种之一，1955 年锦西化工厂进行了中试试验，1958 年我国第一套 3000 吨/年 PVC 悬浮聚合法生产装置投产，我国 PVC 的工业已经走过了 60 多年的发展历程。

工业上，根据所采用的原理，氯乙烯单体合成方法分为联合法、混合烯炔法、乙炔氢氯化法、乙烯氧氯化法和乙烷氧氯化法五种，而我国 PVC 生产工艺中，氯乙烯的合成主要采用电石乙炔法、乙烯氧氯化法和乙烷氧氯化法。2018 年，国内 PVC 产能为 2400 多万吨，其中电石乙炔法 PVC 产能为 1900 多万吨，约占总产能的 80%，为国家节约原油约 1.2 亿吨。发展电石乙炔法 PVC 符合中国富煤、贫油的能源结构，对于维护国家能源战略安全、提升传统氯碱化工产业竞争力有着积极的现实意义。

全书共 8 章，系统地介绍了 PVC 生产工艺的基本理论，重点阐述了乙炔氢氯化法和乙烯氧氯化法，对乙烷氧氯化法也有涉猎，乙炔氢氯化法中涉及低汞触媒催化剂和干法乙炔生产技术；详尽地讨论了氯乙烯的聚合原理和氯乙烯聚合实施方法，对国内外 PVC 的改性新进展、医用 PVC 材料和废旧聚氯乙烯的再生利用也进行了介绍。本书作为高校实践性教材，在各章附有教学和实践思考题以及工艺流程，便于学生在学习聚氯乙烯工艺时对重难点的掌握。

本书是在参阅了大量研究文献、近年出版的相关专著及本科生实践教学自编讲义的基础上完成的，也是作者对长期的聚氯乙烯生产实践教学经验的总结。衷心感谢四川大学高分子科学与工程学院的李瑞海教授、黄忠祥高级工程师对此书的编写给予的多方面的帮助，感谢四川金路树脂股份有限公司的各位领导和工程技术人员对本科实践教学的长期支持与帮助，感谢四川省重点出版项目专项补助资金的支持和四川大学出版社的大力协助。

本书可作为高等院校化学、化工、高分子等专业本科生选修课或企业实践的教材，也可供研究生和从事高分子科学与工程的科技工作者和企业工程技术人员参阅。

由于水平有限，书中难免存在不足之处，敬请读者批评指正。

编　者

2020 年 8 月于四川大学

目　录

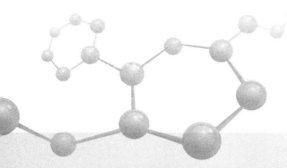

/ 第1章 /

聚氯乙烯工业发展概况

1.1　国内外聚氯乙烯工业发展概况

聚氯乙烯（ployvinyl chloride，PVC）是以氯乙烯（vinyl chloride，VC）为单体，经多种聚合方式生产的热塑性树脂，是五大热塑性通用树脂中较早实现工业化生产的品种，其产量仅次于聚乙烯（polyethylene，PE），位居世界第二位。

1835 年，法国化学家 Regnauk V 发现了聚氯乙烯的单体氯乙烯，并于 1838 年观察到氯乙烯的聚合体，被认为是聚氯乙烯发展的开端。1872 年，Banmann 合成了聚氯乙烯。1920 年，美国 Carbide Carbon Chemical（简称 C. C. C.）和 Du Pont 等公司提出氯乙烯专利的申请。1928 年，美国 C. C. C. 公司将聚氯乙烯与醋酸乙烯用液态本体法共聚成功，使其具有内增塑性质，从而为聚氯乙烯的应用开辟了共聚改性的途径，为20 世纪 30 年代的工业发展铺平了道路。1931 年，德国的 IG. Farben（现为 BASF）公司开始用乳液聚合法进行聚氯乙烯工业生产，并发售 "Igelit" 牌号的商品。1933 年，美国的 Baketite 公司兴建溶液聚合工厂，产品牌号是 "Vinylite"。1943 年，美国和德国分别用悬浮法和乳液法生产聚氯乙烯，年产量达 37000 吨。由于悬浮法生产的 PVC 质量好，后处理简单，产品性能和工艺优于乳液法，因此迅速发展成 PVC 的主要生产方法。1950 年，美国 Googrich 公司开发了微悬浮聚合第一代生产工艺。1966 年，法国 Rhone-poulen（现为 Atochem）公司开发出微悬浮法制备糊树脂第二代生产工艺。他们将种子聚合法引入微悬浮聚合中，得到产品质量好、生产效率高的专用于糊树脂生产的新方法。目前世界 PVC 的生产工艺仍在不断研究创新，PVC 成为通用树脂中生产工艺最多的一种树脂。

日本从 1935 年起开始关注聚氯乙烯，1937 年，日本窒素公司开始对其进行研究，1940 年，他们采用乳液聚合法，以 3 吨/月的生产能力开始工厂化运转，商品牌号为 "Nippolite"。1944 年，其生产能力达到 116 吨/年。1951 年，三菱孟山都公司从美国 Monsanto 公司引进悬浮聚合法的技术，开始生产聚氯乙烯。1952 年，日本奇虹公司从 Goodrich 公司引进悬浮聚合法的技术，也开始生产聚氯乙烯，从而开始了乳液聚合向悬浮聚合的蜕变。1953 年，整个日本除若干特殊品种以外，已全部采用悬浮聚合法。

聚氯乙烯的单体氯乙烯最初是以电石乙炔为原料合成的新电石法工艺，因此，PVC 的生产与氯碱工业密切相关，成为主要的耗氯产品。电石法工艺对环境污染严重，产生大量电石渣、废水、废汞催化剂和废气，生产成本高。20 世纪 60 年代以后，采用比较便宜的石油资源，即用乙烯氧氯化法制氯乙烯，由美国 Goodrich 公司开发成功，这使 PVC 生产发生了重大的工艺变革，由于其单体纯度高、成本低，很快被世界各国普遍采用，而电石乙炔工艺则被迅速淘汰。美国从 1969 年起基本都采用乙烯氧氯化法，仅保留一套电石乙炔法。日本从 1965 年引进美国 Stanffer 公司的固定床氧氯法和 Goodrich 公司的沸腾床氧氯化法的生产技术后，又由东洋曹达公司和吴羽化学公司分别自主开发了固定床氧氯化法和石脑油裂解烯炔法，到 1971 年也基本上淘汰了电石乙炔法工艺路线。

作为氯乙烯的另一原料氯气，具有苛性钠副产物利用的价值。氯与苛性钠是电解食盐时得到的两种基础化工原料（比例为 1∶0.875）。随着 PVC 生产量的巨大增长，氯气也取得主导地位，而副产物苛性钠的供需平衡反成问题，于是氯气的来源便日趋成为重要课题。就目前而言，PVC 制造技术和获取氯气的技术就显得同等重要了。20 世纪末，按美国"Chemical Week"报道，常将 PVC 的发展作为化学工业的先行指标，它也常常是反映国民经济发展的晴雨表。

PVC 也是我国最早开发的热塑性塑料。1955 年，锦西化工厂开始进行中试试验，1958 年建成投产了我国第一套 3000 吨/年 PVC 悬浮聚合法生产装置，此后又扩建为 6000 吨/年，并完成了定型设计，成为标准生产工艺推广到全国。1962 年，武汉建汉化工厂（葛化集团）和上海天原化工厂分别中试成功乳液法生产 PVC 工艺，并扩建为 500 吨/年的生产装置。1970—1979 年，我国建设了一批 PVC 型氯碱和电石乙炔法生产 PVC 装置。1976 年，北京化工厂首先引进国外技术氧氯化法制备氯乙烯，并建成 8 万吨/年的 PVC 悬浮法生产装置。20 世纪 80 年代后，我国又相继从美国、德国、法国、日本等数十家公司引进数十套生产装置和技术，生产工艺有悬浮聚合法、微悬浮聚合法、乳液种子聚合法、乳液连续聚合法、混合法和本体聚合法，至此，世界上常用的 PVC 生产工艺，中国均有生产厂家。我国引进的 PVC 生产技术和装置见表 1-1。

表 1-1　我国引进的 PVC 生产技术和装置

生产厂	生产工艺	投产时间
锦化化工（集团）公司	东德布纳公司连续乳液聚合法	1960 年
	美国古德里奇公司悬浮聚合法生产技术和装置	1988 年
	EVC 公司悬浮聚合法生产技术和装置	1999 年
沈阳化工股份公司	日本钟渊公司微悬浮法	1985 年
北京化工二厂	美国古德里奇公司悬浮聚合法生产技术和装置	1988 年
	EVC 公司悬浮聚合法生产技术和装置	1998 年
天津化工厂	日本三菱孟山都公司种子乳液和种子微悬浮聚合法	1988 年
齐鲁石化公司	日本信越公司悬浮聚合法生产技术和装置	1989 年
上海天原化工厂	日本三菱孟山都公司种子乳液和种子微悬浮聚合法	1989 年
牡丹江树脂厂	日本吉昂公司微悬浮聚合法生产技术和装置	1989 年
西安化工厂	德国布纳公司无种子连续乳液聚合法	1989 年
	美国西方化学公司混合法糊树脂生产技术和装置	1991 年
武汉葛化集团有限公司	美国波文公司乳液聚合生产技术	20 世纪 80 年代
株洲化工厂	日本吉昂公司高型号树脂技术和装置	1990 年
	美国西方化学公司的悬浮法聚氯乙烯生产技术	2005 年

生产厂	生产工艺	投产时间
上海氯碱总厂	日本信越公司悬浮聚合法生产技术和装置	1990 年
	美国西方化学公司 HYBRID 体系混合法技术	1991 年
无锡电化厂	美国西方化学公司高型号树脂技术	1990 年
安徽氯碱化工集团公司	法国阿托化学公司种子微悬浮聚合法（MSP－3 法）	1991 年
四川宜宾天原股份公司	法国阿托化学公司本体聚合技术和装置	1995 年
福州化工二厂	美国古德里奇公司悬浮聚合法生产技术和装置	1997 年
天津乐金大沽化学有限公司	LG 公司悬浮法工艺	1998 年、1999 年、2003 年
苏州华苏塑料有限公司	美国 Westlake PVC Corp 公司悬浮聚合法生产装置	1999 年
沧州化学工业公司（CCI）	日本窒素公司和法国 Krebs 公司的技术、设备	2004 年、2006 年
内蒙古海吉氯碱化工公司	法国阿克玛公司本体聚合技术和装置	2004 年
天津大沽化工股份有限公司	日本窒素公司悬浮聚合技术	2005 年
台化塑胶（宁波）有限公司		2005 年
英力特化工股份有限公司	EVC 公司悬浮聚合工艺技术	2007 年
东曹（广州）化工有限公司	日本东曹株式会社的技术	2007 年

经过半个多世纪的发展，中国 PVC 工业取得了长足的进步，尤其是进入 21 世纪后，中国 PVC 工业发展十分迅速，至 2007 年，中国 PVC 年生产企业已近 100 家，遍布全国各地，年生产能力达到 1354.0 万吨，实际产量为 971.68 万吨，总消费量达到 1026.76 万吨，自给率 94.6%，是通用合成树脂中自给率最高的树脂。从 2004 年起，中国 PVC 产量超过聚乙烯（PE）和聚丙烯（PP），跃升为第一位（世界 PVC 产量仅次于 PE，位居第二位），而从 2006 年，中国 PVC 产能和产量超过美国，均居世界第一位，目前中国是世界 PVC 产量和消费量最大的国家。

在技术方面，中国企业近年来也取得不少进展。为提高单釜生产能力，除普遍采用 70 m³ 聚合釜及成套技术外，F135 型聚合釜的研制成功和推广使聚合釜大型化成为可能。同时采用先进的引发和分散配方体系、密闭进料方式、防粘釜技术、新型汽提干燥技术和集散型控制系统（DSO）等，提升了 PVC 产品的品质，降低了能耗，提高了生产效率，并通过电石渣综合利用和电石干法制乙炔技术的应用，改善了电石法 PVC 树脂生产环保性差的问题。但与国外先进生产技术相比，我国 PVC 生产总体水平相差较大，主要体现在以下几方面：

（1）国外在 20 世纪 70 年代中期已基本完成了生产工艺路线由电石乙炔法向石油乙烯法的转换（目前全世界乙烯法生产工艺约占 90%，电石乙炔法约占 10%），而我国目前主要还采用电石乙炔法工艺，在 PVC 总产量中约占 70% 以上（2006 年为 73%）。由于我国石油资源相对紧缺且具有独特的煤炭资源优势，加之电石乙炔法生产 PVC 所需投资少，国产化程度高，工艺流程简单，因此，在今后相当长的时期内，电石乙炔法工艺线路仍然占据我国 PVC 生产的主流地位。

（2）我国 PVC 生产企业规模较小。近年来，虽然我国 PVC 生产企业的平均生产规模明显提高（2004 年平均生产规模约为 8.0 万吨/年，2005 年达到 11.0 万吨/年，2006 年增加到 15.0 万吨/年，2007 年约为 16.0 万吨/年，一些扩建、新建装置的生产规模达到 20.0～40.0 万吨/年，企业最大规模达到 68.0 万吨/年），但相比世界 PVC 企业的平均规模（2007 年约为 26.0 万吨/年）差距仍然很大。而企业 PVC 装置规模也在不断提高，但仍不及国际平均水平。目前我国 PVC 生产装置平均规模不足 10 万吨/年，而国际上 PVC 生产装置平均规模为 15～20 万吨/年，最大规模超过 100 万吨/年。如美国平均规模为 30 万吨/年，日本平均规模为 15 万吨/年。

（3）我国主要采用悬浮法和乳液法生产 PVC 树脂，品种仅为国外牌号的 1/20 左右，产品附加值低，适应性差。国外发达国家 PVC 树脂品种牌号很多，西欧有 800 多个，日本有 600 多个，美国有 300 多个，且每个 PVC 生产公司都拥有几百种牌号，如日本信越化学公司就有 348 种 PVC 牌号。

总之，PVC 树脂在通用树脂中工业化生产早，生产相对容易，成本较低，产品品种多，性能优良，应用极为广泛；经过多年的研究与开发，PVC 生产技术和工艺经历了几次较大的变化，生产水平取得了明显的进展。尽管近 20 多年来，市场受到经济危机、能源危机的冲击，PVC 工业仍受到世界各国的重视，沿着良性循环的道路持续发展。

1.2 聚氯乙烯制品的现状

目前，世界聚氯乙烯制品以硬质制品为主，其消费量占树脂总消费量的 59.83%，软质制品占 32.88%，其他制品占 2.29%。北美、西欧地区聚氯乙烯硬质制品消费比例高于世界总体水平，分别为 75.4% 和 65.2%。近年来，聚氯乙烯建筑材料在世界聚氯乙烯应用市场中所占比例最大，且增加速度也最快。据统计，美国聚氯乙烯建材制品一直占其塑料制品总量的 60% 左右，西欧为 62%，日本为 50%，而我国还不到 30%，因此，我国还有很大的上升空间。

聚氯乙烯容易加工，可通过模压、层合、注塑、挤塑、压延、吹塑中空等方式进行。聚氯乙烯主要用于生产人造革、薄膜、电线护套、密封条、耐酸碱软管等塑料软制品，也可用于生产板材、门窗异型材、UPVC（硬聚氯乙烯管材）管道、棒材、酸碱泵的阀门、焊条及容器等塑料硬制品。硬聚氯乙烯制品的力学强度高，电器性能优良，耐酸碱的抵抗力极强，化学稳定性好，缺点是软化点低。软聚氯乙烯制品的抗拉强度、抗弯强度、冲击强度、冲击韧性等均比硬聚氯乙烯低，但破断时的伸长率较高。随着我国 PVC 制品的不断开发和应用，形成了多元化的产业链，涉及农业、机械制造业、汽车、通信、医用、精细化工、电子、建筑、家具、包装和日用品等各个行业。

1.2.1 PVC 塑料制品

我国 PVC 塑料制品主要分为软制品和硬制品两大类。软制品包括电线电缆、各种用途的膜以及一些专用涂料和密封剂等,而 PVC 膜根据厚度不同,又可分为压延膜、防水卷材、可折叠门、铺地材料、织物涂层、人造革、各类软管、手套、玩具、塑料鞋等;硬制品包括门窗、各种管材、硬片、瓶等。随着建筑业的发展,我国 PVC 塑料制品消费构成变化较大,硬制品比例不断提高,已接近 60%。目前主要发展的是大口径管材,家用耐热制品(如车辆防锈涂料、计算机外壳、护墙板、窗型材),纤维增强制品(如管材、机箱等阻燃 PVC 制品)以及用于包装的硬片膜制品,其发展重点大都集中在通用树脂市场。要使 PVC 应用领域不断扩大,取决于是否能进一步提高 PVC 树脂的物理性能。随着各种复合增塑剂、复合阻燃剂、耐热改性剂、冲击改性剂等的发展,将为 PVC 塑料制品打开更大的市场。一些走在前面的树脂生产厂家已推出了一系列高性能的 PVC 合金及专用粒料和粉料,如耐冲击的 PVC 瓶料,耐热电子电器专用料,阻燃、抑烟、无铅-钙 PVC 电线电缆复合料以及鞋用、医用、耐辐射、抗静电、纤维增强等 PVC 合金,以推动 PVC 市场的发展。

另外,具有特殊使用性能的特种 PVC 树脂也逐渐得到应用。如 PVC 糊用及掺混树脂、特种糊用 PVC 树脂、氯乙烯-醋酸乙烯共聚树脂、粉末涂料用 PVC 专用树脂、超高分子质量 PVC 专用树脂、超高吸收 PVC 专用树脂、消光专用树脂、溶液聚合型共聚树脂、弹性体专用 PVC 树脂等。塑料管道和塑料门窗的生产设备已由引进国外先进设备发展到自行研制开发,部分产品已经批量出口国际市场。目前,塑料管材和异型材在建筑用管材及门窗中的使用比例已分别超过 30% 和 15%,建筑业的发展将为塑料建材行业的发展开辟广阔的空间。

1.2.2 PVC 塑料管材

塑料管道是化学建材的重要门类之一,种类多,增长幅度大,市场前景好,发展空间广阔。在众多的 PVC 制品中,PVC 管道是各种塑料管道中消费量最大的品种。2010 年前,塑料管道的推广应用主要以 PVC-U 和 PE 塑料管道为主,并大力发展其他新型塑料管道。2010 年后,在全国新建、改建、扩建等建筑工程中,排水管道的 80% 采用塑料管(建筑雨水排水管道的 70% 采用塑料管,城市排水管道的塑料管使用量达到 30%),建筑给水、热水供应和供暖管道的 80% 采用塑料管,城市供水管道的 70% 采用塑料管,城市燃气塑料管(中低压管)的应用量达到 60%,建筑电线穿线护套管的 90% 采用塑料管。

目前,我国硬质聚氯乙烯管材和管件生产厂有 600 余家,总生产能力在 400 万吨/年以上,生产规模在 1 万吨/年以上的厂家有 30 多家,达到 0.5~1.0 万吨/年的厂家有 60 余家,硬质聚氯乙烯管材和管件的生产设备基本实现了国产化。据不完全统计,目前我国异型材生产线 4300 余条,其中引进生产线 1300 多条,生产能力为 230~250 万吨/年，国产挤出生产线约 3000 条，总加工能力已达 400 万吨/年，已经基本形成了以"渤海湾、长三角、珠三角"为主的三个主集结区，辅以中西部产能点状分布的异型材产能布局。

1.2.3 PVC 其他塑料制品

包装材料制品是塑料应用中用量最大的领域，也一直是 PVC 较大的消费市场。PVC 作为包装材料，主要用于礼品及各类日用品和家具的包装。随着我国经济的快速发展和人们消费水平的提高所带来的购物习惯的变化，对包装业起到了较大的拉动作用。日用塑料制品，如塑料鞋、运动鞋、人造革等一直是 PVC 消费较大的市场，且这个市场还将不断地增长。

在电子工业中，对 PVC 需求量最大的电缆、电线材料和电子电器连接件，以及仪器设备壳体等的用量在不断增加。PVC 材料主要用于低压电线电缆护套、接线盒、复合化的工业器具、设备、仪表附件等电子产品。

在汽车工业中，在内饰件上应用塑料已形成能力，PVC 内装制品是我国汽车工业用量最大的塑料品种之一，仅次于 PP 和 PU，居第 3 位。其主要用途是车顶内衬、地毯、车内蒙皮、绝缘软管、加油口漏斗、车门饰条、波纹管、密封条、座椅、仪表板表皮等。从汽车用 PVC 产品品种来看，PVC 汽车内部装饰材料基本上是与 ABS、MBS 和 EVA 等材料的共混物。根据汽车工业的特点，加强 PVC 共混改性、增强、填充阻燃的研究，研制出适于各种配件的合金和改性原料，扩大 PVC 在汽车工业中的应用领域是今后 PVC 发展的方向。

在塑料防水材料方面，重点发展改性沥青油毡，积极发展高分子防水卷材，适当发展防水涂料，努力开发密封材料和堵漏材料。在高分子防水卷材中，重点推广三元乙丙橡胶和 PVC 等新型高分子防水卷材。

在医用领域使用的 PVC 制品有各种医院设施、健康护理设施和保健护理用品，如 PVC 血袋、透明塑料管、手术室的辅助设备、试验室测试仪器以及专用共挤出制品等，其产品的应用领域正迅速增长，有着许多潜在的市场。随着对各种塑料医疗用品的需求增加，提供结构合理、柔韧性好和价格低廉的 PVC 医用制品，尤其是一次性医用制品的市场也日益扩大。

我国聚氯乙烯制品中硬质制品和软质制品的需求比例为 53∶47，2010 年这一比例达到 56∶44，这个数字接近发达国家 60∶40 的平均数。我国聚氯乙烯硬质制品消费聚氯乙烯比例已经超过 50%，但与美国的 69.2%、西欧的 66.8%、日本的 55%，以及世界平均水平的 60% 相比，还有一定差距。因此，聚氯乙烯管材、异型材等制品仍将是今后聚氯乙烯消费的主要增长点；化学建材业对聚氯乙烯树脂的年需求量将达到 500～600 万吨；电子电气工业中电缆材料、电气连接件以及仪器、设备壳体等对聚氯乙烯的需求量也将有较大幅度的增长，预计年需求量将达到 100 万吨；软质制品中的墙纸/发泡材料以及地板革/软板，虽然目前其使用比例不高，但房地产业和汽车产业的发展会有较大增长，预计年需求量将分别达到 23 万吨和 32 万吨。此外，包装、农业、医疗、日常生活用品等领域对聚氯乙烯的需要量也将不断增长。

1.3　国内聚氯乙烯工业面临的挑战

我国石油资源短缺，2012 年石油对外依存度已经达到 58%，因此，发展煤化工是我国应对能源挑战的重要举措之一。聚氯乙烯生产工艺主要分为石油乙烯法和电石乙炔法（简称电石法），2012 年，我国聚氯乙烯产量达到 1317 万吨，其中电石法聚氯乙烯产量已占聚氯乙烯总产量的 70% 以上，相当于节省乙烯资源 450 万吨，占我国乙烯产量的 30%。电石法聚氯乙烯的发展为缓解我国石油资源短缺，保障能源安全做出了突出贡献。"十二五"期间，我国电石法聚氯乙烯发展面临巨大的挑战，因此，科学地认识电石法聚氯乙烯发展的内外环境，系统地分析发展趋势及前景，大力推进节能减排技术，积极主动应对挑战，对电石法聚氯乙烯行业的健康和可持续发展具有重大意义。

1.3.1　节能减排的挑战

电石法聚氯乙烯生产行业中节能减排技术必将得到更加广泛的应用，这主要是由于目前这一行业的高能耗、高污染导致的。随着国家环保措施的加强，这一问题凸显得越来越强烈，加强节能减排技术是必然的趋势。2011 年 8 月，国务院发布了《"十二五"节能减排综合性工作方案》，方案要求到 2015 年全国万元国内生产总值能耗较 2010 年下降 16%，化学需氧量和二氧化硫排放总量较 2010 年下降 8%，氨氮和氮氧化物排放总量较 2010 年下降 10%。节能减排目标明确，责任到位，挑战巨大。

电石法聚氯乙烯是典型的高耗能产业，上述主要减排指标均与其紧密相关。如果将相关产业链的电耗全部折算到聚氯乙烯，那么采用电石法每生产 1 吨聚氯乙烯耗电量约为 7500 kW·h；若每千瓦小时电价上涨 0.01 元，那么电石法聚氯乙烯综合成本上涨 75 元/吨，其电力价格变化对成本的影响力是石油乙烯法路线的 3 倍左右。随着国家资源价格改革和节能减排政策的强力推行，能源价格和资源价格必然会加速上涨，这对电石法聚氯乙烯的负面影响较大。在二氧化碳排放方面，扣除电石渣制水泥技术实现的碳减排，每吨电石法聚氯乙烯全流程排放二氧化碳仍将达到 6.5~7.0 吨，如果国家开征碳税，则影响较大。节能减排推动成本上升，电石法聚氯乙烯向下游转移成本的能力有限，其竞争优势会受到一定的抑制。

1.3.2　汞污染防治的挑战

汞是对环境具有高度敏感性的重金属，汞污染已经成为全球关注的议题。2009 年，国务院发布《关于加强重金属污染防治工作的指导意见》，将化工行业作为重点防控行业之一。联合国环境署组织的国际禁汞条约谈判于 2010 年 6 月召开了第一次会议，经过 5 轮谈判，2013 年 1 月 19 日，在日内瓦全球首个汞排放公约获得通过；2011 年 4 月，国务院发布《重金属污染综合防治"十二五"发展规划》，汞污染防治是其中的重点内容。国内外的双重压力，使电石法聚氯乙烯面临巨大的汞减排压力。

对汞资源的过度消耗和汞污染是电石法聚氯乙烯发展的巨大障碍。中国汞资源相对匮乏，据统计，通过开采原生汞矿和汞回收，每年汞供应量为 1000～1200 吨。电石乙炔法聚氯乙烯是中国耗汞量最大的行业，汞资源消耗量占中国汞资源消耗量的 60%，占世界汞资源消耗量的 30%。国际汞公约对电石法聚氯乙烯行业提出 6 项要求，主要包括：到 2020 年，单位产品汞使用量下降 50%；采取措施减少对原生汞矿的依赖；控制汞的排放和释放；支持无汞催化剂和工艺的研发；基于现有工艺的无汞催化剂在技术和经济上可行，5 年之后，不允许使用汞；向缔约方大会报告替代技术进展情况和淘汰汞使用所做出的努力。早在国际汞公约达成协议之前，为保证行业的生存和发展，国家工信部和环保部相继发布《电石法聚氯乙烯行业汞污染防治规划》和《关于加强电石法生产聚氯乙烯及相关行业汞污染防治工作的通知》，明确了汞减排的途径和今后的目标。为达到这些目标，工信部发布《聚氯乙烯、烧碱等 17 个重点行业清洁生产技术推行方案》，环保部启动重金属污染防治重大专项，均将聚氯乙烯行业汞污染防治项目作为重点支持项目。国家发改委在《产业结构调整目录》中已将高汞触媒列入淘汰类产品，在即将发布的《煤炭深加工产业发展政策》中明确指出，鼓励采用煤制乙烯，建设氧氯化法氯乙烯生产装置，逐渐降低电石法生产聚氯乙烯的比重。从这些政策信息中可以看出，国家高度重视电石法聚氯乙烯汞污染防治工作，但当前汞减排的关键技术——低汞触媒和高效脱汞器的推广应用比例仍然很低，汞污染防治压力巨大。

1.3.3 物流成本和人力成本的挑战

中国电石法聚氯乙烯主要分布在煤炭资源丰富的西部地区，配套产业和基础设施条件较差且远离目标市场，各类原材料均为固态，运输量大，物流成本高。以 100 万吨/年聚氯乙烯联合化工装置计，原料运进、产品运出等货运总量超过 1000 万吨。2010 年，中国物流总费用占生产总值的比重达到 18%，电石法聚氯乙烯物流费用远高于这一比例，在西部地区甚至高达 40% 以上，是典型高物流成本的行业。人力成本方面，虽然电石炉的大型化已在推进中，但电石生产仍属于相对劳动密集型产业，用工量较大，人员产值低，操作环境有待改善。党的十八大报告明确指出，到 2020 年，实现国内生产总值和城乡居民人均收入比 2010 年翻一番。如果按目前的模式继续发展，实现收入倍增计划的难度是很大的。物流成本和人力资源成本在电石法聚氯乙烯产品成本中占有相当的比重，是电石法聚氯乙烯必须正视的挑战，如何合理控制成本的上升是继续保证其市场竞争力的关键环节。

面对挑战，电石法聚氯乙烯企业应积极主动应对，才有可能变挑战为机遇。"十二五"期间，中国电石法聚氯乙烯进入一个调整发展阶段。聚氯乙烯行业已经呈现出明显的产能过剩，且在逐年加剧。2009 年 11 月，聚氯乙烯就被列入化工行业产能过剩清单，产能为 1781 万吨/年，过剩率高达 41.2%；2012 年，其产能高达 2341 万吨/年，而利用率仅为 56%，企业的恶性竞争严重，系统性风险已经开始显现。

"减量化"是过程，"无汞化"是目标。开发无汞触媒，实现无汞化，是确保电石法聚氯乙烯长期可持续发展的根本保证。传统工艺中，我们一般使用氯化汞活性触媒合成氯乙烯，这种方法已经越来越不能适应时代的要求，而我国研发的环保型低汞触媒在各项指标上均优于传统的氯化汞活性触媒。此外，在环保方面，必将获得更广泛应用的还有电石法聚氯乙烯生产废水"零排放"技术、电石渣烟气脱硫装置等，这些技术或装置对聚氯乙烯生产过程中减少污染与浪费会产生明显的效果。

在我国石油资源短缺、城镇化进程加快的大背景下，国家应该大力鼓励使用聚氯乙烯材料，以塑代木、以塑代钢，聚氯乙烯未来在我国仍具有较大的发展潜力。电石法聚氯乙烯作为我国聚氯乙烯生产的主流工艺，应积极主动解决自身发展中存在的问题，为实现我国聚氯乙烯工业由生产大国向生产强国的转变做出应有的贡献。

思考题

1. 简述聚氯乙烯 PVC 的工业发展历史和现状。
2. 聚氯乙烯在早期的工业化生产中有哪些聚合方法？并简述其应用领域。
3. 举例说明聚氯乙烯塑料制品的分类及应用。

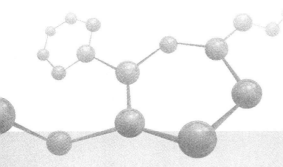

第2章

乙炔氢氯化法制氯乙烯

氯乙烯的生产主要有两种制备工艺：一是以石油和氯气为主要原料的氧氯化法；二是以煤炭和原盐为主要生产原料的电石法，又称氢氯化法。不管是选择电石还是石油路线生产，最后都是由氯乙烯单体聚合生成 PVC。工业上氯乙烯单体合成方法还可以根据采用的原理不同，分为联合法、混合烯炔法、乙烯氧氯化法、乙烷氧氯化法、乙炔氢氯化法五种。

由于我国富煤少油，许多企业目前仍采用以电石乙炔为原料的氢氯化法生产氯乙烯，因此，煤炭和原盐为主要原料的电石法仍将在我国 PVC 生产中占据主导地位，其技术的发展与进步对我国 PVC 行业的发展具有十分重要的意义。

本章讨论工业合成氯乙烯单体的乙炔氢氯化法工艺原理。

2.1　乙炔的制备

乙炔俗称风煤、电石气，是炔烃化合物系列中体积最小的单元，分子式为 C_2H_2。乙炔的相对分子质量为 26.04，气体密度为 910 kg/m^3，火焰温度为 3150℃，纯乙炔在空气中燃烧可达 2100℃ 左右，在氧气中燃烧可达 3600℃。乙炔在室温下是一种无色、极易燃的气体，极易爆炸，微溶于水及乙醇，能溶于丙酮、氯仿和苯。纯乙炔是无臭的，但工业用乙炔由于含有硫化氢、磷化氢等杂质而有一股大蒜的气味。其化学性质很活泼，能发生加成、氧化、聚合及金属取代等反应。乙炔可用于照明、焊接及切断金属（氧炔焰），也是制造乙醛、醋酸、苯、合成橡胶、合成纤维等的基本原料，应用范围很广，故乙炔在国民经济中占有很重要的地位。

大多数的 PVC 生产企业是通过电石来生产乙炔的。电石化学名称为碳化钙，分子式为 CaC_2，是有机合成化学工业的基本原料，利用电石为原料可以合成一系列的有机化合物，为工业、农业、医药提供原料。工业电石的主要成分是碳化钙，其余为游离氧化钙、碳以及硅、镁、铁、铝的化合物及少量的磷化物、硫化物。工业用电石纯度约为 70%～80%，杂质 CaO 约占 24%，碳、硅、铁、磷化钙和硫化钙等约占 6%。其新创断面有光泽，外观随碳化钙的含量不同而呈灰色、棕色、紫色或黑色，含碳化钙较高的呈紫色。工业品密度为 2220 kg/cm^3，熔点为 2300℃。电石中往往含有磷、硫等杂质，与水作用会放出磷化氢和硫化氢，当磷化氢含量超过 0.08%、硫化氢含量超过 0.15% 时，容易引起自燃爆炸。乙炔的规格见表 2-1。

表 2-1　乙炔的规格

指标名称	粒度(mm)	国家标准			
		优级品	一级品	二级品	三级品
发气量(L/kg)	81~150	305	295	280	255
	51~80	305	295	280	255
	2~50	300	290	275	250
乙炔中 PH_3 含量（体积%）≤		0.06	0.08	0.08	0.08
乙炔中 H_2S 含量（体积%）≤		0.10	0.10	0.15	0.15

2.1.1　电石水解反应原理

工业上，通常在湿式发生器中将电石加入液相水中，即水解反应生成乙炔气体，其反应原理如（2-1）式：

$$Ca\genfrac{}{}{0pt}{}{C}{\underset{C}{\overset{}{\|}}} + 2H_2O \longrightarrow Ca(OH)_2 + CH\equiv CH + 130 \ kJ/mol \ (31 \ kcal/mol) \quad (2-1)$$

湿法制备乙炔在工业上很早就被采用，但该法的产气率不到 80%，电石没有得到充分利用。目前国内已有采用干式法制备乙炔的例子，产气率提高到 95%。

由于电石在烧制的过程中含有硫、磷、硅、砷等杂质，在发生器中水解的同时伴随着一些副反应，生成相应的磷化氢、硫化氢等杂质气体。其反应原理如（2-2）式：

$$
\begin{aligned}
&CaO + H_2O \longrightarrow Ca(OH)_2 + 63.6 \ kJ/mol \\
&CaS + 2H_2O \longrightarrow Ca(OH)_2 + H_2S \\
&Ca_3P_2 + 6H_2O \longrightarrow 3Ca(OH)_2 + 2PH_3\uparrow \\
&Ca_3N_2 + 6H_2O \longrightarrow 3Ca(OH)_2 + 2NH_3\uparrow \\
&Ca_2Si + 4H_2O \longrightarrow 2Ca(OH)_2 + SiH_4\uparrow \\
&Ca_3As_2 + 6H_2O \longrightarrow 3Ca(OH)_2 + 2AsH_3\uparrow
\end{aligned}
\quad (2-2)
$$

影响反应的主要因素如下：

（1）电石粒度。粒度越小，与水接触面越大，水解速度也越快；但粒度过小，可能会引起局部过热而发生分解爆炸；粒度过大，水解速度缓慢，容易造成水解不完全，从而导致耗费定额升高。因此，为防止事故和保证电石水解完全，需对电石的粒度提出一定的要求，一般电石粒度不大于 50 mm。

（2）电石纯度。纯度越高，水解速度越快。

（3）水温及水量。水温高，水解速度快，乙炔溶解度低，损失少，但水温过高又有发生爆炸的危险。因此，必须连续地通入新鲜水以及时移出反应热和补充被乙炔气带走的水分，但水量不应过大，以免过分降低温度而影响水解速度，增加乙炔损失。

（4）搅拌。搅拌的目的是破坏反应过程中生成的氢氧化钙对电石的包围，使接触面及时更新，提高水解速度，同时，搅拌可使料面均匀，防止局部过热。但搅拌速度要适中，速度过快，反应不完全，易排出生电石；速度太慢，反应时间会加长。

2.1.2　乙炔发生的工艺流程

如图 2-1 所示，仓库内经破碎的小颗粒电石，经计量后被输送到发生器上储斗及下储斗，储斗均要达到氮气置换合格标准，因为乙炔与空气形成的混合物，属于快速爆炸混合物，氮气置换量≥5 m³，0.3 MPa。再用电磁振动加料器连续将料加入发生器内，由电流控制振动频率，从而控制加料速率和加料量。

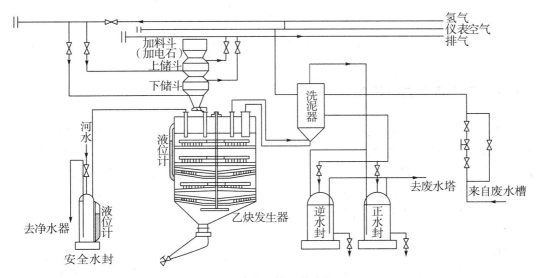

图 2-1　乙炔发生的工艺流程（一）

下储斗和电磁振动加料器之间用软连接，从而减少电石振动造成的摩擦，根据流量控制气柜高度和加料速度。为了使发生器液相中的电石颗粒表面能够与水充分接触，使其因水解反应而产生的浓渣浆层不断更新，发生器内设置三层隔板和耙齿。在耙齿搅拌下电石表面不断更新并缓慢移向下一层，发生器放出的热量由过量的渣浆上清液或工业水连续加入发生器并通过溢流管带走，持续发生温度为 75℃～90℃，并维持液位在 20%～70%范围内。发生器内压强控制在 3～13 kPa 范围内，电石在发生器内遇水生成粗乙炔气体，由发生器顶部逸出，经洗泥器及正水封进入废水塔、清水塔至气柜（见图 2-2）。若压力低于控制范围，则气柜内储存的乙炔气体借压差经逆水封进入发生器内，保证设备处于正压，确保安全生产。当发生器气相出口管道被电石渣堵塞而压力剧增时，乙炔管道冲破安全水封自动排空。水解反应的电石渣浆从溢流管不断流出，而较浓的渣浆及矽铁杂质由发生器内搅拌的耙齿送往底部间歇排放。

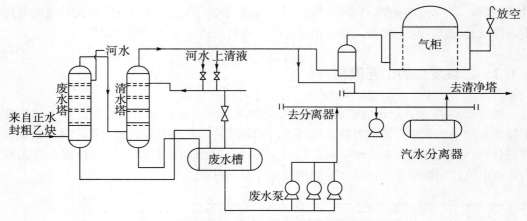

图 2-2 乙炔发生的工艺流程（二）

2.1.3 乙炔清净工艺流程

图 2-3 和图 2-4 为乙炔清净工艺流程。粗乙炔经废水塔和清水塔洗涤冷却后，进入 2 台串联的清净塔。在清净塔内，乙炔从底部进入，从顶部逸出；冷却水或废水、上清液从顶部进入，底部流出。气液两相在塔内填料表面逆流接触、交换热量，并进一步进行洗涤，如图 2-3 所示，保证乙炔气柜至一定高度（25%～85%）。粗乙炔进入水环泵加压，再进入 2 台串联的清净塔。

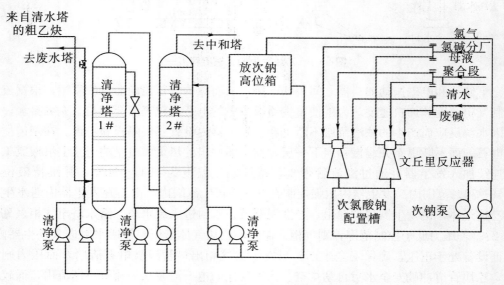

图 2-3 乙炔清净工艺流程（一）

清净塔中乙炔与含有效氯为 0.075%～0.120%，pH 为 7～8 的次氯酸钠（NaClO）逆流直接接触反应，除去粗乙炔中的 S、P 等有害杂质。因为粗乙炔中含有的 H_2S、PH_3、SiH_4、AsH_3 等杂质气体会对氯乙烯合成中常用的氯化汞催化剂进行不可逆的吸附而使其"中毒",从而破坏其活性中心。其中 PH_3、H_2S 还会降低乙炔的自燃点,造成其与空气接触会自燃,故采用 NaClO 作为清净剂与杂质进行氧化反应,其反应原理如(2-3)式:

$$PH_3 + 4NaClO \longrightarrow H_3PO_4 + 4NaCl$$
$$H_2S + 4NaClO \longrightarrow H_2SO_4 + 4NaCl$$
$$SiH_4 + 4NaClO \longrightarrow 2H_2O + SiO_2 + 4NaCl \qquad (2-3)$$
$$AsH_3 + 4NaClO \longrightarrow H_3AsO_4 + 4NaCl$$

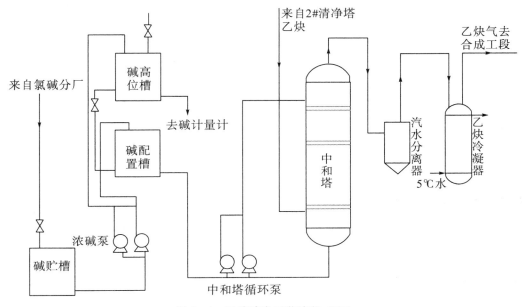

图 2-4 乙炔清净工艺流程(二)

清净塔内填料选用外圆内方的塑料阶梯环。清净塔是借助塔内填料的表面,使气液两相在其表面上逆流接触进行传质。填料的选择主要考虑其耐腐蚀性、比表面积、空隙率、质量及强度等因素。

次氯酸钠由文丘里反应器制得,氯气、废碱母液和水分三管注入文丘里反应器中进行反应,如图 2-5 所示。文丘里反应器呈喇叭形,从小口进使流速增大而压强减小,管中流体被吸入反应器内,从而达到快速混合的效果;混合反应之后从大口出,使流速减小而压强增大,流体排出。次氯酸钠的浓度和 pH 值的选择主要考虑清净效果及安全因素两方面。若有效氯含量在 0.05% 以下和 pH 值在 8 以上,则清净效果下降;若有效氯含量在 0.15% 以上(pH 呈酸性),则容易产生游离氯生成氯乙炔而发生爆炸。

如图 2-4 所示,从 2# 清净塔顶排出乙炔进入中和塔与循环液碱中和反应后,经汽水分离器、乙炔冷凝器除去气相中饱和水分。中和塔中 NaOH 浓度 ≤15%,Na_2CO_3 浓度 ≤10%。

处理后的乙炔的纯度达 98.5% 以上,是不含 S 和 P 的精制乙炔,送至氯乙烯合成工序。精制乙炔总管压力 ≤60 kPa,温度 ≤40℃。

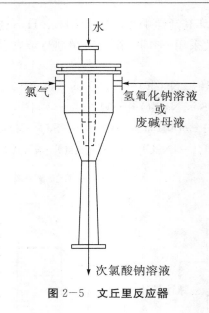

水

氯气

氢氧化钠溶液
或
废碱母液

次氯酸钠溶液

图 2-5　文丘里反应器

2.2　乙炔发生的主要设备

2.2.1　乙炔发生器

电石水解反应工艺制取乙炔的主要设备是乙炔发生器，国内多采用的是湿法立式发生器。乙炔发生器的结构如图 2-6 所示，在发生器圆形筒体内安装有 3~5 层固定的挡板，每层挡板上方均装有与搅拌轴相连的"双臂"耙齿，搅拌轴由底部伸入，借涡轮蜗杆减速至1.5 r/min。这些耙齿实际上是系在耙臂上用螺栓固定、夹角为55°的 6~7 块平面刮板，刮板在两个耙臂上位置是不对称的，它们在两壁上呈相互补位，以保证电石自加料管落入第一层挡板后，立即由刮板耙向中央刚孔；落入第二层时，第二层的刮板安装角度使电石沿轴向筒壁移动，并由沿壁处的环形孔落入第三层；最后，水解反应的副产物电石渣落入发生器的锥形底盖，经排渣气泵阀间歇地排入排渣池中。

挡板层数、搅拌转速、耙齿角度等对电石在设备中停留时间和电石表面生成的氢氧化钙的移去速度有较大的影响。一般对于 3~5 层挡板连续搅拌的发生器，电石的停留时间较长，水解反应比较完全；而一些小型的摇篮式发生器，水解过程就慢得多，排渣中易发现未水解的"生电石"。然而，即使是结构非常完善的发生器，排出的电石渣浆中仍含有超过反应温度下饱和溶解度的乙炔。因此，排出的电石渣浆中含有的乙炔需要回收再利用。

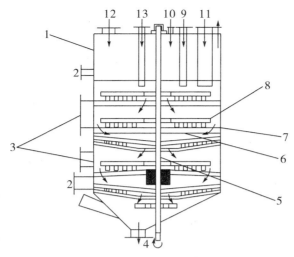

1—筒体；2—溢流口；3—人孔；4—排渣；5—搅拌轴；6—挡板；7—刮板；

8—耙臂；9—乙炔出口；10—回气入口；11、12—水入口；13—电石入口

图 2-6　乙炔发生器的结构

另外，电石的水解反应是固液反应，电石与水的接触面积越大，即电石粒度越小时，其水解速度越快。但是粒度也不宜过小，否则水解速度太快，会使反应放出的热气不能及时移走，易发生局部过热而引起乙炔分解和热聚，进而使温度急剧上升而发生爆炸。若粒度过大，则水解反应缓慢，发生器底部间歇排出渣浆中容易夹带未水解的电石，造成电石消耗定额上升。因此，从发生器结构及电石破碎损耗等因素考虑，粒度宜控制在 80 mm 以下。对于 4~5 层挡板发生器，粒度宜控制在 80 mm 以下；对于 2~3 层挡板发生器，粒度宜控制在 50 mm 以下。

除了上述电石粒度外，温度对于电石水解反应速度的影响也是显著的。研究已发现，在 50℃ 以下每升高 1℃，水解速度加快 1%；而在 −35℃ 以下的寒冷地区，电石在盐水中的反应是非常缓慢的。通过热量衡算，可得到不同反应温度时的水比（水量与电石投料量之比）以及乙炔在发生器中的总损失。由计算结果可知，反应温度越高，乙炔总损失越少，而发生器排出的电石渣固体含量也相应上升。过高的反应温度将导致排渣困难，且使粗乙炔中的水蒸气含量相应增加，造成冷却负荷加大。因此，从以上因素及安全生产等方面考虑，温度不宜过高，一般以 75℃~90℃ 最好。

湿法反应器中反应温度是和水比相对应的，工业上是用减少加水量来提高反应温度的，其控制极限不能让水比过低。通常水/电石（质量比）>11.05，渣浆含固量为 10%。理论上，每吨电石水解需要 0.65 吨水，为了防止水解反应热使系统温度急剧上升至几百摄氏度，在湿法发生器中，都采用过量水移出反应热，并稀释副产物 $Ca(OH)_2$ 以利于渣浆从管道排放。

2.2.2　清净塔

清净塔是乙炔净化工序的重要设备之一，图 2-7 给出了典型的填料式清净塔的结

构。填料式清净塔借塔内充填填料，气液两相在其表面逆流接触进行传质交换。填料结构与类型应根据物料和处理过程的工艺需要选用。工业上应考虑填料的耐腐蚀性、比表面积、空隙率（影响塔的阻力降）、重量及强度等因素。清净塔常用的填料有拉西瓷环或拜尔环，采用的瓷环尺寸越小，接触表面积越大，空隙率越小，根据生产经验，一般使用 $\varnothing 25 \sim 50$ mm 瓷环，每个塔充填高度约 $6 \sim 9$ m。作为清净用的填料塔，推荐空塔气流速度在 $0.2 \sim 0.4$ m/s 范围内，气体在塔内总停留时间为 $40 \sim 60$ s，以保证化学吸收完全。由于乙炔清净过程属于化学吸收过程，清净效率除了与吸收剂浓度、pH 值以及吸收温度有关以外，尚与气液的接触时间，即上述的停留时间息息相关。应当指出，填料塔的效率主要取决于实际操作时的液体对填料表面的润湿程度，假若液体循环量不足，部分填料表面未被润湿，则气体通过这部分时起不到传质交换的效果。因此，对于清净塔的效率很重要的一点就是要保证塔内循环的液体流量，使塔处于较高的润湿率状态下操作。一般每平方米塔截面积上的液体喷淋量应在 $15 \sim 20$ m³/h 以上。此外，当液体从塔顶分配盘喷入时，开始时塔中心填料部位的液体量多些，向下流动后因填料沿塔壁的空隙率较大，气体阻力较小而使液体逐渐偏流至塔壁。因此，为保证气液相在填料塔内流量分布均匀，一般在填料高度与塔径之比为 $2 \sim 6$ 范围内加设集液盘，使偏流到塔壁的液体再聚集到塔中心部位。

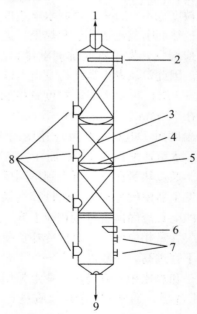

1—乙炔出口；2—液体分配盘；3—瓷环；4—栅板；5—集液盘；
6—乙炔进口；7—液位计；8—人孔；9—次氯酸钠

图 2-7　清净塔的结构

有的工厂曾试图采用高空速的湍流塔来代替已习惯使用的填料塔，这样虽然可使塔径大大缩小，但终因气液接触时间太短而达不到预期的效果。

2.3　乙炔质量与安全操作规程

2.3.1　各岗位操作及检修规程

2.3.1.1　精破岗位

（1）经常检查细破机电石粒度是否符合要求，如不合格，应立即停止破碎，调节牙板距离至合格后继续破碎。电石粒度严格控制为 80～50 mm。

（2）经常检查振动给料机、粗破机、细破机和振动筛运转是否正常。

（3）电石料仓储存不能超过料仓高度的 80%，料仓内的 N_2 在正常情况下应一直保持充装状态。

（4）经常检查皮带机的运转情况，看是否有跑偏、划破皮带或停转现象，若出现异常现象，应立即停止破碎，并通知班长和维修人员进行检修。

（5）破碎地坑及栈桥，每班应清理 1～2 次，以保证无灰粉。

（6）经常检查滚筒电机、减速机等的电流大小，不正常时及时通知班长，由班长联系相关人员到场处理。

（7）时刻注意皮带机上、斗提机里是否积料、溢料，发现问题应及时处理。

（8）经常检查振动给料机、滚筒电机、破碎机、斗提机、减速机的润滑情况，及时补加润滑油。

（9）阴雨天时，注意检查电石有无着雨现象。

（10）经常检查各除尘设备是否有振动、碰撞和摩擦等异常现象，发现问题时必须停止除尘，进行处理。

（11）经常检查除尘电机的电流、声音和温度，判断其运转是否正常。

（12）定期清理除尘管道上和卸灰口的积灰。

（13）电石车在入库卸料前，应仔细检查车身是否带雨，料温是否过高，若有，不得入库卸车。

2.3.1.2　发生岗位

（1）定时巡检上料系统，检查振动给料机是否正常可用，检查皮带机和可逆式皮带机是否跑偏、裂口或卡料。

（2）经常注意振动加料器的电流以及发生器的温度、压力、液面高低和溢流管畅通情况，注意检查发生器搅拌运转是否正常。

（3）定时巡检正水封、逆水封、安全水封，保持其操作液位至规定位置。

（4）注意检查电石进料阀的严密性，发现漏气及时更换。

（5）每班冲洗 1 次正逆水封，冲掉乙炔气夹带的杂质，并保证各水封放水阀畅通。

（6）每班排渣 4 次，可根据生产实际情况，灵活安排排渣次数和排渣时间间隔。

（7）正常情况下用清液冲洗发生器的远传和现场液位计，当渣浆处理工序生产不正常致使清液浑浊时，改用生产水冲洗发生器的远传和现场液位计，同时用生产水冲洗各个水封的加水管道，防止管道堵死给生产造成被动。

（8）定时定点巡检，通过看、闻、听、摸时刻观察设备运行状况，并做好生产原始记录。

（9）发生器加料时，应到现场上加料斗和下加料斗平台处观察电石进料阀及附属气缸是否灵敏，开关是否到位。

（10）在巡检时如发现发生器软连接及上下储斗防爆膜有老化、泄漏等现象时，应及时停用相应的发生器，置换合格后及时进行处理；在巡检时及时对渡槽及地沟内滤网拦截的杂物进行清理；按时巡回检查，按时填写巡检记录。

2.3.1.3 清净岗位

（1）按时、按点巡检，保证各工艺控制指标正常。每点检测次钠储槽及二塔塔底循环液有效氯，并根据乙炔中硫、磷含量，及时调整二塔次钠的补充量；及时检查次钠储槽液位。

（2）通过 DCS 系统自动控制各塔液位稳定，保证清净系统运行正常。若有不正常情况，改为手动调节，直至正常后再恢复自动调节。

（3）配制含有效氯为 0.085％～0.12％、pH 值为 7～8 的次氯酸钠溶液。

（4）根据中和塔碱液的分析数据，及时更换碱液，以保证中和塔碱液浓度合格。

（5）注意控制水洗塔出口温度，及时增加喷淋水量。

（6）严格执行巡回检查制度，检查各台运转泵的运行情况及润滑情况，及时补加润滑油。若有泵发生故障，及时切换。

（7）检测乙炔升压机汽水分离器工作液的 pH 值，如显酸性，及时进行处理。

（8）检查跑、冒、滴、漏现象，发现问题及时处理或通知班长。

（9）注意检查纳西姆机组的声音、轴承温度、工作液进出口温度及进出口压力等变化情况。

（10）乙炔气冷凝器中乙炔气体冷凝下来的饱和水应定时排放，另外，定时检查乙炔气中的 S、P 含量（用硝酸银试纸测试，若不变色，则不含 S、P）。

（11）用废次钠配制次钠时，应加强对废次钠 pH 值的检测。若 pH 值过低，应及时调至清净厂房配制次钠，然后对废次钠进行排放。

（12）交接班时，检查浓碱槽液位，若不够用，及时联系送碱。

（13）按时如实填写生产原始记录表。

（14）中和塔换碱操作：①当中和塔碱液中 Na_2CO_3 含量达到 10％（冬季 8％）或

NaOH 含量小于 5% 时，需要更换碱液；②打开浓碱槽出口阀和中和塔底部排碱阀，关小中和塔循环泵进口阀，以不使塔内液体排空为准，将液位放至一定高度后关闭排碱阀；③加工业水至中和塔液位至工艺指标规定的位置；④重复步骤②③并观察放出的洗塔水，直至放出的水是清液为止；⑤停止洗塔，加工业水至 40% 液位，打开加碱阀，加碱至液位为 55%～60%，取样分析碱液浓度是否合格，若不合格，再加碱液或水，但不能使液位过高，以免影响中和塔运行。

（15）清净厂房配制次钠操作：①打开废水泵进口阀并启动废水泵，打开浓次钠高位槽出口阀，浓次钠和废水按一定比例在文丘里的混合室中充分混合后进入次钠储槽；②次钠配制时水和浓次钠的质量比为 1∶（80～100）；③通过次氯酸钠泵将配制好的次钠送入次钠高位槽，连续加入 2# 清净塔中。

（16）废次钠处理工序开车操作：①待系统开车正常后，清净工检查废次钠处理工序一切正常，具备开车条件后，按要求启动鼓风机，调整风量；②打开 1# 清净塔循环泵出口至废次钠处理的阀门，关闭去水洗塔的阀门，由微机工根据 1# 清净塔液位调整出口调节阀大小，往废次钠吹除塔送废次钠；③待中和液池达到一定液位后，启动中和液泵，同时打开浓次钠高位槽出口阀，浓次钠和废次钠按一定比例在文丘里反应器的混合室中充分混合后进入次钠中间槽；④待次钠中间槽到一定液位后，打开回收次钠泵出口至次钠高位槽的阀门及次钠高位槽至次钠中间槽的溢流阀，启动回收次钠泵，往次钠高位槽输送配置好的次钠；⑤废次钠工序开车正常后，停止清净厂房次钠配制工艺，关闭次钠循环泵出口至次钠高位槽的阀门及次钠高位槽至次钠储槽的溢流阀。

2.3.2　乙炔工艺质量控制指标

乙炔工艺质量控制指标见表 2-2。

表 2-2　乙炔工艺质量控制指标

指标名称	单位	控制范围
电石粒度	mm	≤50
发生器温度	℃	75～90
发生器压力	kPa	3～13
发生器液面	（液位计）%	20～70
正水封液面	%	5～25
逆水封液面	%	50～70
安全水封液面	%	100
气柜高度	%	25～85
气水分离器液位	%	30～70
清净塔各塔液位	%	30～70

指标名称		单位	控制范围
	乙炔总管压力	kPa	≤60
	乙炔总管温度	℃	≤40
NaClO	有效氯	%	0.085～0.12
	pH 值		7～8
中和塔碱	NaOH 浓度	%	5～15
	Na_2CO_3 浓度	%	≤10
乙炔质量	纯度	%	≥98.5
	S、P 含量	%	无

2.3.3　乙炔工艺的安全措施

2.3.3.1　精破岗位

（1）乙炔生产厂房应为一、二级耐火建筑，建筑物采用钢筋混凝土框架结构。储存电石的仓库、粉碎电石岗位的建筑应按照《建筑设计防火规范》的有关规定设计，采取必要的防爆、泄压措施；厂房最好为单层结构，若必须设计成多层，则乙炔发生器应放在顶层；厂房地面采用阻燃地面，门窗向外开启；生产厂房、乙炔发生器操作台均应设置安全出口。

（2）电石中的硫、磷含量和发气量应经检测符合要求方可投入生产。

（3）有电石粉尘产生的房间，墙壁、地面均应光滑平整，便于清扫；粉碎室应安装吸尘设备，除去电石粉尘。

（4）储存电石时，严防其被雨水淋湿、受潮，要轻拿轻放；原料电石库、电石粉碎间以及中间电石库均应设在干燥地点，且这些部位的通风帽、门窗处应设有防雨水侵入设施；开启装电石的桶或袋时，操作者应使用不发生火花的工具，勿使用铁、铜、银制工具。

（5）具有爆炸危险的房屋之间应设置隔离墙、隔离门，隔离墙耐火极限应不低于1.5 h，隔离门耐火极限应不低于0.6 h；无爆炸危险的房间不应与有爆炸危险的房间直接相通，应用耐火极限不低于3.5 h的防火墙隔开。

（6）有爆炸危险地点的电气设备需防爆，如对电动葫芦、乙炔压缩机等采用防爆措施。

（7）投料时，加料量应严格控制，切忌加料过多过快，在储料斗中加装电石前，加料斗顶盖可能因撞击打出火花的部位均应用铝皮、橡胶皮覆盖。若储料斗活门被大块电石卡住，应用木槌轻轻敲打使其松脱。经常检查活门是否严密，使活门与底座接触面具有一定的弹性，保持良好的密封状态。电石粒度也要严格控制，防止卡住活门，一般控制在 50 mm 左右。加料储斗用氮气保压，采用连续通氮的方式并保持储斗的干燥，避免乙炔气生成和聚集。

2.3.3.2　发生岗位

（1）乙炔发生器上应安装液位计、温度计、压力表、安全阀或防爆片等安全设施；对乙炔发生器及其附属设备应选用有关部门鉴定的合格产品，并在开车前仔细检查其中的压力计、液位计、阀门等是否灵敏好用，检查电气设备及自动联锁装置是否完好，检查置换用的惰性气体的含氧量是否小于 3%，只有当全部达到指标后方可开车。当乙炔发生器停用或乙炔输送管道内温度低于 16℃时，应用热水冲洗以消除水合晶体堵塞管道的现象以及消除静电。在定期对乙炔发生器检修时，先用氮气进行置换，再用水冲洗，切勿将照明灯具拉入发生器内。

（2）乙炔气柜上应安装泄压装置、蔽位指示装置；气柜进口管道应设置阻火器或水封等安全设施，防止发生事故时火源从管道窜入气柜。气柜主要起缓冲作用，应将气柜高度与发生器的电磁振荡器进行联锁自控，以提高气柜的缓冲效率，在加料系统出现故障时，能在短时间内保证清净系统乃至氯乙烯合成系统的连续操作。

（3）水环泵和冷凝器出口均应安装泄压装置，当发生事故时压力从泄压装置排出，以便最大限度地保护设备。

（4）要用氮气或惰性气体等保护性气体置换设备和管道，排放气中氧含量必须小于 3%；需要冷却的部位，应保证足够的冷却水量；为防止有爆炸性的乙炔铜、乙炔汞、乙炔银等生成，凡与乙炔接触的设备、管道、管件、阀门、仪表等严禁使用铜、银（包括铜焊、银焊）、汞等材质，必须使用时，应将含铜、汞、银量控制在安全范围之内。

（5）乙炔发生系统应设置正水封、逆水封和安全水封。正水封装在乙炔发生器通往乙炔储罐或生产车间的管道上，正水封起到单向止逆阀的作用，当发生系统和清净系统有一部分出现事故时，起到安全隔离的作用。逆水封应装在从乙炔气柜返回乙炔发生器的管道上，正常生产时，逆水封不起作用，当发生器出现故障设备内压力降低时，气柜内乙炔气可经逆水封自动进入发生器，以保持其正压，防止系统产生负压而吸入空气，形成爆炸性混合气体。安全水封应装在乙炔发生器放空管上，起到安全阀和溢流管的作用，防止乙炔发生器压力过高发生爆炸。

（6）严格控制排渣速度，防止形成负压；渣坑应设在室外通风良好的地方，四周 10 m 内禁止火源。排渣堵塞时可用水冲洗疏通，切忌用金属工具通凿，以防撞击或摩擦引起火花。

（7）发生器、乙炔压缩机等设备必须采用适用于乙炔的防爆型电气设备或仪表；当受条件限制需采用不适用于乙炔的或非防爆型电气设备或仪表时，应将其布置在单独的电气设备间内或室外。

（8）乙炔厂房属第Ⅱ类防雷建筑物，防雷接地线要单独接地，接地电阻不应大于 10 Ω。乙炔气柜区必须装有防雷装置，且在 30 m 范围内电气设备应按Ⅰ级区域场所防爆要求设计，还应设有消防车道和安装消防设施。

（9）所有的乙炔放空管应设有阻火器，有向管道内加氮气或惰性气体等保护气体的措施。

（10）在乙炔生产区域内应设置手动火灾报警按钮，最大行走距离不得超过 60 m；在装置区域内，按规定设置便携式干粉灭火器。

2.3.3.3 清净岗位

（1）选用次氯酸钠为清净剂净化乙炔时，应将次氯酸钠中有效氯含量控制在 0.1％以下，以防止乙炔与游离氯反应生成氯乙炔引起爆炸。

（2）次氯酸钠配置桶液面应控制在一定高度，以防止清净塔乙炔气经管道倒窜入配置桶，与氯气反应引起文丘里反应器爆炸。

（3）乙炔经压缩机压缩后，才可装罐和输送，压缩机出口温度不得超过 35℃，最高压力不得超过 2.5 MPa；压缩机应安装在一、二级耐火等级的建筑物里，且该建筑物应单独建造。

（4）乙炔在管道中的流速过高会产生静电，故应选择合适的管径使流速小于 8 m/s；同时，输送乙炔的管道应设止回阀，管道和设备还应有完善的静电接地设施；防静电接地线单独接地，接地电阻不大于 100 Ω。

（5）乙炔发生器内反应温度控制为（85±5）℃；压力不允许超过 147 kPa，尽可能控制在较低压力下操作，但压力太低时，在压缩机入口有形成负压吸入空气的危险，一般压力控制为 80~133 kPa。液位的控制应以保证电石加料管插入液面下，以防止乙炔气大量逸入加料储斗。

（6）从乙炔发生器出来的粗乙炔气中含有 PH_3，PH_3 与空气接触会自燃，从而引起乙炔的爆炸。因此，在工艺上应设置安全装置清净塔除去 PH_3。

（7）乙炔生产各个操作岗位的安全疏散通道应保持畅通无阻，并备有事故照明灯。

（8）氮气或惰性气体保护系统必须保持有效，且应在与工艺系统接口处装上止逆阀。

（9）系统开车前，应用氮气或惰性气体等保护气体吹扫整个系统，使全系统内的氧含量低于 3％。

2.4 电石渣的处理与应用

在采用电石—乙炔工艺生产 PVC 树脂的过程中，如何处理所产生的大量电石渣是企业迫在眉睫的问题。电石渣浆废水不仅含有难以处理的乙炔气体、S^{2-}，而且 pH 值较高，水质、水量具有随机性和多变性，因而被认为是处理难度较大、治理成本较高的一类废水。目前，电石渣浆废水主要是经过二次处理后循环用于生产过程的相应岗位，或用于中和酸性废水等。电石渣是乙炔生产过程中排出的废物，其主要成分为 $Ca(OH)_2$，含量达 90% 以上，碱度约为 3 mol/L。经处理后的干电石渣，其回收利用主要有以下几个方面：

（1）制成石灰作为电石的生产原料。

（2）与煤渣等煅烧生产电石渣水泥。

（3）作为普通建筑材料（地基填土）。

（4）与氯气作用生产漂白粉。

（5）代替石灰作浮选调整剂。

（6）作锅炉烟气的脱硫吸收剂。

（7）作劣质煤生产燃煤的固硫剂。

（8）作防水涂料的主要填料。

（9）作瓷光壁涂料和建筑室内用腻子的原料等。

2.5　盐水的精制与电解

氯化氢在常温常压下为无色气体，具有刺激性气味，沸点为 −84.9℃。它具有很强的吸水性，在 0℃，0.101 MPa（1 atm）下，1 L 水可溶解 525.2 L 氯化氢，且溶解度随水温升高而降低。湿氯化氢具有很强的腐蚀性，易与大多数金属发生化学反应，从而腐蚀管道和设备，因此在氯化氢工艺中常用碱洗的方法将其除去。

氯化氢是乙炔法制 VC 中不可缺少的基本原料之一，工业上一般由有机化合物氯化时的副产物制得或进行直接合成。直接合成法所用原料价廉，操作技术容易，所生产的氯化氢产品纯度高。为了降低氯化氢中水分、游离氯等杂质，可采用盐酸脱吸法生产高纯度氯化氢。但在电石路线生产 VC 中多用直接合成法，即把来自电解盐水车间的氯气和氢气共同通入合成炉进行燃烧生成氯化氢。氯化氢生产工艺流程如图 2−8 所示，其各工序原理叙述如下。

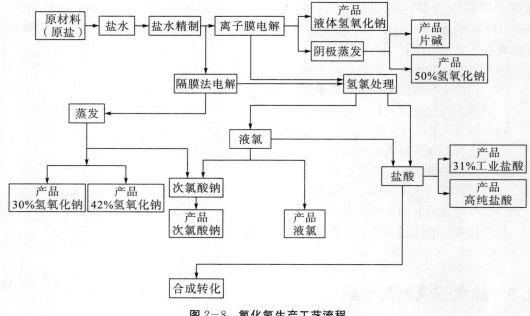

图 2-8 氯化氢生产工艺流程

2.5.1 盐水精制

2.5.1.1 盐水精制原理

氯碱工业用的原料盐和盐水均含有不同程度的杂质，这些杂质的存在对电解过程带来严重的影响，如堵塞隔膜、使氯中含氢量增高、使金属阳极催化层失活、三氯化氮的爆炸危及氯碱生产的安全等。因此，盐水质量对氯碱的正常生产是一个极为重要的问题。

原料中一般含钙 $40\sim500$ mg/L，含镁 $30\sim250$ mg/L，主要采用 $NaOH-Na_2CO_3$ 法精制。精制过程是将 Mg^{2+} 转换成 $Mg(OH)$ 沉淀，将 Ca^{2+} 转换成 $CaCO_3$ 沉淀而被除去。由于 $NaOH$ 的存在，原料中的 Fe^{3+} 及 Cr^{3+} 也以氢氧化物的形式被除去。

盐水中大量 SO_4^{2-} 的存在对石墨阳极损耗影响较大，所以对于石墨阳极电解槽，去除 SO_4^{2-} 是非常必要的；而这对于金属阳极几乎没有什么影响。随着电解方法的演变和技术的深化，现已发现在离子膜电解中，类似芒硝这样的硫酸盐直接与 Na^+ 伴随水一起通过离子膜，并沉积在靠阴极侧的膜上，使电流效率降低。SO_4^{2-} 的去除方法一般以化学钙法为主，其操作流程可分为一步法和二步法。图 2-9 为盐水中 SO_4^{2-} 的精制工艺流程。

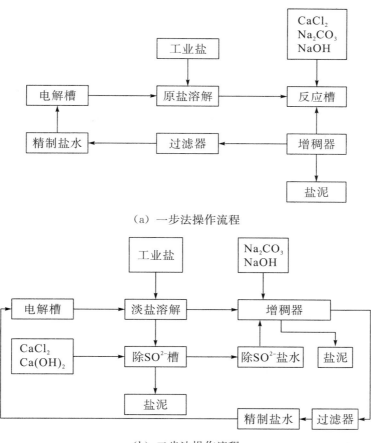

（a）一步法操作流程

（b）二步法操作流程

图 2−9　盐水中 SO_4^{2-} 的精制工艺流程

其他一些金属如铝、钙、镁也能促使氢的形成，并有研究发现，两种或多种金属的组合物比单一的同样的金属影响更大，如镁和铁形成两者组合的"金属偶"，所以在生产中要求金属杂质降到尽可能低的程度。

盐水中的铵（胺）来源于原盐、化盐水及精制助剂。由于盐水中铵（胺）的存在，在电解过程中当 pH<5 时，会生成 NCl_3。NCl_3 一般富集在液氯汽化器中，当其含量超过 5％时就有爆炸危险。

精盐水的质量对离子膜电解是至关重要的，一般隔膜法精制盐水中悬浮物含量约为 10 mg/L，多价阳离子并未除尽，这种盐水不能满足离子膜电解要求，故需二次精制。盐水二次精制多采用管式过滤器，滤除盐水中的悬浮物，再经螯合树脂塔除去多价阳离子。螯合树脂塔通常是二台或三台串联使用，其作用是将一次精制盐水中的 Ca^{2+}、Mg^{2+} 杂质含量降低到 50 mg/L 以下，以符合离子膜工艺的需要。

螯合树脂塔的外壳由钢板制成，内衬特殊的低钙镁橡胶防腐层。塔内填装一定量的带有螯合基团的特种离子交换树脂，树脂的特点是对金属离子有极强的选择性。目前使用的螯合树脂有亚胺基二乙酸型（牌号为 CR−10、CR−11、SC−301）和胺基磷酸型

（牌号为 ES-467、国产 D412），其吸附二价金属离子的选择顺序如下：

CR-10 或 CR-11：$Hg^{2+}>Cu^{2+}>Pb^{2+}>Ni^{2+}>Cd^{2+}>Zn^{2+}>Co^{2+}>Mn^{2+}>Ca^{2+}>Mg^{2+}>Ba^{2+}>Sr^{2+}$。

Es-467：$Mg^{2+}>Ca^{2+}>Sr^{2+}>Ba^{2+}$。

该树脂的另一个特点是再生效率高，即在使用一定周期后，可通过酸、碱及纯水的清洗，将螯合的金属离子解脱，恢复原有的交换容量，以重新再进行螯合处理。

螯合树脂反应机理如（2-4）式和（2-5）式。

ES-467胺基磷酸型树脂：

$$R-CH_2-NH-CH_2-\overset{\overset{O}{\|}}{\underset{\underset{ONa}{|}}{P}}-ONa + Ca \longrightarrow R-CH_2-NH\begin{matrix}CH_2-\overset{O}{\overset{\|}{P}}\\ \,\\ Ca\end{matrix}\begin{matrix}\\ ONa\\ -O\end{matrix}$$

$$(2-4)$$

SC-301亚胺基二乙酸型树脂：

$$R-CH_2-N\begin{matrix}CH_2-\overset{O}{\overset{\|}{C}}\\ \\ CH_2-\underset{O}{\underset{\|}{C}}\end{matrix}\begin{matrix}ONa\\ ONa\end{matrix} + Ca \longrightarrow R-CH_2-N\begin{matrix}HC_2-\overset{O}{\overset{\|}{C}}-O\\ \\ HC_2-\underset{O}{\underset{\|}{C}}-O\end{matrix}Ca$$

$$(2-5)$$

2.5.1.2　盐水精制流程

在电解盐水之前必须先对盐水进行净化，因为原料液中的杂质在电极上也会发生电化学反应，从而影响产品的质量，图 2-10 为盐水精制工艺流程。例如，盐水中若混入一定量的硫酸盐，虽然浓度比氯化钠小得多，但在石墨电极的空隙中，氯离子因放电而浓度下降，给硫酸根放电创造了条件，其放电会产生氧气，氧气将石墨电极氧化成二氧化碳，加速了电极的消耗并污染了氯气。因此，使用前需对原料液做净化处理。道尔澄清桶的作用是除去硫酸根，脱硝装置是辅助道尔澄清桶实现脱除硫酸根的，饱和的盐水经化盐池后进入前反应桶，在前反应桶中加入盐酸调节 pH 值，同时加入碳酸钠和亚硫酸氢钠除去钙离子和镁离子，然后进入后处理桶，后处理桶的作用与前反应桶相同。除去钙、镁离子后粗食盐水经加压进入预处理器，预处理器的作用是通过加入一定量的碱，与未除去的镁离子反应生成氢氧化镁，通入空气使絮状的氢氧化镁漂浮起来，从而除去镁离子。粗盐水经中间槽后进入颇尔膜过滤器进一步除去杂质，经过颇尔膜过滤器后的盐水比较纯净，称为精盐水，进入精盐水储槽。精盐水仍然不能直接用作电解，还需要进一步除杂。过滤器采用烧结碳素管，过滤前预涂 a-纤维素助滤剂，形成2.5 mm的涂层，盐水过滤前先在其内加入助滤剂，混合后进入管式过滤器。助滤剂加入量为盐水中悬浮物的1~2倍，在预涂层上生成新的滤饼（悬浮物与助滤剂的混合物），助滤剂使滤饼疏松，使过滤阻力减小，延长了过滤周期。经管式过滤器过滤后，盐中悬浮物降至 1 mg/L 以下，当过滤器压力升至 3 kg/cm² 时停止过滤，进行反洗。过滤后的盐水经螯合树脂处理，使 Ca^{2+}、Mg^{2+} 含量降至 50 μg/L 以下，实际上还要低。

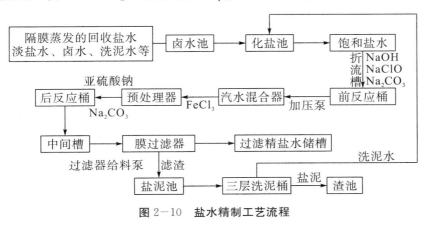

图 2—10　盐水精制工艺流程

2.5.1.3　精制盐水质量指标

精制后的盐水必须达到如下标准：NaCl 含量 ≤ 315 g/L，pH＝7.5～8.2，SO_4^{2-} 含量 ≤ 5 g/L，Ca^{2+}、Mg^{2+} 含量 ≤ 5 mg/L。

2.5.2　电解

2.5.2.1　电解原理

当在 NaCl 溶液体系中放入两个电极并施以直流电压时，溶液中的离子受电场力的作用，将发生定向移动；阳离子移向负极，阴离子移向正极，结果在阳极附近将集聚大量的 Cl^- 和 OH^-，在阴极附近将集聚大量的 Na^+ 和 H^+。这样一来，两极各有一对同性离子，究竟是谁放电，这将由各自的放电电位的高低来决定。

阳极：因 E_{Cl^-}＝1.58 V，E_{OH^-}＝1.91 V，所以优先放电的是 Cl^-，而不是 OH^-。

阴极：因 E_{Na^+}＝－2.67 V，E_{H^+}＝－1.65 V，所以先放电的是 H^+。

因此盐水电解的过程如（2—6）式：

$$阳极（石墨）2OH^-+2Cl^--2e \longrightarrow Cl_2\uparrow +2OH^-$$

$$阴极（铁）2Na^++2H^++2e \longrightarrow H_2\uparrow +2Na^+$$

$$2H_2O \longrightarrow 2H^++2OH^-$$

$$总反应 \quad 2NaCl+2H_2O \xrightarrow{电解} Cl_2\uparrow +H_2\uparrow +2NaOH$$

$$阳极区 \quad 阴极区$$

$$(2—6)$$

由此可见，电解过程产物之一的氢氧化钠是在阴极区形成的。但是，生成 NaOH 中的 OH⁻ 按其电性，应反向向阳极移动。如果对这一移动不加制止，将导致一系列副反应的发生，从而使电解效率下降，产品纯度降低。实际中为了阻止 OH⁻ 的反向迁移，是在两电极间设置一个隔膜来实现的。

事实表明，隔膜能阻止 OH⁻ 的反向迁移，却不能阻止 Na⁺ 和 Cl⁻ 的迁移。因为在阴极每生成 1 个氢分子将伴生 2 个 OH⁻，此时必须有 2 个 Na⁺ 迁移至阴极才能维持溶液的电中性。电解液的分析证明了这一点，因为阴极液中 NaOH 为 2.5 mg/L，同时还有 NaCl 3.25 mg/L，这不仅说明 Na⁺ 能正向通过隔膜，也说明 Cl⁻ 可以反向通过隔膜，只有 OH⁻ 不能反向通过。因此，准确地说，在盐水体系的电解中，隔膜的作用应该是选择性阻止 OH⁻ 通过，而允许 Na⁺ 和 Cl⁻ 自由通过，我们把隔膜的这种特性称为选择透过性。

2.5.2.2 电解流程

（1）隔膜电解。

隔膜电解工艺流程如图 2-11 所示，由于隔膜电解工艺投资少，所以国内偏远地区还在采用。来自盐水工序的过滤盐水经过螯合树脂塔进一步除去盐水中的重金属离子 Ca^{2+}、Mg^{2+} 等，达到离子膜电解对盐水质量的要求后进入电解槽阳极室，电解生产 Cl^- 和淡盐水，Na^+ 透过离子交换膜进入阴极室。碱液稀释后进入电解槽阴极室，H_2O 电解生成 H_2 和 OH^-，OH^- 与阳极室透过膜的 Na^+ 结合直接生成成品 NaOH。出电槽的淡盐水分为两路：一路与精盐水混合后循环回电解槽参与电解，另一路去脱氢系统。采用真空机械法脱除淡盐水中的游离氯后，再加入一定配比浓度的 Na_2SO_3 溶液脱除少量残余的游离氯送至盐水工序再饱和。出电槽的碱液也分为两路：一路冷却后去成品碱储槽，另一路加入纯水稀释加热后循环回电解槽。

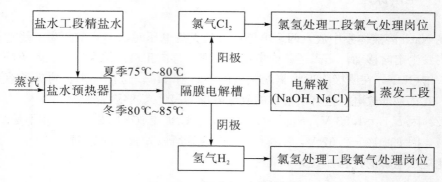

图 2-11　隔膜电解工艺流程

（2）离子膜电解工艺流程。

离子膜电解工艺流程如图 2-12 所示，其核心工段是二次盐水精制和电解部分。盐水一次精制的目的是将悬浮物与各种杂质离子的含量控制在要求的范围内，为盐水二次精制做准备。盐水二次精制最主要的部分是螯合树脂塔，其作用是使粗盐水经过树脂塔后除去二价阳离子，满足电解的质量要求。精制盐水流经电解槽时，在一定直流电的作用下，离子经离子交换膜发生迁移，最终在阴极液相形成烧碱，在阳极液相产生淡盐水；同时在阴极气相生成 H_2，在阳极气相生成 Cl_2。氯氢处理工段对 H_2 和 Cl_2 进行降温及干燥处理，满足后续工段需求。

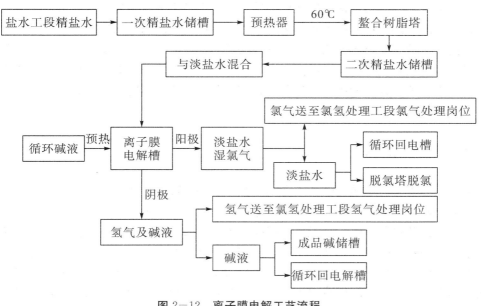

图 2—12　离子膜电解工艺流程

2.5.3　电解主要装置与设备

2.5.3.1　隔膜电解槽

目前隔膜电解槽均为立式，有单极式与复极式两种。复极式电解槽由若干个单元电解槽组成，类似压滤机结构，成行的阳极装配在成行的阴极之间构成阳极液室与阴极液室。各个单元电解槽用固定杆联在一起，成为一个不漏的整体。复极式电解槽的特点：①结构紧凑，占地面积少；②可露天安装，节省厂房建筑；③省掉单元槽间的电路导板，不但节约有色金属，更比一般隔膜电解槽节省电能；④密闭良好，有利于环境保护；⑤采用特制的除槽开关，使用安全方便；⑥不会缺少盐水，长时间停电后，开动容易。复极式电解槽的缺点：①有一个单元电解槽发生故障又不能就地排除时，必须整体停车；②体积庞大，移动很不方便；③停车时会骤然引起高达 40 V 的系统电压变。

2.5.3.2　离子膜电解槽

离子膜电解槽根据供电方式的不同，分为单极式和复极式两种。国内多数企业都采用日本旭化成公司的 ML-32NCH 型复极式电解槽。复极式电解槽的各个单元电解槽串联相接，其总电压为各个单元电解槽的电压之和；电路中各台电解槽并联。单极式电解槽的各个单元电解槽并联相接，其总电流为各个单元电解槽的电流之和；电路中各台电解槽串联。

有的离子膜电解槽为板式压滤机型结构，即在长方形的金属框内有爆炸复合成形的钛—钢薄板隔开阳极室和阴极室，拉网状的带有活性涂层的金属阳极和阴极分别焊接在隔板两侧的肋片上，离子膜夹在阴阳两极之间构成一个单元电解槽。大约 100 个单元电解槽由液压装置组成 1 台电解槽。另外，还有类似板式换热器的结构，即由冲压的轻型钛板阳极、离子膜和冲压的镍板阴极夹在一起，构成单元电解槽。若干个单元电解槽夹在两块端板之间组成一台电解槽。

2.5.3.3 离子交换膜

离子交换膜是由侧链上带有磺酸基、羧酸基等阴离子官能团的全氟聚合物制成的薄膜。工业上对离子膜的要求：①阳离子选择透过性好；②电解质扩散率低；③具有较高的化学稳定性和热稳定性；④机械强度高，不易变形；⑤电阻小。现代阳离子交换膜大多为聚氟烃织物增强的全氟磺酸—全氟羧酸复合膜。这种膜面向阳极的一侧为电阻较小的磺酸基；面向阴极的一侧为含水量低的羧酸基，羧酸基能抑制氢氧根离子向阳极室移动而提高电流效率。有的还将阴极处理成为粗糙的表面或有微孔状的无机物薄膜，以增加全氟羧酸膜的亲水性，减少氢气泡在膜表面上的滞留。这种膜适用于两极间距极小的所谓"零"极距或"膜"间隙的离子交换膜电解槽。其特点：①总能耗最低，在电流密度为 4000 A/m^2 的情况下，每吨烧碱的直流电耗为 7.56~7.92 GJ（2100~2200 kW·h）；②烧碱纯度高，50%的氢氧化钠碱液，含氯化钠 50~60 mg/L；③操作和控制都比较容易；④适应负荷变化的能力较大；⑤要求用高质量的盐水；⑥离子膜的价格比较昂贵。

自戈尔膜过滤器于 2000 年 6 月首先在江苏扬农化工集团有限公司和山东滨化集团有限责任公司成功工业化应用以来，国内已有几十家氯碱企业相继使用。戈尔膜的特点：①膜本身有较小的摩擦系数，利用膨胀聚四氟乙烯的不黏性，使滤饼与膜本身结合力较小。②改变滤饼的物化性能是戈尔膜能正常运行的关键。因为被过滤物是絮状、黏滞，会黏盖在膜的表面上，不仅堵塞大量的滤孔，使通量下降，而且由于黏滞形成的滤饼与膜有较大的摩擦力，使得反冲难且效果差。因此，采用戈尔膜过滤需进行预处理，即事先除去滤饼中的絮状物以及与膜有较大摩擦力的黏滞物。预处理工艺是采用 NaClO 氧化有机物。实践证明，这种方法可使被过滤盐水中游离氯的含量控制在 1~2 mg/L，滤饼的反冲效果明显好于不加 NaClO 的，其结果使化学清洗周期拉长。絮凝剂用 $FeCl_3$ 替代聚丙烯酸钠，因为 $FeCl_3$ 不仅有凝聚效果，而且能中和表面电负荷，而聚丙烯酸钠由于分子量大易造成堵塞。预投放 NaOH 使 Mg^{2+} 生成 $Mg(OH)_2$ 颗粒。采用预处理器使 $Mg(OH)_2$、有机物及水不溶物先除去。根据预处理后悬浮物的特性以及絮状物不易沉降易上浮的特点，采用浮上法澄清桶将粗盐水与 $Mg(OH)_2$、有机物及水不溶物分离。工业化实践证明，这样做能除掉大部分杂质，分离后粗盐水含 Mg^{2+} 为

$0\sim20$ mg/L，粗盐水透明度为 80%。粗盐水中 Ca^{2+} 与 Na_2CO_3 反应生成 $CaCO_3$，$CaCO_3$ 可作为助滤剂（也是滤饼的主要成分），在对粗盐水进行过滤时，能使滤饼的物化性能比较好，使反冲过程比较理想。

另外，针对戈尔膜在使用过程中出现的问题，将膜材料改成全氟材料，通过试验证明全氟膜使用寿命超过 1 年。

2.5.4　电解主要工艺参数

隔膜电解精盐水质量：NaCl 为 $20\sim350$ g/L，Ca^{2+}、Mg^{2+} 含量 <10 mg/L，SO_4^{2-} 含量为 $8\sim10$ g/L（Ca 法精制）。

离子膜电解精盐水质量：Ca^{2+} 含量 <20 mg/L，Mg^{2+} 含量 <5 mg/L。

近年来，国内大范围、高强度的节能减排措施密集出台，刺激行业主要产品价格出现了快速上涨，同时也宣告了氯碱行业发展"低政策成本"时代的结束，强制性节能减排工作将成为常态。国家发展和改革委员会 9 号令公布了《产业结构调整指导目录（2011 年本）》，其中已将隔膜电解法列入淘汰类内容，鼓励推广零极距、氧阴极等离子膜电解法。零极距作为离子膜电解法发展的技术方向，目前已在氯碱行业尤其是离子膜电解行业全面推广，世界各电解槽供应商最新电解槽已全部采用零极距设计。2010 年以来，全国离子膜电解槽订货量共计 561 万吨产能，全部采用零极距槽型。国内已有不下 20 家企业完成了离子膜电解槽的零极距改造，为企业再创造辉煌打下了基础。

2.6　氯化氢的合成

2.6.1　合成原理

生产氯化氢及盐酸的主要反应是氯气与氢气的化合反应，氯气与氢气在光、燃烧或触媒下，会迅速化合发生链式反应，其反应式如（2-7）式：

$$Cl_2 + H_2 \Longrightarrow 2HCl + 18.42 \text{ kJ/mol} \tag{2-7}$$

（1）链的生成。

在氯化氢生产过程中，一个氯气分子吸收光量子后被离解成两个游离的氯原子（Cl·），即活性氯原子，即

$$Cl_2 + h\nu \longrightarrow 2Cl· \tag{2-8}$$

（2）链的传递。

一个活性氯原子再与一个氢分子作用，生成一个氯化氢分子和一个游离的氢原子（H·），这个活性氢原子又与一个氯分子结合，生成一个氯化氢分子和一个游离的氯原子（Cl·），如此循环，构成一个链式反应，即

$$Cl \cdot + H_2 \longrightarrow HCl + H \cdot$$
$$H \cdot + Cl_2 \longrightarrow HCl + Cl \cdot$$
$$Cl \cdot + H_2 \longrightarrow HCl + H \cdot \qquad (2-9)$$
$$\cdots\cdots$$

（3）链的终止。

在链反应过程中，如果因外界的因素使 H· 和 Cl· 化合，则链反应被破坏，使链传递终止。在反应过程中，原子自身的结合可以使链传递终止；游离的氢分子或游离的氯分子与设备碰撞，使原子失活，也可以使链传递终止。另外，反应物浓度可使链传递终止，催化剂的作用可以使链传递终止。一般均衡生产不会出现链终止。在实际生产中，氯和氢在燃烧前不能混合（否则会发生爆炸），是通过一种特殊的设备"灯头"使氯和氢均衡燃烧的。

2.6.2　工艺流程及其说明

2.6.2.1　氯化氢的生产工艺

图 2—13 为氯化氢生产工艺流程。

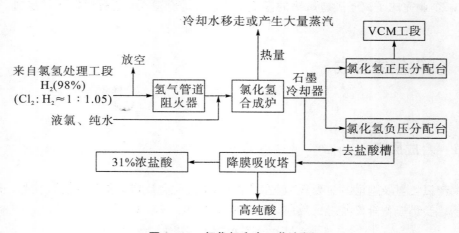

图 2—13　氯化氢生产工艺流程

原料（H₂）由氯氢处理工段用氢气压缩机送入，经氢气缓冲罐进入氢气管道阻火器，计量后，再经止回阀、调节阀进入二合一石墨合成炉灯头。氢气通过氢气缓冲罐上的压力自动调节阀调节，经过氢气放空阻火器后放空。

原料（Cl₂）由氯氢处理工段用氯气压缩机送入，液氯尾气由液氯工段送入，分别进入氯气缓冲器，混合后的氯气进入氯气阻火器，计量后，再经截止阀、调节阀进入合成炉灯头。

氯气、氢气在合成炉灯头混合燃烧，生成的氯化氢由合成炉上部送出，经冷却水槽、石墨冷却器冷却后进入氯化氢分配台，从氯化氢分配台出来的氯化氢气体按合成车间的需求量计量后送入 VCM 工段，开停车时不合格的氯化氢则进入吸收系统用于生产高纯酸。

从石墨冷却器中冷凝下来的盐酸由石墨冷却器底部流入冷凝酸排放槽，然后排入盐酸槽。软水槽中的软水经软水泵加压后送入二合一石墨合成炉夹套的下部，自下而上流入冷却合成炉，合成炉夹套顶部产生的低压蒸汽经闸阀及压力自动调节阀送入低压蒸汽管道。

2.6.2.2 高纯盐酸的生产工艺

高纯盐酸质量要求高，为避免铁含量过高，可采用三合一炉或石墨炉生产，但这类炉型生产能力稍小，易过氯且不易生产含量高于 36.0% 的高浓度盐酸；铁制炉生产能力大，易控制，可生产高含量盐酸，虽然铁含量较石墨炉稍高，但产品符合质量要求。高纯盐酸对吸收水的要求较工业盐酸高，一般要用纯水来作吸收剂；同时，增加捕集器、离子交换塔、中间循环罐等辅助设备来满足高含量高纯盐酸的工艺需要。高纯盐酸的生产工艺流程如图 2-14 所示。

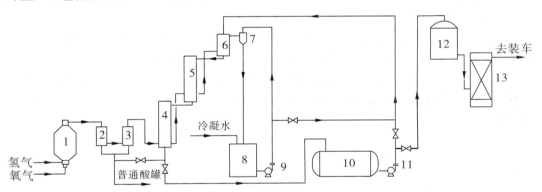

1—合成炉；2—冷却器；3—捕集器；4—Ⅰ段降膜吸收塔；5—Ⅱ段降膜吸收塔；6—尾气塔；7—水流喷射泵；8—循环液储槽；9、11—氟塑泵；10—高纯酸中间罐；12—酸高位槽；13—树脂塔

图 2-14 高纯盐酸的生产工艺流程

在氯气、氢气合成炉 1 中生成的氯化氢，经冷却器 2、捕集器 3 和分配台上的截止阀进入高纯酸吸收系统，结合图 2-14 Ⅰ段降膜吸收塔 4 中部，与来自Ⅱ段降膜吸收塔 5 的稀酸从管内自上而下并流吸收生产成品盐酸，成品盐酸从Ⅰ段降膜吸收塔 4 的底部流出，流入高纯酸中间罐 10；未被吸收的氯化氢气体经尾气塔 6 由Ⅱ段降膜吸收塔 5 的上风头进入，与水在管内自上而下进行并流吸收，生产的稀酸经 U 形弯头进入Ⅰ段降膜吸收塔，废气从尾气塔 6 流入水流喷射泵 7，同循环水一起进入循环液储槽 8，经过分离后的尾气排入大气。在特殊情况（如生产出现异常、短时间 VCM 工段停用氯化氢气体）下，采用将氯化氢气倒吸的方式。氯化氢气体经蝶阀倒入氯化氢自动制酸系统，生产高纯盐酸。用泵从循环液储槽将吸收制酸用水送出，经计量后进入Ⅱ段降膜吸

收塔制稀酸。

2.6.3 氯化氢合成主要工艺参数

主要工艺参数：①合成炉的进气比 H_2：Cl_2＝1：1.05；②合成炉的操作压力≤0.3 MPa；③炉顶出口温度≤137℃，石墨冷却器各级出口温度≤40℃；④干燥的氯化氢气体的纯度≥94％。

2.6.4 氯化氢生产的主要设备

2.6.4.1 合成炉

合成炉是本工段的重要设备。目前合成炉在国内外按其制作材质可分为三类，即钢制合成炉、非金属石英合成炉和石墨夹套合成炉；按其实际功能也可分为三类，即钢制翅片空气冷却合成炉，铜制带有废热回收的夹套蒸汽炉，集合成、冷却、吸收于一体的石墨三合一炉或二合一炉。

图2—15是钢制翅片散热、空气冷却合成炉的结构。钢制合成炉具有容量大、生产能力强、能充分利用气体对流和辐射散热等特点。其炉身较高温度部位在中、上部，其中装有散热翅片，炉体的底部装有石英玻璃或钢制的燃烧器，若氢气需经低温冷却脱水和固碱干燥，则完全可以采用此类钢制合成炉。炉顶装有防爆膜，由耐温、耐腐蚀的材料制作。

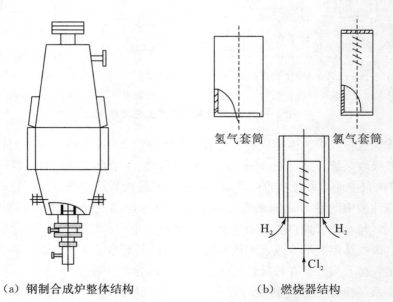

    （a）钢制合成炉整体结构   （b）燃烧器结构

图2—15 钢制翅片散热、空气冷却合成炉

燃烧器由内、外两层套装而成，内层是氯气套筒，是一个圆筒形套管，其上端封闭，筒身四周开有斜长方形孔；外层是氢气套筒，是一个两端开口的圆筒形套管。氯气自下端进入内套筒，因其上端封闭，气流只能从筒身四周侧面斜孔沿切线方向盘旋而出，与由外套筒下端进入的氢气在内外套筒间的流道内均匀混合，向上燃烧合成氯化氢气体，燃烧火焰呈青白色，其中心火焰温度可达 2500℃。正是石英燃烧器的蓄热，确保了合成反应得以持续下去。

水冷夹套式合成炉由于能强化传热过程，可使其生产能力提高 1/3 左右；在不降低炉温的条件下，可延长炉子的使用寿命，并能充分利用氯化氢反应的余热。因此，这种水冷夹套式合成炉越来越广泛地被人们所采用。为避免炉壁温度过低而发生炉体内水蒸气冷凝而腐蚀设备，有人建议将进水温度控制在 60℃～80℃以上，能在夹套侧形成沸腾给热，从而提高余热利用率。

由于石墨具有耐腐蚀、耐高温、传热效率高等优点，石墨制合成炉的应用也越来越广泛。工业上多见用炉外壁喷淋冷却水的水冷式石墨炉，它可以降低炉内氯化氢温度和提高生产能力。这种石墨炉由炉底、炉盖和炉身三部分组成，筒体直径通常为 400～600 mm；炉身为不透性石墨材料，外壁涂以石墨粉为填料的酚醛树脂；炉底和炉盖则用酚醛浸渍面的不透性石墨制作。由于炉身是不透性石墨材料，故一般采用负压操作。

2.6.4.2　列管式石墨换热器

石墨换热器的主要作用是冷却或加热合成气氯化氢或其他腐蚀性气体，以便制酸或冷冻脱水干燥。常见的石墨换热器有三类，即列管式石墨换热器、圆块孔式石墨换热器以及矩形块孔式石墨换热器。图 2-16 为列管式石墨换热器的结构。该换热器分成三个部分，即上封头、冷却区、下封头。一般来说，上封头接触氯化氢气体，温度较高。列管式石墨换热器需用水箱冷却降温，以防顶部上管板与列管交接处的胶粘部分因材料热膨胀系数差异而胀裂损坏。冷却段主要是采取冷却水自下而上、气体自上而下进行逆流的管壁传热，将气相中所带的热量移走，以实现热量交换的目的。与气体接触的部位用石墨材料制造，这种石墨是浸有酚醛或糠醛树脂的"不透性石墨"。对于块孔式冷却器来说，冷却水从径向管内通过，而气相由纵向管内通过，因此冷却效果很好。对于列管式冷却器来说，冷却水走壳程，气相只能走管程，其冷却效果就不如块孔式。下封头由钢衬胶或玻璃钢制成，保证有极好的防腐蚀性能。

2.6.4.3　纳氏泵

如图 2-17 所示，纳氏泵是主要的压缩、输送气体的设备。其作用是将干燥脱水后的 HCl 气体进行压缩、输送，操作压力为 0.08～0.1 MPa。纳氏泵分为三个部分，即内壁呈椭圆形的壳体、带有叶片的转子（叶轮）、两端有轴封的端盖，三个部分全是浇铸件。纳氏泵运行时借助浓硫酸作液压密封，并利用所产生的离心力使气体受到压缩。其叶轮每旋转 1 周，吸气、排气各 2 次，从而确保气体不间断地被输送。

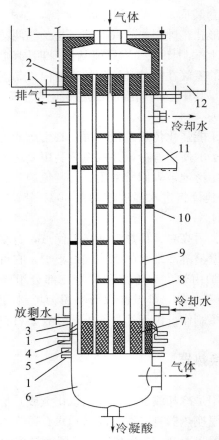

1—法兰；2—上管板；3—填料；4—压盖；5—半开环；6—底盖；
7—浮头；8—钢壳；9—石墨列管；10—折流板；11—支耳；12—冷却水箱

图 2—16　列管式石墨换热器的结构

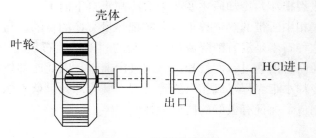

图 2—17　纳氏泵的结构

2.6.4.4　降膜式吸收塔

降膜式吸收塔为一种等温吸收器，用不透性石墨制作，是氯化氢吸收制取盐酸的主要设备。其基本结构和一般列管式石墨换热器相似，所不同的是其在上管板的管孔上设置有吸收液的分配器（见图 2—18）。在分配器内设置分配环及分配管，每个分配管上端有 4 个"V"字形开口，以确保吸收液形成螺旋线状的液膜，并沿切线方向流入管内，在管的内壁形成一层吸收氯化氢的液膜，而氯化氢气体由上至下穿入管内，与液膜接触，制成盐酸，而释放出的溶解热经石墨管传给冷却水带走。降膜式吸收塔具有典型的气液相在固定界面传质的特点，因而出酸浓度高，温度低，操作稳定，易于检修。

氯化氢的水溶液俗称盐酸。经降膜式吸收塔吸收后的气体中仍含有少量 HCl，将其导入填料吸收塔，用水吸收可制得稀盐酸，并以此作为降膜式吸收塔的吸收剂。

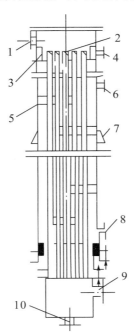

1—气流进口；2—分液管；3—分液环；4—进液管；5—挡板；
6—冷却水出口；7—支耳；8—冷却水入口；9—尾气出口；10—出酸口

图 2-18　降膜式吸收塔的结构

2.6.4.5　填料吸收塔

填料吸收塔是一种没有热交换的绝热吸收塔，常用于氯化氢含量较高时吸收制酸，也用于与降膜式吸收塔串联中吸收氯化氢含量较低的尾气，还用于盐酸脱吸时吸收副产物氯化氢。当然，盐酸脱吸中的解吸塔也经常采用此类填料吸收塔。填料吸收塔是最常见的传质设备，其结构如图 2-19 所示。

填料吸收塔内主要包括液流分布器（分液管）、填料、支承分布板（又称栅板）。塔身是一直立式圆筒，填料可用陶瓷、聚乙烯塑料或石墨制作。用于酸吸收时，酸液从塔顶经液体分布器喷淋到填料上，并沿填料表面流下；气体从塔底送入，经气体分布装置（小直径塔一般不设气体分布装置）分布后，与液体呈逆流连续通过填料层的空隙，并在填料表面与液体密切接触进行传质。填料吸收塔属于连续接触式气液传质设备，两相组成沿塔高连续变化，在正常操作状态下，气相为连续相，液相为分散相。当酸液沿填料层向下流动时，有逐渐向塔壁集中的趋势，使得塔壁附近的液体流量逐渐增大，这种现象称为壁流。壁流会造成气液两相在填料层中分布不均，从而使传质效率下降。因此，当填料层较高时，需要进行分段，中间设置液体再分布装置。液体再分布器包括液体收集器和液体再分布器两部分，上层填料流下的酸液经液体收集器收集后，送到液体再分布器，经重新分布后喷淋到下层填料上。填料吸收塔具有生产能力大、分离效率高、压降小、持液量小、操作弹性大等优点。

填料吸收塔也有一些不足之处，例如，填料造价高；当液体负荷较小时，不能有效地润湿填料表面，使传质效率降低；不能直接用于有悬浮物或容易聚合的物料；对侧端进料和出料等复杂精馏操作不太适合等。

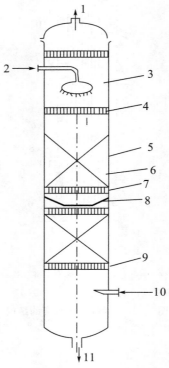

1—气体出口；2—液体进口；3—捕沫器；4—填料压板；5—塔壳；6—填料；7—填料支承板；
8—液体再分布器；9—填料支承板；10—气体入口；11—液体出口

图2-19　填料吸收塔的结构

2.6.5　盐酸脱吸法生产氯化氢

目前国内采用电石法生产聚氯乙烯的中小型企业，所需原料气体氯化氢大多采用合成法生产，即氯气与氢气合成氯化氢，再经空冷、水冷后直接输送到氯乙烯的合成系统。这种方法虽然工艺流程简单，但其生产的氯化氢气体纯度很低，给氯乙烯的合成带来许多不利因素。因此，在国外合成氯乙烯生产中多采用盐酸脱吸法生产氯化氢，从而提高了氯化氢的纯度，保障了氯乙烯合成的优质安全生产。盐酸脱吸法生产氯化氢工艺流程如图 2-20 所示。

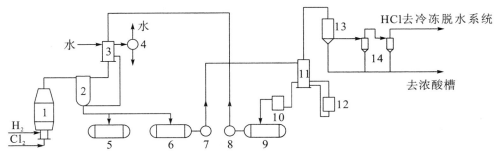

1—合成炉；2—膜式吸收塔；3—尾气塔；4—水流泵；5—商品酸储槽；6—浓酸储槽；
7—浓酸泵；8—稀酸泵；9—稀酸储槽；10—板式冷却器；11—脱吸塔；
12—再沸器；13—水冷却器；14—旋风分离器

图 2-20　盐酸脱吸法生产氯化氢工艺流程

2.6.5.1　浓盐酸的制备

　　氯化氢气体自合成炉顶部导管引出，通过空气冷却管道冷却至 120℃～130℃后，进入膜式吸收塔，而后用稀酸泵将稀酸槽中 20%～22% 的稀盐酸或水打至尾气塔，再流入吸收塔，制取浓度为 34% 的盐酸，或在脱吸氯化氢生产所需盐酸量满足的情况下制取 30% 的商品盐酸，并经管道输入商品酸储槽供外销。34% 的浓盐酸输入浓酸储槽，供脱吸生产氯化氢气体用。在膜式吸收塔中未被吸收的少量氯化氢气体及其他气体返回尾气塔进行二次吸收，其中未吸收的气体经水流泵抽出至下水道。

2.6.5.2　浓盐酸脱吸生产氯化氢

　　将浓盐酸储槽中的浓酸用泵打至脱吸塔，脱吸塔下部连接再沸器，浓酸自塔顶喷淋而下，与来自再沸器的稀酸蒸气逆流传质传热，使氯化氢脱吸。恒沸酸一部分用来补充再沸器的循环，另一部分则经板式冷却器后流入稀酸储槽。从脱吸塔出来的含有水蒸气的氯化氢气体进入列管式石墨冷却器，用水冷却后经过旋风分离器分离，夹带酸雾后送氯乙烯合成工段混合脱水岗位。

2.7 粗氯乙烯的合成

2.7.1 氯乙烯合成原理

2.7.1.1 合成原理

$$CH \equiv CH + HCl \longrightarrow CH_2 = CHCl + 124.8 \ kJ/mol$$
$$CH \equiv CH + HgCl_2 \longrightarrow ClCH = CH - HgCl（不稳定）\qquad (2-10)$$
$$ClCH = CH - HgCl + HCl \longrightarrow ClCH = CH_2 + HgCl_2$$

2.7.1.2 氯乙烯原料气的要求

纯度：HCl 纯度≥80％，乙炔纯度≥98.5％。

乙炔中的磷、硫杂质：无（S、P 杂质不可逆吸附氯化汞催化剂，破坏其活性中心而使催化剂中毒）。

水分：含量≤0.06％（混合气中的水分会吸收 HCl 气体产生盐酸，腐蚀管道，产生 $FeCl_3$ 造成堵塞；另外，水还会与乙炔反应产生乙醛）。

氯化氢中的游离氯：无（混合气中含有 Cl_2 杂质，会与乙炔反应发生爆炸）。

氯化氢中的氧含量：0.5％（混合气中的 O_2 杂质会引起爆炸；或与活性炭反应，使损耗提高；与 VCM 反应生成过氧化物，再与水反应生成过氧酸）。

催化剂及其载体：目前乙炔法氯乙烯合成所使用的氯化汞类催化剂是将氯化高汞吸附在活性炭载体上。因为纯的高汞对合成反应并无催化作用，纯的活性炭也只有较低的催化活性，只有当氯化高汞吸附到活性炭上后，才具有很强的催化活性。

反应温度：130℃～180℃。提高反应温度能加快合成反应的速度，获得更高的转化率；但是过高的温度易使催化剂吸附的氯化高汞升华，降低催化剂活性和缩短催化剂使用寿命，还会使副产物二氯乙烷增多；另外，催化剂上的升汞易被还原成甘汞或水银。

乙炔和氯化氢的摩尔比为 1.05～1.1。使一种原料气的配比过量，可使另一种原料气的转化率提高。因此，大多数化学反应都会利用这一原理，使价值低的原料过量，尽量使价值高的原料反应完全。由于乙炔的价值远远高于氯化氢，因此要将氯化氢过量配比。但过量应适宜，因为乙炔过量会使触媒中毒，而氯化氢过量太多，不但会增加原料消耗，还会增加 1,1-二氯乙烷副产物的生成，反应式如（2-11）式：

$$CH_2 = CHCl + HCl \longrightarrow CH_3CHCl_2 \qquad (2-11)$$

2.7.2　粗氯乙烯合成工艺

2.7.2.1　混合脱水工艺

如图 2-21 所示，来自乙炔工段的精制乙炔气经阻火器和流量调节计进入乙炔缓冲罐，由盐酸工段的精制 HCl 气体连续通过两个 5℃水的 HCl 干燥器，利用降低温度脱水，然后进入 HCl 缓冲罐。乙炔气和干燥后的 HCl 气体按乙炔：HCl=1：（1.05～1.1）的配比互成 180°进入混合器，混合器中的螺旋式分布有利于提高乙炔和 HCl 的混合效果。此外，还利用了氯化氢吸湿的特点，预先吸收乙炔气中的绝大部分水，生成 40% 左右的盐酸。乙炔和氯化氢在混合器中以一定比例混合后进入列管式石墨冷却器，经 -35℃ 的盐水冷冻，利用盐酸冰点低和水蒸气分压低的原理，以降低混合气体中水蒸气分压来降低气相中的水含量，达到进一步降低混合气中的水分的目的。温度下降，分压下降，40% 的盐酸以小液滴形式析出，其中少量盐酸从底部经酸封去高位槽，大部分呈极微的酸雾悬浮于混合气体之中，形成气溶胶。混合气体从下部进入酸雾过滤器，酸雾过滤器中通有 -35℃ 的冷冻盐水，并有硅棉（浸渍甲基硅氧烷的玻纤棉）吸附，这是因为酸雾形成的气溶胶无法依靠重力自然沉降，而气溶胶中的液体微粒与硅棉碰撞后被截留，形成酸性小液滴，在重力作用下向下流动并逐渐增大，最后掉落并排除。经过酸雾过滤器的混合气体温度降至 -16℃～-8℃，再进入含有硅棉的分离器进行吸附。分离器中不再通入水或冷冻盐水，而是利用余冷进一步分离水和盐酸。若分离器中的温度过低，则会使盐酸结冰堵塞设备，使系统阻力增加，流量下降。

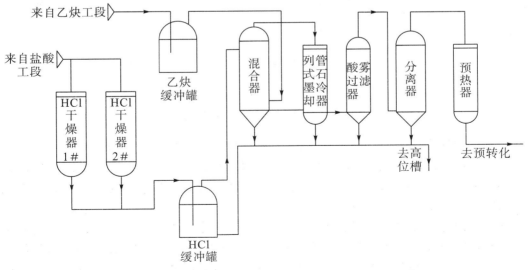

图 2-21　混合脱水工艺流程

2.7.2.2　混合气转化及水洗工艺

从分离器出来的混合气体进入预热器，在预热器中通入热水，使混合气体的温度升至 70℃～90℃。预热器中的混合气体反应速度较慢。对混合气体进行预热，目的是使未除尽的雾滴全部气化，降低氯化氢对碳钢的腐蚀性；使气体温度接近转化温度，有利于提高转化反应的效率，从而减少转化器的加热压力。

如图 2-22 所示，来自预热器的混合气体先后经过预转化器和再转化器。预转化器和再转化器都是列管式固定床反应器，分别通入三层热水。经过预转化器后，混合气体中乙炔含量控制为 20％～30％；经再转化器之后，混合气体中乙炔含量≤4％，盐酸含量为 2％～7％。由于高汞催化剂具有较严重的汞污染问题，国家环保部门要求提高低汞催化剂的比例，使之达到 50％以上。但低汞催化剂催化活性较低，催化效果较差，要控制减少汞流量，必须提高热稳定性。

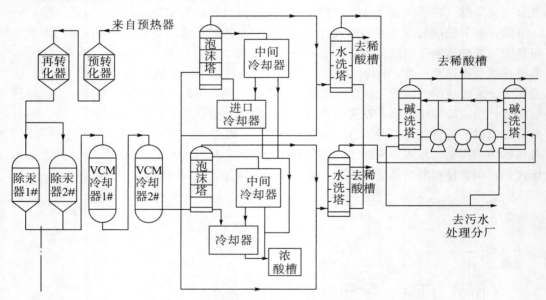

图 2-22　混合气转化及水洗工艺流程

通过再转化器之后的粗氯乙烯气体进入两个并联的除汞器，除汞器中填料为活性炭，对汞进行吸附，除去汞后的粗氯乙烯气体再送入两个串联的粗氯乙烯冷却器（VCM1♯，VCM2♯）中进行冷却（冷却器中通 5℃水），降低温度有利于 HCl 的吸附，将气体温度降至 20℃以下。

降温后的粗氯乙烯气体通过两组相同的泡沫塔和水洗塔，之后再进入碱洗塔进行碱洗。泡沫塔中通入 5℃水，其类型为筛板式。从塔的上部加入稀盐酸，淋到各层筛板上，形成很薄的积液层；粗氯乙烯气体从塔下部进入，通过筛板时出现鼓泡现象，使稀酸和气体的接触面积大大增加，提高了 HCl 的吸收效率。从泡沫塔底部流出的盐酸再经冷却，进一步提高浓度后进入浓酸槽。

从泡沫塔顶部出来的氯乙烯气体进入水洗塔。水洗塔为喷淋式填料塔，其填料为塑料颗粒，通入水进行喷淋，吸收少量的 HCl，形成的稀酸进入稀酸槽。经过泡沫塔、水洗塔后，氯乙烯气体中的 HCl 杂质含量进一步减少，仅为微量。

2.7.2.3　盐酸脱析工艺

如图 2−23 所示，浓盐酸用泵从浓盐酸储槽中打至脱析塔，从塔顶喷淋而下，在塔中与来自再沸器的热稀酸气液混合物相遇，进行传热和传质；解析出氯化氢气体，含水蒸气的氯化氢气体从塔顶出来，经石墨冷却器冷却后进入氯化氢总管，冷凝下来的浓酸经酸封进入浓酸储槽。由塔底得到的稀酸，一部分流入再沸器以产生稀酸气液混合物，另一部分进入稀酸冷却器冷却后进入稀酸储槽，经泵打至泡沫塔，从塔顶喷淋而下，再次吸收制成浓酸供脱析塔使用。

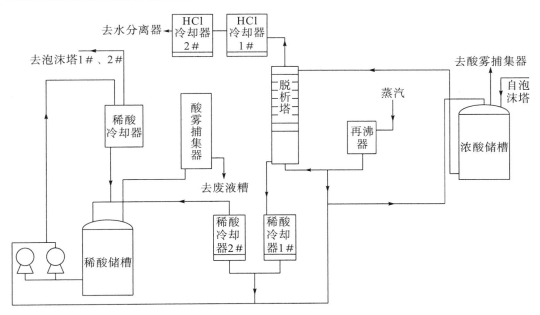

图 2−23　盐酸脱析工艺流程

2.7.2.4　粗氯乙烯压缩工艺

压缩工段是调节转化工段生产波动、控制和调节精馏工段生产负荷的工段。它既要消化转化工段所产生的生产负荷波动，又要控制精馏工段尽可能平稳地运行，为精馏工段制得高质量的精氯乙烯创造条件。因此，在用压缩机调整负荷时，需根据气柜高度的变化速率来调节。

经过水洗塔之后的氯乙烯气体进入碱洗塔，在碱洗塔中通入废碱液，吸收微量的 HCl 和水中或其他操作中带入的微量 CO_2，从碱洗塔出来的氯乙烯理论上不含 HCl 杂质。经过水洗的氯乙烯气体进入冷碱塔，如图 2-24 所示。在冷碱塔中通入液碱，起到冷却和除去极微量 HCl 的作用，完全除去 HCl 杂质后的氯乙烯气体连续经过两台机前冷却器，机前冷却器中通入 5℃水，使氯乙烯气体温度降至 25℃以下，随后切向进入水分离器，氯乙烯气体受向心力作旋转运动。利用压缩机加压并保持压力恒定为 0.6 MPa，使氯乙烯的沸点恒定在 36℃左右（合成气体不稳定）。压力和流量通过气柜来控制，气柜起到缓冲和调节的作用，以保证安全生产，其中气柜中气体的高度保持为 25%～85%。经压缩机加压之后的合成气体进入油分离器（采用水环压缩机后，一般不使用油分离器）和两个连续的机后冷却器，机后冷却器中通入工业水以降温除水，混合气体经过两台机后冷却器，温度<40℃送至精馏工段。

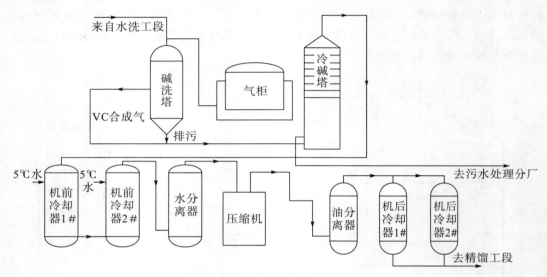

图 2-24 粗氯乙烯压缩工艺流程

2.7.3 主要工艺参数

氯乙烯合成的主要工艺参数如下：

乙炔冷却介质及温度：5℃工业用水，冷却后乙炔温度≤40℃。

原料混合气配比：乙炔：氯化氢=1：（1.05～1.10）（摩尔比）。

混合气冷却介质及温度：-35℃冰冻盐水，冷却后温度为-16℃～-8℃。

一次转化：转化率为 70%～80%，预转化器温度的高低与其内反应物料的多少有关，即与通入气体的流量有关，一般控制在 130℃左右；冷却介质为 95℃～100℃的循环水。

二次转化：乙炔总转化率为 98%，再转化器的温度较预转化器低一些；催化剂寿命分前、中、后期，在开始使用的前 1000 h（催化剂的"青春期"）内，由于催化剂活性很高，要控制为较低的空间流速；否则反应过于激烈，易使反应温度超过 180℃，甚至出现 250℃～300℃的高温，发生烧坏催化剂及转化器的危险，也会加快转化器的电化腐蚀；在催化剂寿命的中期（开工 1000～3000 h），是催化剂"年富力强"时期，反应带较宽，乙炔空间流速可达最高值；在后期（3000 h 以后），催化剂进入"衰老期"，反应带不明显，温度分布平坦，无明显热点，反应温度较前两个时期低，催化剂活性大大下降，加大乙炔通入量、增加空间流速也不能使反应温度回升，转化率逐渐下降，此时应降低空间流速。

催化剂载体参数：材质：活性炭，粒度大小为 $\varnothing 3 \times 6$ mm；吸附率：≥30%；机械强度：≥90%；升汞：分子式为 $HgCl_2$，分子量为 271.52，在水中的溶解特性为 7.4 g/100mL（20℃）；纯度：98%；催化剂的升汞负载量：10%～13%。

合成气的冷却介质：工业水，进口合成气温度：≤35℃；出口合成气温度：<40℃。

泡沫塔回收酸：水温：+5℃，塔底排出稀酸浓度：22%～30%。

水洗塔回收酸：冷却介质：河水，塔底排出稀酸浓度：<3%。

碱洗塔脱酸：液碱浓度：NaOH 10%～15%，冷却介质：河水。

氯乙烯的压缩：临界温度：142℃，临界压力：52.5 MPa。

压缩机出口操作压力（表压）：0.5～0.6 MPa。

2.7.4　氯乙烯合成主要设备

2.7.4.1　转化器

图 2-25 为大型转化器的结构。转化器与常用的列管换热器不同的是，列管与管板胀接技术要求更为严格，胀接缝处只要有微小的渗漏，都会使管外热水进入管内，与气相中的氯化氢接触生成浓盐酸，并腐蚀设备，使大量盐酸从底部放酸口放出而酿成停产事故。因此，无论是新制作的还是检修过的转化器，在安装前均应对管板连接处进行气密性检漏。如在管间筒体侧通入压缩空气（0.098 MPa，即 1 kgf/cm²，表压），于连接处喷淋肥皂水并以小榔头敲打，对有泡沫吹出者进行重新胀接加工（有时可检出几百处渗漏点），实践证明这是行之有效的办法。有的工厂为了减少氯化氢对列管胀接或焊接缝的腐蚀，采用耐酸树脂玻璃布进行管口局部包裹加强，也有一定效果。

设备宜选用 16 号低合金钢制作，列管选用 20 号或 10 号钢管，其余均可选用低碳钢制作。下盖为防止盐酸腐蚀，可采用耐酸瓷砖衬里防护。

转化器管间用的热水水质，因各工厂水源差异而效果不一。例如，有不少工厂采用锅炉用磺化煤处理后的软水，由于阴离子特别是氯离子未脱除而仍发现转化器列管外壁有严重的孔蚀、点蚀等电化腐蚀现象；而有的工厂采用河水（未经处理），却始终未发生管间的电化腐蚀现象，后来测得水中含氯离子在 10 mg/L 以下。因此，对于转化器用水，各厂已有一些经验：①减少水中氯离子含量；②提高 pH 值为 8～10；③补充水进行脱氧处理；④添加缓蚀剂（如水玻璃）等。用得比较广泛的是无离子水，并借液碱来控制 pH 值在上述范围，可获得比较好的效果。

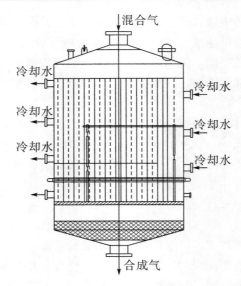

混合气

冷却水

冷却水

冷却水

冷却水

冷却水

冷却水

合成气

图 2-25 转化器的结构

2.7.4.2 泡沫塔

图 2-26 为典型的水洗泡沫塔的结构，塔身为防止盐酸的腐蚀和氯乙烯的溶胀作用，采用一层橡胶作为底衬，再衬两层石墨砖，包括衬胶泥厚度在内的衬里总厚度为 33 mm。筛板 2 采用厚度为 6~8 mm 的耐酸酚醛玻璃布层压板，经钻孔加工而成。筛板共 4~6 块，均夹于塔身大法兰之间。这种不加支撑环的筛板结构有利于增加整个塔截面积的利用率。溢流管 4 可由硬聚氯乙烯焊制（呈"山"字形），外包耐酸树脂玻璃布增强，再将硬聚氯乙烯套环夹焊固定于筛板上，上管端伸出筛板的高度自下而上逐渐减小。

吸收水自塔顶第一块筛板加入，在该筛板上与上升的粗氯乙烯气体接触，形成具有一定高度的泡沫层，在泡沫层内气液相进行质量传递，使气相中的氯化氢被水吸收为盐酸，经由溢流管借位差流入下一层筛板，在下面几块筛板上重复上述的质量传递过程。借助塔顶加入水量的调节，可以控制吸收过程的气液比和液体在筛板上泡沫层的停留时间，以使塔底排出的稀酸浓度达到 20%~25%。通过视镜 3 可以观察到筛板上泡沫层的高度及气液湍动接触的情况，判断塔设备的工作效率。根据经验，塔的上部几块筛板与下部筛板的开孔率可以不同，下部筛板开孔率可以大些，以适应塔的进出口气体流量的差异。例如，一般在水洗泡沫塔中形成较佳泡体层的操作条件如下：

（1）空塔气速 0.8~1.4 m/s。

（2）筛板孔速 7.5~13 m/s。

（3）溢流管液体流速 <0.1 m/s。

常见的泡沫水洗塔尚有用厚度为 30 mm 的石墨板制作筛板的，但气相的阻力降会大些。在小型工厂中，由于设备的散热表面积相对较大，可使塔内温度低于 60℃，其塔身及筛板可以采用硬聚氯乙烯材料加工制作。

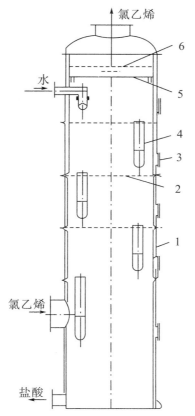

1—塔身；2—筛板；3—视镜；4—溢流管；5—花板；6—滤网

图 2－26　水洗泡沫塔的结构

2.7.4.3　酸雾过滤器

只有部分的盐酸以液态的形式从石墨冷却器中流出，大部分是呈极细微的"酸雾"悬浮于混合气体中，形成"气溶胶"。该"气溶胶"无法依靠自身重力沉降，因此须经酸雾过滤器和酸雾分离器除去酸雾。酸雾过滤器根据气体的处理量大小，有单筒式和多筒式两种结构形式。图 2－27 为多筒式酸雾过滤器的结构。为了防止盐酸腐蚀，设备筒体、花板、滤筒可采用刚衬胶或硬聚氯乙烯制作，每只滤筒包扎硅油玻璃棉 3.5 kg，厚度 35 mm，总过滤面积 8 m^2，这样每台过滤器可处理混合气流量在 1500 m^3 以上。滤筒与花板之间用硬聚氯乙烯螺栓橡胶垫密封压紧，以防气相渗漏而影响脱水效果。玻璃棉应呈垂直方向，以利于冷凝酸借重力凝聚，液滴逐步变大，畅通下落并排除。酸雾过滤器内部装有硅油玻璃棉（一般采用新型的含氟硅油浸渍的玻璃棉），硅油玻璃棉的玻璃纤维表面由 CF$_3$－基团组成，其耐腐蚀性及脱水效果均比甲基硅油浸渍棉好得多。

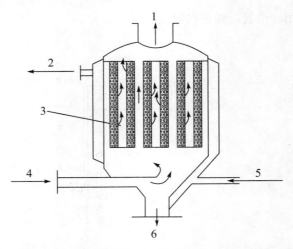

1—混合气出口；2—冷盐水出口；3—滤筒；4—混合气进口；5—冷盐水进口；6—盐酸出口

图 2-27　多筒式酸雾过滤器的结构

2.8　氯乙烯精馏

2.8.1　工艺流程

自压缩机送来的 0.5～0.6 MPa 粗氯乙烯先进入全凝器，由 5℃水进行间接冷却，使大部分氯乙烯冷凝液化，液体氯乙烯借位差进入水分离器，除水后进入低沸塔；未冷凝气体进入尾气冷凝器，其冷凝液（主要含有氯乙烯及乙炔组分）经水分离器除水后回流至低沸塔。低沸塔塔釜的液态氯乙烯通过再沸器间接加热，大量氯乙烯被汽化，气相沿塔板向上流动，并与塔板上液相进行热量和质量的交换，从而将沿塔盘下流的液相中的低沸物蒸出，最后经塔顶冷凝器以 5℃水间接冷凝，冷凝液流回低沸塔，塔顶冷凝器中未被冷凝的气体进入尾气冷凝器，经 -35℃盐水间接强制冷却后，大部分的氯乙烯被冷却成液体，通过水分离器除水后进入低沸塔作为塔顶回流，经再沸器加热除去低沸物的液态氯乙烯由过料阀减压后进入高沸塔向下流，高沸塔塔釜的液体经再沸器间接加热后，大量氯乙烯被汽化，上升的气流与塔板上液相进行同样的热质交换，再经塔顶冷凝器，以 5℃水将小部分含高沸物二氯乙烷的氯乙烯间接冷凝，作为塔顶回流，大部分未被冷凝的氯乙烯气相进入成品冷凝器，由 5℃水再次间接冷凝成液体，借位差进入水分离器，除水后流入氯乙烯单体储槽，待聚合需料时，用单体泵送出。精馏系统的工艺流程如图 2-28 所示。

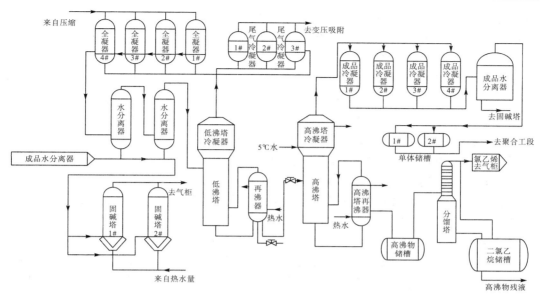

图 2-28　精馏系统的工艺流程

2.8.2　精馏原理

2.8.2.1　压力选择

目前，大部分工厂的氯乙烯精馏操作都已采用液相进料、先除低沸物后除高沸物的工艺流程。与过去采用的气相（饱和蒸汽状态）进料、先除高沸物后除低沸物的常用流程相比，除了需要两次冷凝而增加约一倍的制冷量外，新流程具有如下优点：

（1）成品氯乙烯由塔顶气相出料经冷凝收集，可减少因设备腐蚀而产生的铁离子和塔内生成的自聚物含量，满足聚合过程对单体中杂质含量的要求。

（2）由于高沸塔采用液相进料，由图解法可算得在一定回流比（如 $R=0.15$）下只需要较少的理论塔板数，就可以获取纯度为 99.9%～99.99% 以上的高纯度单体。而采用常用流程时，要获得同样的高纯度单体，所需的理论塔板数要增加好几倍。也就是说，要由常用流程来制取聚合级的高纯度单体是不可能的。

（3）由于高沸塔在低沸塔之后，有可能使低沸塔在 0.49 MPa（5 kgf/cm²，表压）以上的压力下操作，而高沸塔压力可由中间槽（或加料管）出口减压阀的开启度和成品冷凝器温度来控制，使其处于较低的压力（0.24～0.34 MPa，即 2.5～3.5 kgf/cm²，表压）下操作。这样既可以减少所需的理论塔板数，提高成品单体的纯度，又能降低加热釜操作温度而改善塔釜传热面的结焦。生产实践证明，采用先除低沸物后除高沸物的新流程，制得的单体纯度一般均能稳定控制在 99.9%～99.99% 以上。

精馏操作压力的选择是与氯乙烯以及被分离的杂质的性质分不开的。纯的氯乙烯的

沸点是 $-13.9℃$，随着压力的上升，其沸点也相应升高。因乙炔及其低沸点物的存在，经低沸塔处理过的乙炔-氯乙烯混合物的沸点相应降低。因此，低沸塔若在较低压力或常压下操作，则全凝器温度需要降低到 $-20℃～-1℃$，尾气冷凝器温度甚至需要降低到 $-55℃$ 以下，这样就必须通过液氨直接蒸发来获得上述的低温。应当指出，控制点温度设定值越低，对于相同耗冷量的动力电消耗增加越显著，也就是增加每吨氯乙烯产品的能耗及生产成本。此外，常压下进行精馏操作，将使塔底温度设定值为 $-5℃～0℃$，用于塔釜加热的热载体就不能用热水而需要选用特殊的化合物；而粗氯乙烯在进入精馏系统之前也必须经过严格的脱水干燥，否则，即使存在微量的水分，也会导致系统结冰堵塞而影响正常的操作。因此，氯乙烯的精馏操作宜在加压条件下进行。

氯乙烯的加压一般需要考虑氯乙烯压缩机的使用压缩比，压力增高后所需理论塔板数的增加，以及设备机械强度增加带来的建设投资费用的增加等因素。根据生产经验，低沸塔操作压力一般控制在 $0.49～0.59$ MPa（$5～6$ kgf/cm²，表压），这样可使氯乙烯气体的冷凝采用工业水或 $0℃$ 冷冻盐水作冷媒，将其冷凝为 $20℃～40℃$ 作为低沸塔进料；塔顶尾气冷凝器则可采用 $-35℃～-20℃$ 冷冻盐水，使乙炔含量较高的混合物在 $-25℃～-15℃$ 下冷凝作为塔顶回流液；塔底加热釜可选用转化器循环热水作热媒加热，使含高沸物质的氯乙烯混合物在 $35℃～45℃$ 沸腾气化。

因高沸物的存在，经高沸塔处理过的氯乙烯-高沸物混合物的沸点相应地比低沸塔混合液要高（主要高沸物沸点范围为 $21℃～113.5℃$），适当降低压力可以减少高沸塔所需的理论塔板数，如回流比 $R=0.1$ 时可由图解法算得。

另外，降低塔底温度对减少加热釜结焦有一定好处。故选择操作压力为 $0.24～0.33$ MPa（$2.5～3.5$ kgf/cm²，表压），塔顶排出的高纯度氯乙烯气体可用工业水或 $0℃$ 冷冻盐水作冷媒，在 $25℃～30℃$ 下冷凝为液态成品单体；塔釜也可用转化器循环热水加热，使含较多高沸点物的氯乙烯混合液在 $30℃～40℃$ 下沸腾气化。应当指出，当塔底高沸物间歇排放处理时，该塔底馏分和沸点也是随时间而变化的。

2.8.2.2　温度选择

一般来说，在满足单体质量的前提下，精馏系统冷却或冷凝部分的控制温度不宜设定得过低，因为这样将导致能耗成倍地增加。常用的氨压缩制冷机的实际有效供给制冷量为 $84×10^5$ kJ/h（$20×10^4$ kcal/h），其在不同工况（主要为气化温度）下的实际制冷量曲线如图 2-29 所示。由图可见，当气化温度升高到 $-5℃$ 时，该机器实际制冷量也增加到 $147×10^5$ kJ/h（$35×10^4$ kcal/h），比标准工况下增加约 75%；当气化温度降低到 $-25℃$ 时，该机器实际制冷量减少到 $41.9×10^5$ kJ/h，比标准工况下降了一半。也就是说，当精馏控制温度降低 $10℃$ 设定时，就必须再增加一台制冷机，才能满足生产的需要。

因此，任何情况下，在保证工艺技术及经济指标的同时，应尽可能使工艺控制温度设定在较高值，以节省单位制冷量的电耗，降低产品成本，这也是氯乙烯生产中的主要节能措施之一。在精馏系统操作中，各冷却和冷凝温度的设定值一般略低于该压力下混合液的沸点，而不宜采用过冷的控制点或回流比过大的操作，就是这个缘故。

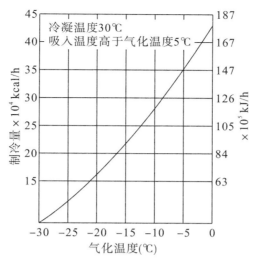

图 2－29　实际制冷量

2.8.2.3　单体中乙炔的影响

单体中即使存在微量的乙炔杂质，也会影响聚合产品树脂的聚合度及质量。这是因为乙炔是活泼的链转移剂，能与长链自由基反应，形成稳定的 $p-\pi$ 共轭体系，并继续与单体反应进行链增长，链增长机理如（2－12）式所示：

$$\text{\textasciitilde\textasciitilde CH}_2-\overset{\cdot}{\text{C}}\text{H} + \text{HC}\equiv\text{CH} \longrightarrow \text{\textasciitilde\textasciitilde CH}_2-\underset{\text{Cl}}{\text{CH}}\text{---CH}=\overset{\cdot}{\text{C}}\text{H} \longrightarrow$$

$$\text{\textasciitilde\textasciitilde CH}_2-\underset{\text{Cl}}{\text{C}}-\text{HC}=\overset{\cdot}{\text{C}}\text{H}_2 + \text{H}_2\text{C}=\underset{\text{Cl}}{\text{CH}} \longrightarrow$$

$$\text{\textasciitilde\textasciitilde CH}_2-\underset{\text{Cl}}{\text{C}}=\text{CH}-\text{CH}_2-\text{CH}_2-\underset{\text{Cl}}{\text{CH}}_2 \tag{2-12}$$

可见，乙炔参与链增长过程，使得产品大分子中存在内部共轭双键，对产品的热稳定性有不利的影响，这将成为大分子降解脱除氯化氢的薄弱环节。如果单体中乙炔的含量为 100 mg/L，则聚氯乙烯大分子中内部双键数量为 25/100 个大分子，单体中的乙炔杂质还能使聚合的反应速度减慢，使产品树脂的聚合度下降。

2.8.2.4　单体中高沸物的影响

单体中存在的如乙醛、偏二氯乙烯、顺式及反式 1,2－二氯乙烯、1,1－二氯乙烷等高沸物杂质都是活泼的链转移剂，既能降低聚合产品的聚合度，又能减缓聚合反应速度，分述如下：

（1）乙醛杂质。

$$(2-13)$$

（2）1,1-二氯乙烷。

$$(2-14)$$

由上述反应式可见，较低含量的高沸物可以消除聚氯乙烯大分子长链端基的双键结构，对产品热稳定性有一定的好处。因此，一般认为单体中高沸物杂质只有在较高含量时才显著影响聚合度及反应速率。此外，高沸物杂质还会影响树脂的颗粒形态结构，增加聚氯乙烯大分子支化度，以及影响粘釜和"鱼眼睛"质量指标等。生产中一般控制单体高沸物含量在100 mg/L以下（即单体纯度≥99.99％）。当高沸物含量超过该指标值在一定范围内时，也可借降低聚合反应温度来进行处理。

2.8.2.5 惰性气体、水分的影响

由于氯乙烯合成反应的原料氯化氢气是由氢气和氯气合成制得的，纯度一般只有90％～96％，余下组分为氢气等不凝性气体。这些不凝性气体含量虽低，却能对精馏系统的冷凝设备产生不良的后果。它犹如空气存在于水蒸气冷凝系统中一样，使冷凝壁面上存在一层气膜，导致给热系数 α 显著下降。原料氯化氢气内含 5％～10％ 的惰性气体，对氯乙烯气体的冷凝过程产生很大的影响，所得总传热系数 K 值远低于冷凝器，而几乎和气体的冷却过程相近。因此，提高氯化氢气体纯度，包括电解系统的氯气和氢气纯度，不仅可以减少氯乙烯精馏尾气损失，而且对于提高精馏效率也很重要。

聚氯乙烯生产企业已越来越认识到氯乙烯精馏过程中脱除水分的重要性，这是由于水分能够水解由氧与氯乙烯生成的低分子过氧化物，产生氯化氢（遇水变为盐酸）、甲酸、甲醛等酸性物质，反应式如（2-15）式所示：

$$(2-15)$$

　　这些酸性物质使钢设备腐蚀并生成 Fe^{3+}，Fe^{3+} 存在于单体中，使聚合后的树脂色泽变黄或成为黑色杂质；铁离子的存在又将促使系统中氧与氯乙烯生成过氧化物，过氧化物既能重复上述水解过程，又能引发氯乙烯聚合，生成聚合度较低的聚氯乙烯，造成塔盘部件的堵塞而被迫停车处理。因此，如果说系统中不可能完全脱除氧的话，那么氯乙烯中的水分（应当指出，水分在单体中的饱和溶解度达到 1100 mg/L）就必须降到尽可能低的水平（如小于 $100\sim200$ mg/L），否则将使单体中含有可观的盐酸和铁离子（后两者的含量几乎与水分含量呈比例关系），并造成自聚而堵塞精馏塔。氯乙烯单体的脱水方法：①机前预冷器冷凝脱水；②全凝器后的水分离器借重力差分层脱水；③中间槽和尾气冷凝器后的水分离器借重力差分层脱水；④液态氯化氢固碱脱水；⑤压缩前气态氯化氢借吸附法脱水。

2.8.3　工艺参数

（1）各热交换器介质入口温度见表 2-3。

表 2-3　各热交换器介质入口温度

部位	全凝器	低沸塔顶	低沸塔	尾气冷凝	高沸塔顶	高沸塔	成品冷凝
温度（℃）	+5	36~39	38~45	-35	18~32	≤45	+5

（2）精馏系统的操作压力见表 2-4。

表 2-4　精馏系统的操作压力

部位	全凝器进料	低沸塔	高沸塔
压力（MPa）	0.49~0.59	0.5	0.3

（3）单体氯乙烯的纯度及杂质含量控制指标见表 2-5。

表 2-5　单体氯乙烯的纯度及杂质含量控制指标

名称	优等品	一等品	合格品
氯乙烯（V/V%）	≥99.96	≥99.96	≥99.90
乙烯（mg/L）	≤5	≤8	≤10
1,1-二氯乙烷（mg/L）	≤80	≤120	≤150
1,2-二氯乙烷（mg/L）	≤3	≤3	≤5
反1,2-二氯乙烷（mg/L）	≤8	≤8	≤10
其他低沸物（mg/L）	≤3	≤3	≤5
其他高沸物（mg/L）	≤100	≤150	≤200
酸性物质（mg/L）	≤0.1~0.7	≤0.1~0.7	≤0.7~1.0
铁（mg/L）	≤0.60	≤0.8	≤1.00
水（mg/L）	≤100	≤200	≤300

聚氯乙烯制备及生产工艺学

2.8.4 主要设备

2.8.4.1 低沸塔

低沸塔又称乙炔塔或初馏塔，是用来从粗氯乙烯中分离出乙炔和其他低沸物馏分（包括惰性气体）的精馏塔。在大型装置中，低沸塔多为板式塔，如泡罩塔、浮阀塔或舌形孔喷射塔，小型装置则以填料塔为主。图2-30为板式低沸塔的结构。该塔主要由三部分组成，即塔顶冷凝器、塔节及加热釜。为了便于清理换热器的列管和塔盘构件，采用法兰连接的可拆结构，每个塔节可安置4个塔盘，共有40~41块塔盘。经全凝器冷凝的氯乙烯液体自上面第四块塔盘加入，即精馏段为4块板，提馏段为40块板，其塔顶回流液应包括塔顶冷凝器内回流部分和尾气冷凝器外回流部分。

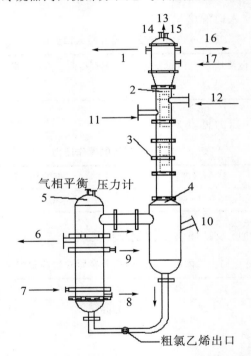

1—塔顶冷凝器；2—塔板（盘）；3—塔体；4—塔底；5—低塔再沸器；6—排气口；7—热水；
8—排污口；9—热水；10—温度计；11—全凝器冷凝液；12—尾冷器冷凝液回流；
13—低沸馏分；14—压力计；15—温度计；16—排气口；17—冷冻盐水

图2-30 板式低沸塔的结构

低沸塔由于向下流的液体流量较大，而上升的气体流量较小，因此塔的直径可以相对地比高沸塔小些，而降液管截面积与塔截面积的相对比率则大些。生产实践证明，在原有低沸塔上改装截面积较大的降液管，将使塔的生产能力大幅度提升。低沸塔的设备材质一般都选用普通低碳钢，有的工厂曾采用不锈钢材料制作部分构件。因塔内上升蒸

· 60 ·

气中含微量氯化氢，不锈钢材料的晶间腐蚀，反而不及低碳钢耐用。

填料式低沸塔在小型装置中获得了较广泛的应用。例如，塔内径仅为 350 mm 的填料塔内装填 ∅15 mm 瓷环，填料高度为 6 m，即能满足近 1 万吨/年的单体生产能力，其含乙炔量可稳定控制在 0.002 以下。采用填料塔时要特别注意：①塔身安装的垂直度，因为倾斜的塔身会使向下流的液体偏流到塔壁一边，而影响气液相的质量交换；②应在填料高度与塔径之比为 2～6 时加设集液盘，使流向塔壁的液体聚集到塔中心来；③应保证足够的尾气冷凝液回流，包括回流液流量和浓度（即乙炔含量），以保证塔内填料全部润湿，达到预定的精馏效率，这一点在小型装置中由于冷量不足而经常遇到困难。

泡罩式低沸塔由于设计方便和操作稳定而获得广泛的应用，也常见于高沸精馏过程。一般 3～4 万吨/年的单体生产能力采用直径为 600 mm 的泡罩塔盘，借 4 根定位拉杆外套定位管，与塔节的支座连接固定，塔盘与塔节之间的空隙借石棉绳稍微填充密封，以防较多的气体由此环隙走"短路"。泡罩塔的传质过程是借 48 mm 高度堰拦住的流动液体层，与下层经升气管上升经泡罩上 6 mm×24 mm 矩形孔吹出的蒸气相互接触而进行的。而上层插入的弓形降液管应埋入此液体层中，以防蒸气由此走"短路"进入上层塔盘。当上升蒸气量较少时，气体由齿缝上部吹出，呈气泡穿过上述流动的液体层；而当上升蒸气量较多时，气体则从上、中部甚至底部吹出，即齿缝达到全开状态，也就是常说的满负荷操作。一般空塔气速为 0.15～0.35 m/s；降液管中液体流速在 0.05～0.1 m/s 以下；气速较低时，可采用 200～250 mm 的板间距。对于小型泡罩塔盘，常在塔板上焊接折流挡板，防止液体流经塔板。

2.8.4.2　高沸塔

高沸塔又称二氯乙烷塔或精馏塔，是用来从粗氯乙烯中分离出 1,1-二氯乙烷等高沸点物质的。在大型装置中，高沸塔多用板式塔、浮动喷射塔、浮阀塔或泡罩塔，小型装置则常用填料塔。

图 2-31 为高沸塔的结构。高沸塔的设备结构与低沸塔类似，仅因其处理的上升蒸气量较大，相应地使塔顶冷凝器、加热釜的换热面积以及塔身直径都比低沸塔大些。此外，根据馏分要求，当塔底残液含有较多的氯乙烯时，残液定期排放入分馏塔蒸馏回收单体，加料粗氯乙烯可以选择塔身较低部位，即精馏段具有较多的塔板数。

高沸塔也常用普通低碳钢制作，虽然不锈钢材料在该塔中不会发生显著的腐蚀，但将增加设备造价，对单体质量也无特别的改善。再沸器由于所处理的物料均属不稳定的氯代烃化合物，而列管壁面温度较高，经过半年至一年常因碳化物或自聚物黏结于管壁，影响传热效率及液面控制而造成停车清理。一般认为选用矮胖型再沸器对减轻黏壁是有益的，也有采用备用再沸器，即在使用周期较短、黏壁尚不严重时，就借阀门或盲板进行切换清理，以保证精馏系统连续稳定运行。

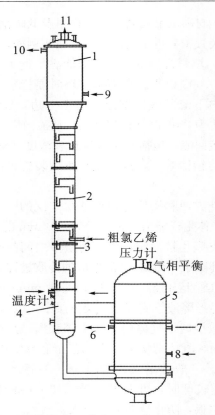

1—塔顶冷凝器；2—塔盘；3—塔身；4—塔底；5—再沸器；6—热水；
7—排气；8—热水进口；9—盐水进口；10—盐水出口；11—精氯乙烯

图 2-31　高沸塔的结构

　　浮动喷射式高沸塔由于操作气速高和处理能力大而广泛应用于精馏过程。这种塔盘实质上是对舌型喷射塔盘的改进，其传质过程是借助均匀溢流的液体，经第一块浮板齿缝喷出的气体吹向后面的浮板，并不断地与后面浮动下方喷射出的气体相接触而进行的。与泡罩塔不同的是，上升蒸气量变化时将改变浮板的开启度，因此气体的流向是与液体顺流接触斜向喷射的，这样的塔盘结构有利于减少气液流体在塔板上的流动阻力和液层高度，故常用于上升蒸汽量大或对塔板阻力降有特殊要求的情况，如真空精馏或为降低塔釜温度，以防物料在高温下分解的场合。氯乙烯高沸塔的浮板常见的有 250 g、329 g 和 450 g。其宽度一般都为 45 mm，而有效长度分别为 248 mm、335 mm 和540 mm。当操作负荷波动时，应能听到塔体内浮板翻动的声响。浮动喷射塔安装时应注意，除检查与泡罩塔相同的部分外，还应注意检查所有浮板与定位板之间的间隙大小和均匀程度。一般两者允许误差不宜超过 1 mm，否则易造成漏液而影响分离效果。浮动喷射式高沸塔中，空塔气速可选择 0.15～0.6 m/s，降液管中液体流速与上述泡罩塔相似。显然，这种塔可采用比泡罩塔小的塔径和较少的塔板数。

　　浮阀塔具有操作气速高、处理能力大和操作范围宽等优点，特别是处理量低时，仍能维持较高的塔板效率和优于浮动喷射塔的精馏效果，因此已逐渐用于高沸或低沸精馏过程。

2.9　氯乙烯的辅助工艺

2.9.1　高沸物的处理

高沸点物质的含量一般为 0.1%～0.5%。在进行精馏系统的工艺计算时，常常为了简化而把高沸物视为 1,1-二氯乙烷单一的化合物。实际生产中由于原料乙炔和氯化氢带入的杂质，以及气相催化反应本身的选择性，反应后的合成气乃至精馏系统中含有许多种类的高沸点物质。主要馏分为 45℃～65℃，占总量的 60%；其次为 110℃～115℃，占 8.5%。主要化合物为反式 1,2-二氯乙烯、1,1-二氯乙烷、顺式 1,2-二氯乙烯及 1,1,2-三氯乙烷等。高沸残液中还含有一定数量的游离水，以及压缩机夹带的机油等杂质。当残液未经分馏塔脱除溶解的氯乙烯时，可在 30%～60%（w/w）范围内发现有溴乙烯、乙烯基乙炔、四氯乙烯、氯甲烷、氯丙烯以及氯丁烯类化合物的存在。

由此可见，高沸残液内化合物具有易燃、易爆和有毒、有害的性质，其数量若从粗氯乙烯含高沸物量来粗略估算，在正常精馏操作中可达到每千吨单体就要排出 4～5 吨高沸残液的比率，因此有必要考虑它的综合利用途径。一般处理方法：①残液由空气雾化于 700℃～1000℃高温下焚烧，燃烧后炉气中氯化氢等气体可用水吸收成稀盐酸送中和处理；②采用间歇分馏塔，脱除氯乙烯单体和收集以 1,1-二氯乙烷为主的馏分，塔底残留的重馏分再送焚烧或其他处理。具体操作是高沸塔排出的液体，经分馏塔在 40℃～70℃操作温度下蒸出氯乙烯和二氯乙烷，二氯乙烷经塔顶冷凝器冷凝后去二氯乙烷储槽待售，不凝气体大部分为氯乙烯，回收至气柜，蒸馏塔底部的残液装桶处理。

2.9.2　尾气吸附回收

自尾气冷凝器来的不凝性气体，经预热器加热后进入变压吸附塔，尾气中的氯乙烯和乙炔即被吸附剂选择性吸附，吸附饱和后用真空泵解吸，经鼓风机加压，将解吸气送至预热器出口总管，进入转化工段再次利用，未被吸附的气体进入提氢吸附工段，如图 2-32 所示。通过吸附剂将杂质吸附，得到高纯度的氢气，送往盐酸工段再次利用，吸附饱和后用真空泵解吸后进入下一轮吸附。采用恒温变压吸附技术，氯乙烯质量浓度降至 36 mg/m³ 以下，乙炔质量浓度降至 150 mg/m³ 以下，达到气体排放标准。

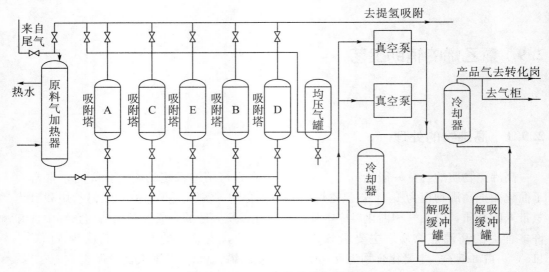

图 2-32　PSA 变压吸附工艺流程

分馏尾气中氯乙烯和乙炔等采用专用吸附剂，一般是硅胶、氧化铝和活性炭等，富含氯乙烯的尾气在一定压力下通过专用吸附剂床层时，尾气中的高沸点物质氯乙烯、乙炔等要回收的组分被选择性吸附；低沸点组分如氮气、氧气、氢气等由吸附塔出口输出。然后在减压下解吸被吸附的氯乙烯、乙炔组分，这样解吸气中氯乙烯和乙炔几乎被完全回收，整个工艺流程可近似看作等温吸附过程。

对于 PSA 变压吸附流程，工业上采用 4 个或 4 个以上的吸附塔，使吸附和再生交替进行，从而保证整个吸附过程的连续性。变压吸附循环过程有以下两个基本步骤：

（1）吸附。富含氯乙烯的分馏尾气在一定压力下经 PSA 专用程控阀进入吸附塔，其中氯乙烯和乙炔被吸附剂选择性吸附，弱吸附氢气、氮气和一氧化碳等直接穿过吸附剂床层，作为净化气从吸附塔另一端流出，净化气中氯乙烯和乙炔的指标符合国家标准。要求当塔层吸附饱和后，停止吸附操作，进行降压再生。

（2）降压解吸。根据吸附组分的性能，选用降压和抽真空方法来使吸附剂获得再生，一般是降压至大气压后再抽真空。被吸附的氯乙烯和乙炔等组分以降压和抽真空方法从吸附剂上解吸出来，作为产品排出吸附床外，并返回前工段加以回收利用，达到对分馏尾气的净化和回收利用。此时吸附剂获得再生，然后升压准备再吸附。每个吸附塔在一次循环中需经历吸附、降压、抽真空、升压等步骤，每个吸附塔交替循环执行这些步骤，以达到连续净化回收氯乙烯和乙炔的目的。

PSA 变压吸附气体分离技术是一项用于分离气体混合物的新型技术，由于变压吸附装置具有工艺简单、产品纯度高、操作弹性大、自动化程度高、吸附剂寿命长、维护方便等特点，因而成为近年来迅速发展起来的用于混合气体分离的主要技术之一。该技术对尾气中的氯乙烯和乙炔的回收利用不仅取得了良好的经济效益，而且为电石法PVC生产过程的经济运行做出了有益的尝试和探索。

2.9.3　变压吸附提氢装置

氯乙烯尾气净化气变压吸附提氢装置的原理是对来自氯乙烯尾气净化气气源中的杂质组分优先吸附而使氢气得以提纯，即在高压下吸附含氢原料气中的杂质成分以产出高纯度的氢气，而在低压下解吸杂质气体，同时使吸附剂获得再生。

如图 2-33 所示，氯乙烯尾气净化气变压吸附提氢装置采用 4 塔工艺，其主要设备有 1 台原料气缓冲罐、4 台吸附塔、1 台产品气缓冲罐、1 台均压罐、2 台真空泵，并通过若干个程控阀、调节阀及相关管线连接。该装置采用西门子 PLC 控制系统，通过周期性地切换程控阀门来实现 PSA 工艺过程，即在任意时刻只有 1 台吸附塔在进行吸附操作，其余 3 台吸附塔均处于吸附剂再生过程的不同阶段。4 台吸附塔循环操作，达到连续输入原料气和输出产品气的目的。

装置自动化程度高，运行费用低，回收的产品氢气纯度高。回收的氢气重新返回氢气系统，再次进入合成炉内燃烧，增加了氯化氢的产量，还相应地消耗了生产系统中多余的氯气，有效地降低了液氯的产量。变压吸附提氢装置进一步挖掘了 PVC 树脂的生产潜能，降低了生产成本。

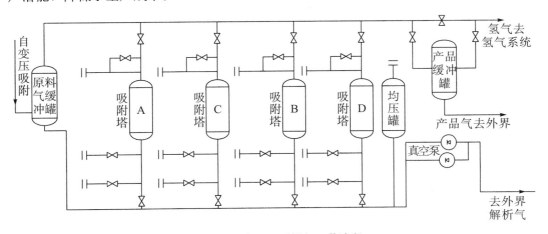

图 2-33　变压吸附提氢工艺流程

2.10　乙炔氢氯化法相关技术

我国大约 70% 的氯乙烯单体采用乙炔氢氯化法生产，这是由我国特殊的能源结构所决定的。而乙炔氢氯化法工艺路线一直采用剧毒的氯化汞/活性炭作为催化剂，该催化剂易挥发流失，对工人健康及当地环境造成严重的危害。如何消除汞触媒污染，在氯乙烯合成中采用低汞和无汞催化剂技术，是摆在多数 PVC 行业面前亟待解决的问题之一。

　　另外，现存的电石法国外已很少采用，日本电气化学公司与我国典型的流程相比有以下一些特点：①乙炔采用干式发生并用硅胶干燥；②氯化氢采用盐酸脱吸工艺、氯乙烯系统的 20％稀盐酸也送入盐酸脱吸的稀酸槽回收利用；③采用催化剂（触媒）容量为 6 m³的高效转化器（共 6 台），能满足 5 万吨/年的单体生产能力；④精馏之前的粗氯乙烯气体采用固碱和硅胶干燥，并于精馏系统中加入阻聚剂，以保证含水量 500 mg/L 以下的粗氯乙烯于精馏后降到 100 mg/L 以下，杜绝了生产装置中的自聚及腐蚀；⑤精馏尾气采用高沸塔残液作为溶剂的吸收法工艺，可同时回收尾气中氯乙烯和乙炔两种组分。

2.10.1　低汞触媒催化剂技术

　　低汞催化剂是采用多次吸附氯化汞以及多元络合助剂技术将氯化汞固定在活性炭有效空隙中的一种新型催化剂，其氯化汞含量约为 6％。低汞催化剂大大提高了催化剂的活性，并降低了汞升华，汞的污染排放量也大大降低。低汞催化剂无论是使用寿命、反应活性还是选择性，都达到或优于高汞催化剂，在不改变生产工艺、设备的前提下，完全可以代替高汞触媒并使 PVC 生产成本有所降低。低汞催化剂不仅降低了氯化汞的含量，而且减少了氯化汞的升华量。

　　低汞触媒使用后的废触媒中氯化汞的含量仍可达到 4％以上，这大大降低了氯化汞的消耗量。目前低汞触媒的应用已有 7 年，在很多企业都取得了很好的效果。低汞触媒在氯乙烯合成过程中起到催化作用，但在混合气含水量过高、反应温度过高、混合气含有有害元素等情况下均会造成催化剂失活，从而造成废低汞触媒的产生。经统计，当前电石乙炔行业低汞触媒使用寿命为 7000～12000 h，低汞触媒使用量约 0.75～1.4 kg/t，因此，延长低汞触媒使用寿命，减少废低汞触媒的产生，仍是企业面临的工艺革新问题。

　　乙炔氢氯化反应的均相催化体系虽然具有优良的催化活性和选择性，但对设备的腐蚀性严重，因此其应用受到较大限制。非均相催化剂是基于活性组分，以盐溶液的形态浸渍到多孔载体上，渗透到内表面而形成高效催化剂。非均相催化剂经吸附、干燥和焙烧等步骤即可得到乙炔氢氯化反应的催化剂，并且容易再生和制备。

　　从长远来看，无汞化是电石法 PVC 行业健康可持续发展的必经之路，目前我国无汞路线已经取得一些进展，但无汞触媒的研发还未获得突破，国家应该进一步加大支持和投入力度，这也有利于提升企业自主创新能力，增强企业活力和竞争力。

2.10.2　干法乙炔发生技术

　　电石生成乙炔工艺按电石与水接触方式的不同，可分为湿法和干法两种。湿法是将电石投入到水中进行反应，绝大部分反应热被水吸收，反应后的电石渣呈泥浆状，但电石渣的后处理和电石渣应用不便，乙炔熔解在水中的损失量大。干法是将适量的水加入到电石中，使电石发生分解反应，放出的热量通过水分的蒸发带出，反应后的电石渣呈干燥粉末状态。干法与湿法相比，最大的优点是节水，其用量约为湿法的 10%。由于干法反应后的电石渣呈干粉状，因此可以减少湿法排水中熔解乙炔的损失，有效提高了产品的经济效益。

随着国家节能减排措施的出台和实施，传统的湿法乙炔发生技术明显不能适应新的产业政策的需要，干法乙炔发生技术以其能够实现清洁生产的优势而被国家及业界关注。但干法乙炔发生技术也存在不足，主要表现在以下几方面：①细破设备使用寿命短，衬板磨损快，改进后的立式复合破碎机一般仍需半年更换一次；②布料分配系统的 U 型刮板输送系统易磨损或卡死，影响生产；③含电石渣水去发生器会结垢堵管、堵喷嘴，改进后的喷嘴可在运行中更换，但管道则不能；④乙炔气体出口在发生器的上部，大量的乙炔气体夹带大量的电石粉末、电石渣粉及水蒸气进入洗涤冷却塔，导致洗涤水含渣量增加，易造成管道喷嘴堵塞。相关政策法规的支持大大加快了干法乙炔发生技术的推广和应用，目前已运转的装置主要有新疆天业、湖南湘维、天原集团江安化工、寿光新龙电化、河南联创、陕西北元、甘肃新川化工、河南开祥化工和重庆长寿化工等。干法乙炔发生技术逐渐取代湿法乙炔发生技术，并被广泛应用的趋势越来越明显，有利于实现节能减排、清洁生产的目标。同时，干法乙炔发生技术还在不断地完善，经改进后将会更实用。

2.10.3　乙炔氢氯化法生产现状

氯乙烯单体的生产工艺技术水平直接影响着聚氯乙烯的产品质量、纯度，以及最终的市场销售价格。因此，经过近七十年的发展和研究，聚氯乙烯生产规模不断壮大，氯乙烯生产技术得到了迅速更新，但氯乙烯生产工艺的优化和控制仍然是整个化工领域孜孜以求的钻研课题和生产瓶颈。当前，比较成熟的氯乙烯生产工艺主要是乙炔氢氯化法和乙烯氧氯化法，其中电石法生产氯乙烯路线（即乙炔氢氯化法）在我国氯乙烯生产中的应用最为普遍。

随着国际原油价格的上涨，国外以原油和天然气为主要原料生产氯乙烯的工艺成本增幅较大，而我国利用电石法生产氯乙烯的生产有着丰富的资源保证。因此，电石法生产氯乙烯的生产工艺与其他工艺相比成本更低；与其他的生产工艺相比，电石供应平稳，而且价格也未出现过大幅度的波动，质量又比较好，通过降低电石消耗量，企业的利润会进一步增加。因此，无论是从技术上还是从生产成本上来看，电石法生产氯乙烯的生产工艺在未来相当长的时间内仍然有着生存空间。

2.10.3.1　电石法生产氯乙烯存在的不足

电石法生产氯乙烯工艺有明显的优势，但是目前普遍使用的氯乙烯单体生产装置仍然存在着一些问题，影响到生产过程控制系统。电石法生产氯乙烯主要存在以下几个方面的问题：

（1）乙炔生产过程中温度和压力的控制。这一阶段主要是乙炔发生器中的电石和水发生水解反应生成乙炔。水解反应的过程中会放出大量的热，导致整个发生器的温度不断上升，从而使整个发生器的压力迅速增加。目前，为了确保容器内的压力在一定的范围内，大多采用在后续工段安装一个气柜的方式。但是气柜占地面积太大，后期维护的费用较高，而且气柜本身还存在爆炸的危险。

（2）氯气和氢气的配比。在氯化氢合成中，氯气、氢气的输入数量基本上由人工控制，凭借人的经验观察火焰的颜色来调节两种气体的输入量，误差较大，存在着严重的安全隐患。

（3）氯化氢和乙炔的配比控制。为了确保反应向正方向进行，一般的比例都调节为1.05：1，如果控制稍有不当，触媒就会因为过量的乙炔而发生中毒现象，而氯化氢超过一定的范围限制就会腐蚀生产设备，同时也增加了后续工艺的负担。

（4）氯乙烯转化的温度和压力控制。这一阶段转化器温度的控制对于实现企业稳定生产和经济效益的提高具有重要的影响。实际生产中，为了减少转化器输出压力不稳定对精馏工序造成的不利影响，采取了安装一个气柜装置的措施。同样，气柜的存在也造成了极大的安全隐患。

（5）精馏阶段控制。整个精馏工段是一个复杂的、多变量的综合系统。每个参数之间都存在着一定的耦合联系，是一个相互作用的过程，将每个参数分开进行控制并不是最优的。

（6）故障诊断系统。在整个氯乙烯单体生产的过程中，经常会发生管道堵塞、低高沸塔塔板脱落等故障现象，整个生产过程的安全瓶颈问题有待突破。

2.10.3.2　氯乙烯生产过程优化控制研究

（1）乙炔生成工序的优化。

乙炔生成工序优化的目的是提高乙炔生产效率，优化内容是建立更加完善的控制系统，控制乙炔发生器内的化学反应温度。通过改变主、副控制变量，将废水塔和清水塔的出口压力设置为主控变量，从而保证系统压力稳定，将乙炔发生器的反应温度设置为副控变量，在保证系统压力稳定的条件下达到提高反应温度的目的。整个系统内循环采用PID控制，外循环采用预测函数模型控制，从而提高乙炔生产率。建立串级控制系统的另一个优点就是取消气柜，彻底解决气柜存在的安全隐患以及建设气柜带来的经济开销。在一些大型的氯乙烯生产企业中，该工序的优化在确保氯乙烯安全生产方面起到了重要作用。

（2）氯化氢合成工序的优化。

氯化氢合成工序优化的目的是提高产物的产率和纯度，提高系统安全性能和降低生产成本，优化方案的核心集中在氢气和氯气的配比上，将氯气和氢气的流量作为控制变量。设计单向封闭循环比值控制系统，改变传统的进口气流方式，以氯气为主流量，氢气为副流量，对气流的温度和压力进行控制和补偿，避免由于昼夜温度和气压的变化以及四季气候的变化引起的气流密度变化。由于整个工艺条件发生了变化，进入合成炉的氯气和氢气组分也会发生相应的变化，甚至发生大尺度的波动，氯气、氢气流量比会受到温度和压力的影响，故设计单闭环比值控制系统对其流量进行温度、压力补偿。

（3）氯乙烯的转化和精馏工序的优化。

提高氯乙烯单体的纯度和产量是该转化工序的主要优化目的。通过优化各台转化器之间的转化温度来控制转化器夹套中水的流量。与氯气、氢气配比控制系统相似，以氯化氢为主，其次是乙炔设计单向闭路循环比值控制系统，以生产工序中的监测点作为设计变量，计算出氯化氢、乙炔的最佳配比流量，同时将氯化氢和乙炔气流引入温压补偿运算模式，保证反应过程控制精度，实现自动化控制。事实上，自动化控制系统是实现氯乙烯生产高纯度、确保安全的最可靠的措施之一。氯乙烯的精馏主要是提高反应物质量，降低物耗和能耗。精馏塔是一个多参数的复杂化学反应系统，要实现对其的精确控制，需要配置一套精确的控制系统。从系统角度看，整个精馏塔作为一个反应整体，各参数间存在着相互影响、相互制约的耦合关系。通过对塔的投入量、温度和再沸塔压力以及塔釜液位等各参数的精确控制，实现对精馏塔的最优控制。

（4）故障诊断系统的优化。

原来的氯乙烯生产工艺系统的故障诊断系统以人工控制为主，只有在故障发生或者即将发生时，工人才能够发现系统的故障所在，这就使得整个生产工艺系统的故障诊断带有明显的滞后性，不能准确地事先预防故障的发生。目前，在氯乙烯生产企业中，根据整个反应的原理和工艺的特点，正在推广实施氯乙烯生产装置在线故障诊断专家系统。该系统既可对整个反应过程进行准确控制，又可对每个生产环节进行微观控制，一旦某个环节出现故障，就会自动报警，并提示修复的相关建议。

氯乙烯的生产过程是一个复杂的工艺过程，包括一系列的物理化学变化，并运用了动力学传质的相关理论，关键是要控制好温度和压力的变化，保证氯乙烯单体的产量和纯度。从氯乙烯生产工艺来看，应该重点在乙炔生产、氯化氢合成、氯乙烯转化和故障诊断系统等方面采取优化措施，从而实现氯乙烯生产过程的安全控制和优化。

思考题

1. 氯乙烯的主要生产制备工艺是什么？为什么电石乙炔法仍在我国聚氯乙烯生产中占主导地位？

2. 电石水解反应的基本原理是什么？影响反应的主要因素有哪些？

3. 在乙炔发生工艺中，在加料斗中活门为什么要进行 N_2 置换？电磁振荡器在这里起什么作用？

4. 简述乙炔发生工艺中正水封、逆水封和安全水封所起的作用。

5. 简述乙炔发生器的内部结构。乙炔发生器通常采用什么材质？其水位和内部温度怎样控制？

6. 为什么粗乙炔气中的 P、S 等杂质必须除去？除去 P、S 杂质的原理是什么？

7. 简述乙炔清净工序中利用文丘理原理来配置 NaClO 的好处。

8. 电石渣浆中少量的乙炔气怎样回收？

9. 绘制乙炔发生、清净的工艺流程图和乙炔回收系统流程图。

10. 盐水的精制主要采用了哪些工艺？

11. 离子膜电解工艺有哪些优点？精盐水的质量指标有哪些？

12. 简述氯化氢合成炉的材质与结构。

13. 为什么合成两大原料气要控制氯化氢过量而不是乙炔过量？

14. 简述混合冷冻脱水的原理及安全注意事项。

15. 简述乙炔氢氯化法的基本原理，包括反应式、催化剂、反应条件。

16. 简述氯乙烯的转化反应工艺参数、合成操作规程。

17. 为什么在精馏氯乙烯前要对转化汽进行压缩？

18. 简述氯乙烯生产的主要设备，例如，转化器、酸雾过滤器、石墨冷凝器、泡沫塔、低沸塔、高沸塔、精馏塔的总体结构、基本尺度、材质和功能。

19. 简述氯乙烯合成工艺中的各岗位（计量岗、转化岗、压缩岗、精馏岗）的工艺流程。

20. 简述氯乙烯制备工艺中变压吸附、提氢吸附、含汞废水、盐酸脱析系统的工艺流程。

21. 简述单体氯乙烯的纯度及杂质含量控制指标。

22. 简述乙炔氢氯化法制氯乙烯各工序生产的安全操作规程。

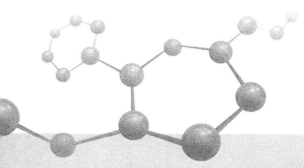

第3章

乙烯氧氯化法制氯乙烯

随着石油化工的发展，不少国家的企业都采用乙烯为原料生产氯乙烯单体（VCM），其原因是这种方法成本低、规模大。我国第一套以氧氯化法生产氯乙烯单体的技术是北京化工二厂于 1973 年引进的美国古德里奇（Goodrich）公司的氧氯化技术和德国赫斯特公司的直接氯化、裂解技术，VCM 的设计生产能力为 8 万吨/年，全套装置于 1976 年建成投产。上海氯碱总厂和齐鲁石化公司分别在 1978 年和 1988 年引进日本三井东亚株式会社的年产 20 万吨的氯乙烯装置，其特点是采用石油乙烯、氧和氯作为基础原料的平衡氧氯化法生产技术。由于氧氯化法制 VCM 具有规模大、能耗低、经济、环保等优点，因而在国际上被广泛采用。

美国古德里奇公司于 1964 年首先将乙烯氧氯化法实现工业化，目前世界上采用本工艺生产 VCM 的产能约占总产能的 95% 以上。据中国石油和化学工业协会统计，国内用于生产 VCM 的电石产能已过剩近半，开工率仅为 51.1%，为此，国家在"十二五"期间已责令淘汰及关闭低水平、污染严重的电石企业，产能 200 多万吨/年。目前国内几套乙烯法 PVC 生产装置开工率达 90% 以上。今后应努力创造条件，调整原料结构，加快乙烯氧氯化法生产 VCM 的产能比例。

乙烯氧氯化法的生产工艺分为乙烯直接氯化制二氯乙烷（EDC），二氯乙烷裂解生成氯乙烯单体（VCM）和氯化氢（HCl），氯化氢、乙烯和氧进行氧氯化反应生成二氯乙烷三步反应。生产装置主要由直接氯化、氧氯化、EDC 裂解、EDC 精制和 VCM 精制等工艺单元组成。

3.1　氧氯化法反应机理

3.1.1　氯化氢的催化氧化反应

1870 年，Deacon 发现了氯化氢的催化氧化反应，其总的化学反应式为

$$2HCl + \frac{1}{2}O_2 \xrightarrow{CuCl_2} Cl_2 + H_2O \qquad (3-1)$$

Allen 认为，氧氯化反应就是利用反应所放出的氯将乙烯氯化加成，氯化反应较快，且新生氯是乙烯氧氯化反应的控制步骤。多年来有很多学者对 Deacon 反应进行了研究，考察过该反应的化学平衡并建立了完整的动力学理论。研究指出，在 0℃ ~ 500℃ 之间化学平衡均能向右移动，尤其低温更有利于反应的进行。

Ruthevn 等认为，在 400℃ 及有 Cu、K、La 氯化物的熔盐作催化剂的情况下，反应按下述三步进行：

$$2CuCl_2 \Longrightarrow Cu_2Cl_2 + Cl_2$$

$$Cu_2Cl_2 + \frac{1}{2}O_2 \Longrightarrow CuO \cdot CuCl_2$$

$$CuO \cdot CuCl_2 + 2HCl \Longrightarrow 2CuCl_2 + H_2O \qquad (3-2)$$

其中，第二步亚铜离子的氧化反应较慢，故它是整个 Deacon 反应的控制步骤。在催化剂中加入 $LaCl_3$ 可以增加反应的催化活性，因此，$LaCl_3$ 对决定反应速度的第二步起到了助催化作用。Allen 同样也证实了上述反应机理，指出在高温下 $CuCl_2$ 不直接与氧作用或吸附氧，而是先生成 Cu_2Cl_2，Cu_2Cl_2 再与氧作用生成 $CuO \cdot CuCl_2$。

Ruthevn 等在 350℃～500℃ 的范围内研究熔盐 Cu_2Cl_2 与氧的氧化动力学，所得关系式如下：

$$\gamma = KA \, [Cu^+]^2 P_{O_2} \qquad (3-3)$$

式中，γ 为瞬时反应速度，K 为常数，A 为熔盐的表面积，P_{O_2} 为氧气分压。反应速度随着 KCl 与 $LaCl_3$ 浓度的增加而增大，几乎与温度无关。

Jones 等用半定量的方法考察该反应后发现，过量的氧能增加反应速度，而过量的氯化氢和水蒸气则会抑制反应的进行，惰性气体对反应没有影响。上述动力学的研究说明，反应速度随着氧分压的增加而增加，这也证明了反应机理中的第二步是整个反应的控制步骤。实践经验和理论研究都证明 $CuCl_2$ 是 Deacon 反应的最佳催化剂。

同样，Hurter 认为，在选择该反应的催化剂时，可用金属元素的氯化物和氧化物的生成热作为标准，并且要求该元素对氧、氯和氢有一定的亲和力。Hurter 指出："没有其他金属元素像铜那样能够形成两种氯化物和两种氧化物，并且结合得如此松散。"铜既是最好的氯载体，又是最好的氧载体。

计算和比较一些金属化合物在不同温度下的自由能，确定它们的催化活性递减顺序为：对两价金属有 Mg，Cu，Sn，Ni，Zn，Rh，Fe，V，Mn，Co，Pd，Cd，Hg，Pb，Ca，Sr，B；对三价金属有 Cr，Fe，Er，Y，Sc。Deacon 反应的催化剂、稳定剂和活化剂见表 3-1。

表 3-1　Deacon 反应的催化剂、稳定剂和活化剂

催化剂	稳定剂	活化剂
以下元素的 O^{2-}，Cl^-，SiO_3^{2-} 化合物：Cu，Fe，Cr，Mg，Mn，Ag，Au，Ni，Co，V 载体：Al_2O_3，SiO_2，活性炭，SiC	以下元素的 O^{2-}，HSO_4^- 化合物：Li，Na，K，NH_3，Zn，Cd，B，In，P，Co，Sr，Ti	La，Pt，Zr，U，Ce，Th，Ti，Ta，Rh，Mo，Ru，W，Eu

3.1.2　乙烯氧氯化法制二氯乙烷

乙烯氧氯化生成二氯乙烷及其裂解的反应式为

$$C_2H_4 + 2HCl + \frac{1}{2}O_2 \xrightarrow{CuCl_2} Cl-CH_2-CH_2-Cl + H_2O \qquad (3-4)$$

$$Cl-CH_2-CH_2-Cl \xrightarrow{裂解} C_2H_3Cl + HCl \qquad (3-5)$$

这个方法称为二步法，是目前工业上生产氯乙烯广泛采用的方法。工业上通常采用舒斗华流程、三井东压流程和凯洛格液相氧氯化流程等。许多学者对二步法进行了研

究，如宫口等研究了在 230℃、CuCl$_2$/Al$_2$O$_3$ 催化下该反应的反应速度，并得到了以下方程：

$$\gamma = k\ [C_2H_4]\ [HCl]^{0.3} \qquad (3-6)$$

式中，γ 为瞬时反应速度，k 为适用于整个氯化氢转化的一个反应速度常数。从式（3-6）可以看出，上述反应速度只与乙烯和氯化氢的浓度有关，而与氧的浓度无关。

Carrubba 考察了在 180℃、CuCl$_2$/Al$_2$O$_3$ 催化下乙烯氧氯化生成二氯乙烷的动力学特性，认为上述反应速度随乙烯和氧的分压的增加而增加，与氯化氢的分压无关。这与宫口的结论不一致。

Allen 研究了在 200℃~375℃、1.2 kPa（9 mmHg）下，以 CuCl$_2$ 为催化剂，在流动系统中乙烯氧氯化生成二氯乙烷的反应速度，得到的方程如下：

$$\gamma = 5.05 \times 10^{-6} \exp\left(-\frac{19000}{kT}\right) P_{C_2H_4} S_{CuCl_2} \qquad (3-7)$$

式（3-7）说明，瞬时反应速度 γ 只与乙烯的分压 $P_{C_2H_4}$ 和催化剂的表面积 S_{CuCl_2} 有关。

铃木考察了乙烯及其氯衍生物在 CuCl$_2$-KCl/Al$_2$O$_3$ 催化下的氧氯化反应后发现，当乙烯与氧的摩尔比大于 2 时，反应速度正比于氧浓度。

Arganbright 考察了在 220℃~330℃浮石催化下乙烯氧氯化反应的结果，指出该反应的控制步骤是烯烃过程吸附。Allen 考察了在 CuCl$_2$ 催化下吸附与温度的关系，其结论是在温度低于 400 K 时，CuCl$_2$ 对乙烯的吸附是典型的可逆物理吸附，随着温度的升高，物理吸附速率很快下降。

上述反应动力学的研究说明，在该反应中，乙烯的浓度和催化剂对乙烯、氧和氯化氢的吸附具有非常重要的意义，因此，在选择反应条件、催化剂及其制备时应当注意。

另外，因为该反应强烈放热，所以在操作条件方面要求严格控制温度。温度可以影响整个氧氯化过程，例如反应的真实动力学、催化剂表面的熔化温度和黏度，以及反应物在盐类表面的溶解度和吸附。反应温度控制得不好，会引起催化剂局部过热，使乙烯局部燃烧形成过热点，造成多氯化物生成和催化剂结焦；同时，易使 CuCl$_2$ 挥发，从而降低催化剂对乙烯的吸附。因此，温度控制的好坏与反应的收率、选择性及产物的纯度有着密切的关系。为了控制好温度，常常采用易于散热的细长反应器或惰性气体如氮气稀释反应物，原料不用氧气而用空气，乙烯用稀乙烯等。

3.1.3　二氯乙烷的裂解

二氯乙烷的裂解反应见式（3-5），一般有如下三种方法。

3.1.3.1　热裂解

热裂解是一种链式反应，某些杂质如 CCl$_3$CHO、CCl$_4$ 和 CHCl$_3$ 可使链反应终止，C$_2$H$_6$ 对该反应也很不利。该反应存在的主要问题是积碳，其原因尚未弄清。生产中一般经过 1300 h 后就应清洗一次积碳。用引发剂氯、溴或氧可以加快该裂解反应的速度并防止积碳，但容易产生副反应，影响产品的纯度。在乙烯中加少量 H_2S、H_2Se 或 H_2Te 可以减少积碳现象。

因为裂解反应在管壁发生，所以管壁必须光滑且温度应当适宜；气体流速要大，这样有利于热交换，防止乙炔的生成，减少副反应和管壁上的碳沉积。

3.1.3.2 加压裂解

加压裂解的好处：①能使氯乙烯压缩，容易冷凝及分离；②在加压下氯化氢容易溶解；③反应产物氯乙烯和氯化氢容易从反应系统中除去，使反应顺利进行，减少二次反应。但加压对该反应的化学平衡不利。

3.1.3.3 催化裂解

催化裂解可以避免二次反应、积碳等。如国外有专利报道，用"去灰活性碳"作为催化剂，温度控制为 400℃～450℃，压力为 0.81～1.01 MPa 时，转化率达到 60%～70%，在低温下对氯乙烯的选择性可达到 90% 或更高一些。比利时某专利报道了某种碳催化剂在 200℃～350℃时仍有活性，但不得超过 450℃，这种催化剂在固定床上可使用一年，如果长时间操作，催化剂表面会产生积碳和焦油，使活性下降。其他还有用 $BaCl_2$ 溶液浸渍碳的报道。常见的固定床催化剂有 Al_2O_3、$CaCl_2$ 以及 Zn、Sr、Cd 或 Ni 的氯化物，流化床催化剂有活性铁矾土、玻璃、石英和碳化硅等。

热裂解和加压裂解氯乙烯的单程收率一般约为 50%，催化裂解一般可以达到 60%～70%；乙烯氧氯化生成二氯乙烷的收率为 95%。因此，二步法的氯乙烯单程收率约为 50%～70%。另外，国内还有在常压固定床上、反应温度为 420℃～430℃、用 $CuCl_2$－KCl/SiO_2 作催化剂、不经裂解段一步获得氯乙烯的单程收率约为 60%、选择性为 80%～85% 的报道。

3.1.4 一步氧氯化法制氯乙烯

乙烯一步氧氯化法制取氯乙烯的方法，目前在国内外均处于研究阶段。这个反应是在适当的条件下，在铜催化下，用乙烯、氯化氢和氧或空气一步制取氯乙烯。其反应式为

$$C_2H_4 + HCl + \frac{1}{2}O_2 \xrightarrow{CuCl_2} C_2H_3Cl + H_2O \tag{3-8}$$

据目前国外一些专利报道，一步氧氯化法制氯乙烯主要采用 $CuCl_2$ 型的催化剂。该法反应温度较高，使 $CuCl_2$ 挥发，影响了催化剂的活性和寿命，同时也容易产生各种氯化物、CO、CO_2 以及出现结焦现象，降低催化剂的选择性。在催化剂中加入适量的 KCl、TaF_5、K_2TaF_7、$NaPO_3$、KPO_3 和 NaP_2O_7 混合形成低共熔物，可以降低反应温度，减少 $CuCl_2$ 的挥发，延长催化剂的使用寿命。加有稀土金属的氯化物或者混合稀土

金属的氯化物，既可降低成本，又可提高催化剂的活性。如 Cu 与稀土金属的原子比为 0.8~1.2 时，催化剂的活性最佳。在同样的反应温度下，用较高的流速可得到高的活性。

Allen 根据自由能的变化和相关理论的分析得出了如下的结论：①用 Mn 和 Mg 的组合可以代替 $CuCl_2$ 催化剂；②用 V、Cr、Sc、Th、Zr 等稀土元素作为 $CuCl_2$ 的助催化剂，可以防止 $CuCl_2$ 的挥发；③用 $CuCl_2$ 和 KCl 制成熔盐催化剂，可以防止 $CuCl_2$ 的挥发。

Slama 等指出，在 $CuCl_2$ 中加入 Cr、V、Mn、Te、Ag 等对催化剂活性没有影响，加入碱金属或碱土金属可以增加催化剂的活性；如果在反应温度下能使催化剂的活性组分部分或全部呈熔融状态，则催化剂就可以表现出较高的活性。因此，如果寻找到某一盐类能够进一步降低它与 $CuCl_2$ 所形成的共熔物的熔点，则这样的熔盐催化剂就可以在较低的温度下呈熔融状态。例如 $CuCl_2-NaHSO_4-NH_4HSO_4$ 催化剂，把它们以等摩尔配合时，其熔点为 100℃。而反应温度可采用 180℃~350℃，甚至在 200℃仍可以获得较高的活性。

在反应条件方面，一步氧氯化法和二步法一样，都存在着温度分布不均匀和温度难于控制的问题。如前所述，可以采用把催化剂用稀释剂，如硅胶、玻璃球、石英砂、SiC 粉、石墨粉等进行稀释的方法来解决。一步法的反应温度比二步法高，一般为 400℃~500℃，温度高于 480℃时氯乙烯可能分解成乙炔和氯化氢。国外有人用珍珠岩作催化剂，在流化床中、450℃下，把 HCl 和 O_2 的进料量增加 50%，提高了氯乙烯的收率。

3.2　乙烯氧氯化法的生产工艺

3.2.1　乙烯氧氯化反应

乙烯在含铜催化剂存在下氧氯化生成 1,2-二氯乙烷，其反应方程式见式（3-4）。乙烯氧氯化反应是强烈的放热反应，其反应热为 263 kJ/mol；反应采用高活性催化剂 $CuCl_2/Al_2O_3$，适宜的反应温度为 220℃~230℃，压力一般控制为 0.101~1.01 MPa（1~10 atm）。在正常操作情况下，乙烯稍过量，氧过量约为 50%，即乙烯、氯化氢和氧气的摩尔比为 $n_{C_2H_4}:n_{HCl}:n_{O_2}=1.05:2:(0.75~0.85)$。

乙烯的氧氯化反应伴随有如下副反应的发生：

$$C_2H_4+2O_2\longrightarrow 2CO+2H_2O$$
$$C_2H_4+3O_2\longrightarrow 2CO_2+2H_2O$$
$$C_2H_4+3HCl+O_2\longrightarrow C_2H_3Cl_3+2H_2O \qquad (3-9)$$

用此法生产氯乙烯的收率（以乙烯为基准）在 90% 以上，且生产成本较低，经济上具有一定的优越性。因此，这是一个仅用乙烯作原料，又能将副产物氯化氢消耗掉的好方法，现已成为世界上生产氯乙烯的主要方法。其乙烯转化率约为 95%，二氯乙烷产率超过 90%，还可副产高压蒸气供本工艺有关设备利用或用于发电。由于在设备设计和工厂生产中始终须考虑氯化氢的平衡问题，不让氯化氢多余或短缺，故这一方法又称为乙烯平衡法。显然，这一方法原料价廉易得，生产成本低，对环境友好，但仍存在设备多、工艺路线长等缺陷。

3.2.2 氧氯化单元工艺流程

氧氯化单元工艺流程如图 3-1、图 3-2、图 3-3 所示。反应器中装填规定量粉状催化剂，来自 EDC 裂解的 HCl 气体先经加氢反应器加氢，除去炔烃，然后与乙烯混合进入反应器，空气则从反应器底部进入，在分布器上与乙烯、HCl 混合进入沸腾床，在规定压力、温度和停留时间下进行反应，乙烯和 HCl 的转化率分别为 96.7% 和 99.7%；反应气经骤冷塔、热交换器冷凝，85% 的 EDC 和水被冷凝进入倾析器进行气液分离，液态 EDC 经碱洗槽和水洗槽洗涤后纯度达 99.1%，进入粗 EDC 储罐，倾析器中的水用泵输送至骤冷塔作洗涤水；没有冷凝的气体经热交换器和分离器进入吸收塔，塔内用煤油作溶剂吸收；从冷却器分离出的气体进入汽提塔，用蒸汽加热汽提，自塔顶回收 EDC 气体经冷凝器分离出的粗 EDC，送至倾析器得粗 EDC，并输入储罐；骤冷塔废水经中和罐送入废水汽提塔回收 EDC，塔顶出来的气体经冷凝器回收 EDC，经倾析器进入粗 EDC 储罐。塔底废水循环使用一定时间后排出进行废水处理。

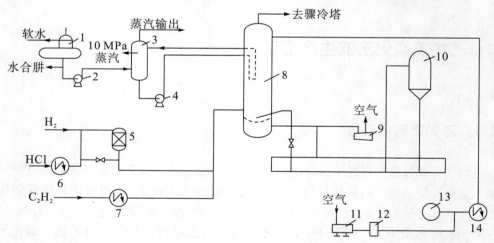

1—脱氧器；2、4—泵；3—汽水分离器；5—加氢反应器；6、7、14—加热器；
8—反应器；9、11—压缩机；10—催化剂储罐；12—干燥器；13—仪表空气罐

图 3-1 氧氯化单元工艺流程（一）

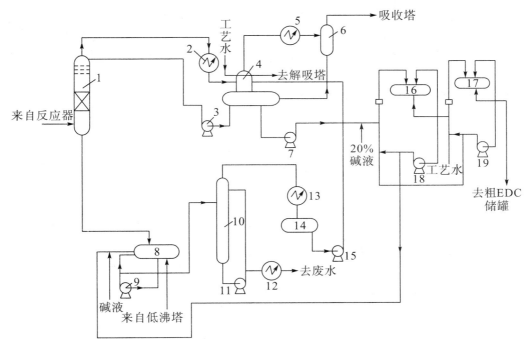

1—骤冷塔；2、12、13—冷凝器；3—水泵；4—倾析器；5—深冷器；6—分离器；
7、9、11、15、18、19—泵；8—中和罐；10—汽提塔；14—储罐；16—碱洗槽；17—水洗槽

图 3-2　氧氯化单元工艺流程（二）

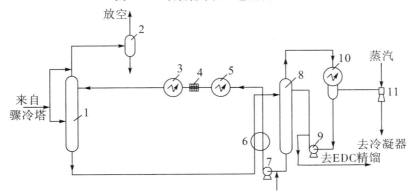

1—吸收塔；2—分离器；3—深冷器；4—过滤器；5、10—水冷凝器；6—热交换器；
7、9—泵；8—解吸塔；11—喷射器

图 3-3　氧氯化单元工艺流程（三）

3.2.3　二氯乙烷（EDC）的精馏

EDC 的精馏单元工艺流程如图 3-4 所示。来自直接氯化和氧氯化的 EDC 从储罐经泵送到低沸塔进行脱水和除去低沸点物质。低沸塔塔顶气体被冷凝器冷凝收集在储罐中，经储罐分离出的水分溢流至中和罐；低沸物一部分送去焚烧，大部分回流至低沸塔

塔顶；低沸塔塔底温度控制为 99℃。被除掉大部分水分的 EDC 与自裂解（见图 3-2）、VCM 精馏来的 EDC 一起被送至高沸塔进行精馏，在高沸塔塔顶得到纯的 EDC 成品，经冷却后送精 EDC 储罐；塔底物料送至真空塔进一步回收 EDC。真空塔塔顶压力为 −0.73 MPa，塔顶温度为 76℃，塔底物料 EDC 含量小于 30%，并用泵送至焚烧单元；塔顶真空由真空泵维持，塔顶物料纯度为 99%，经冷凝后部分返回高沸塔，大部分回流至真空塔顶。

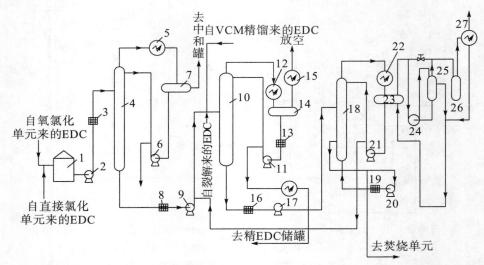

1—粗 EDC 储罐；2、6、9、11、17、20、21—泵；3、8、13、16、19—过滤器；4—低沸塔；
5、12、15、22—冷凝器；7—储罐；10—高沸塔；14—储罐；18—真空塔；
23—回流罐；24—真空泵；25—凝液罐；26—分离器；27—深冷器

图 3-4　EDC 的精馏单元工艺流程

3.2.4　二氯乙烷（EDC）的热裂解

EDC 热裂解为吸热的可逆反应，其反应式见式（3-5），反应热为 −67.93 kJ/mol。气相 EDC 进入裂解炉进行裂解，裂解温度为 500℃，压力控制为 2.53 MPa。若控制 EDC 转化率约为 50%，则 VCM 选择性可达 98%。

EDC 裂解反应的主要副反应如下：

（1）生成碳。

$$C_2H_4Cl_2 \longrightarrow 2C + H_2 + 2HCl \tag{3-10}$$

（2）生成氯和甲烷。

$$C_2H_4Cl_2 \longrightarrow C_2H_4 + Cl_2$$
$$C_2H_4Cl_2 + Cl_2 \longrightarrow C_2H_3Cl_2 \cdot + HCl + Cl \cdot$$
$$C_2H_4Cl_2 \longrightarrow 2CH_2Cl \cdot$$
$$C_2H_4Cl_2 \longrightarrow CH_2ClCH_2 \cdot + Cl \cdot \tag{3-11}$$
$$C_2H_4Cl_2 \longrightarrow CH_2ClCHCl \cdot + H \cdot$$
$$CH_2Cl \cdot + H \cdot \longrightarrow CH_3Cl$$

（3）生成丙烯。

$$CH_2ClCH_2 \cdot + CH_2Cl \cdot \longrightarrow C_3H_6 + Cl_2 \tag{3-12}$$

此外，还有乙炔、丁二烯及氯丁二烯等生成。

裂解单元工艺流程如图 3-5 所示。精 EDC 用泵送入裂解炉预热后进入分离器，经分离器的液态 EDC 通过循环泵送至蒸发炉，气态 EDC 经分离器分离后进裂解炉裂解段裂解，裂解温度控制为 500℃～550℃，压力控制为 25 MPa；裂解气进骤冷塔用 EDC 直接喷淋冷却，大部分 EDC 被冷凝，小部分被送至 HCl 塔；骤冷塔顶部气体经冷却器冷却后在分离器内分离，裂解气体进入 HCl 塔第 33 板，液体进入第 27 板，脱出浓度为 99.8% 的氯化氢，作为氧氯化的原料。HCl 塔塔底液体为含有微量 EDC 和氯乙烯的混合液，被送入氯乙烯塔，经精馏并干燥后得到纯度为 99.9% 的成品氯乙烯。氯乙烯塔塔底流出的二氯乙烷被送至氧氯化工段的粗二氯乙烷储槽，经精制后返回裂解装置。

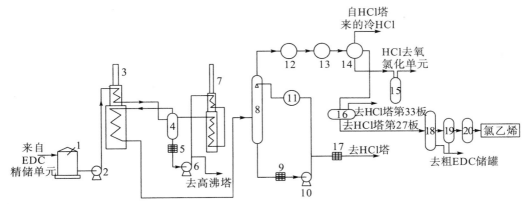

1—精 EDC 储罐；2—泵；3—裂解炉；4、16—分离器；5、9、17—过滤器；
6、10—循环泵；7—蒸发炉；8—骤冷塔；11、12、13—水冷凝器；14—HCl 冷却器；
15—缓冲器；18—氯化氢塔；19—VCM 塔；20—VCM 干燥器

图 3-5　裂解单元工艺流程

3.2.5　VCM 的精馏

来自氯化氢塔塔底的产品中含有 EDC、VC 和微量副产物，其精馏时应注意如下问题：①VCM 塔主要是将来自氯化氢塔塔底的产物 EDC 和 VC 分离；②塔底的产品进入氯乙烯塔做进一步精馏，塔顶 VCM 经冷凝后送到汽提塔除去微量的 HCl；③在正常操作状况下，塔顶出来的 VCM 产品除脱除 VCM 中的 HCl 外，还可用片碱除去微量的 HCl 和水分，但若 VCM 中的 HCl 含量过大，则塔顶出来的 VCM 产品需经过碱洗，即利用部分 NaOH 除去所含的过量的 HCl；④最终得到的产品 VCM 纯度应达到 99.98%。

3.3　乙烯直接氯化法的生产工艺

乙烯氯化法分为低温法（50℃）、中温法（90℃）及高温法（120℃）三种。上海氯碱化工股份有限公司已引进德国的高温氯化法，其反应温度为200℃～230℃，压力为12～110 MPa，反应器有固定床及流化床两种。欧洲 EVC 公司开发出一种新的高温氯化技术，氯乙烯装置的二氯乙烷精制过程与乙烯直接氯化反应在同一个设备中完成，即用反应热精制粗二氯乙烷，节约了二氯乙烷单元设备的投资和能耗，每生产 1 吨 VCM 能节省加热蒸汽 0.9 吨。德国赫斯特公司开发的高温直接氯化技术添加了一种微量反应助催化剂，提高了二氯乙烷的收率和乙烯的反应选择性，乙烯单位能耗降低了约 5×10^{-5}；同时将高温直接氯化产生的热量作为二氯乙烷精制单元再沸器的热源，以节约 VCM 装置的能耗。据报道，德国赫斯特公司最新高温氯化技术采用热虹吸 U 型管式反应器，将氯气和乙烯分别与 EDC 经静态混合器混合，可为 VCM 装置节约总能耗约 30%，节约总投资的 5%～10%。上海氯碱化工股份有限公司完善了中温直接氯化技术，采用添加微量反应助催化剂和在塔内增加规整金属波纹填料等方法，在不增加设备的情况下，直接氯化反应单元能力提高 20%，产品纯度提高约 14×10^{-4}。

北京化工二厂直接氯化单元采用德国赫斯特公司专利，其特点为反应在常温、常压下进行；对氯气的压力要求低；粗二氯乙烷中氯含量少，仅为 80 mg/kg，因此洗涤设备简单，用水量少；反应在液相中进行，采用外冷却强制循环，易控制反应温度，副反应少，收率高；尾气对空气没有污染，碱洗过程用碱量少；乙烯和氯气经过流盘压力调节送入反应器的混合喷嘴；反应以二氯乙烷液体作介质，加一定量的三氯化铁作触媒，这是一个强烈的放热反应，为了把反应热及时有效地传递出去，设置了循环泵和外循环交换器；反应是连续化的，得到的二氯乙烷纯度可达 96%～99.7%。

为了解决平衡氧氯化工艺副产大量水和设备腐蚀的问题，Monsanto 公司和 Kellogg 公司合作开发了 Partec 工艺。新工艺采用直接氯化乙烯生产二氯乙烷。二氯乙烷裂解生产氯乙烯的过程中，副产的氯化氢经氧化生成氯，再返回直接氯化段使用，去掉了氧氯化单元，节约了大量的工艺操作和维护费用，单体的生产成本从 534.5 美元/吨降至 421.9 美元/吨，降幅达 27%，是目前乙烯平衡氧氯化法工艺改造最成功的范例。

工业上乙烯氯化合成二氯乙烷有在溶剂中进行反应的液相法和不用溶剂的气相法，化学上它们都是氯气对乙烯的不饱和双键的加成反应，容易进行。气相法一般以铁、铝、钙等的氯化物作为催化剂，原料乙烯的浓度高低均可。如将焦炉气深冷获得的乙烯（含乙烯 12.4%）和氯气通过含有催化剂的管子，在 85℃～135℃下进行反应，二氯乙烷收率约为 90%。低浓度乙烯和氯气进行气相加成反应时，可用无水氯化钙作为催化剂，也可在氯化钙中加入 Ba、Sr、Be、Ni、Co、Cu、Al 等的氯化物。反应热对避免深度氯化很重要，需保证良好的温度控制，一般采用惰性气体稀释乙烯浓度，同时在反应器中装填粒状固体以改善导热状况。

3.3.1　反应机理

　　液相法一般以 EDC 为反应介质，乙烯的氯化反应在鼓泡塔中进行，催化剂有氯化锑、三氯化铁和第Ⅳ族或第Ⅴ族元素的氯化物以及氯化钙、四乙基铅等，其中三氯化铁最常用。工艺上可大致分为低温液相氯化液相出料和高温液相氯化气相出料两类，后者在收集 EDC 过程中催化剂不挥发，完全留在反应器中。因直接氯化反应为强放热反应，工业上利用反应热将反应液中的 EDC 蒸发出来，不需用惰性气体，从而保持一定的反应温度，且乙烯的转化率和选择性均在 99% 以上。

　　乙烯直接氯化的反应式如下：

$$CH_2=CH_2+Cl_2 \longrightarrow CH_2Cl-CH_2Cl+48 \text{ kcal}$$

　　乙烯直接氯化反应除了生成 EDC，往往还有三氯乙烷、氯乙烯、1,1-二氯乙烷、四氯乙烯、四氯乙烷等副产物生成，只是含量随条件不同而不同。副反应的发生不仅使 EDC 产率降低，精制困难，而且会影响聚合过程的 PVC 质量。因此，应尽量抑制取代（副反应）反应。各种取代反应如下：

$$CH_2Cl-CH_2Cl+Cl_2 \longrightarrow CH_2Cl-CHCl_2+HCl$$
$$CH_2Cl-CHCl_2+Cl_2 \longrightarrow CHCl_2-CHCl_2+HCl$$
$$CH_2=CH_2+Cl_2 \longrightarrow CH_2=CHCl+HCl$$
$$CH_2=CHCl+Cl_2 \longrightarrow CH_2=CCl_2+HCl$$
$$......$$

　　一般认为乙烯和 Cl_2 的加成有两种机理，即亲电加成和自由基加成。所谓亲电加成，是指氯分子在极性溶剂或催化剂等作用下极化解离成氯正、负离子，并且氯分子正极成氯正离子，先与乙烯分子中的 π 键结合，经过活化结合物再与负氯离子结合成 EDC。以 $FeCl_3$ 为催化剂的 EDC 中的反应为例，亲电加成过程机理如下：

$$Cl_2+FeCl_3 \Longleftrightarrow FeCl_4^-+Cl^+$$

$$CH_2=CH_2+Cl^+ \xrightarrow{FeCl_4^-} H_2C-CH_2 \Longleftrightarrow H_2C-CH_2+FeCl_4^-$$
$$\underset{Cl^+ \; FeCl_4^-}{} \qquad \underset{Cl^+}{}$$

$$H_2C-CH_2+FeCl_4^- \Longleftrightarrow Cl-CH_2-CH_2-Cl+FeCl_3$$
$$\underset{Cl^+}{}$$

　　自由基加成的反应历程不同，氯分子在光、热或过氧化物等的作用下首先解离成 2 个氯原子游离基 $Cl\cdot$，然后与乙烯双键作用变成氯乙基自由基，并进一步与 Cl_2 作用生成 EDC，即

$$Cl_2 \xrightarrow{\text{光、热或过氧化物}} 2Cl\cdot$$
$$CH_2=CH_2+Cl\cdot \longrightarrow Cl-CH_2-CH_2\cdot$$
$$CH_2=CH_2+Cl\cdot \longrightarrow CH_2=CHCl+H\cdot$$
$$H\cdot+Cl_2 \longrightarrow HCl+Cl\cdot$$

该过程的发生需要光、热或过氧化物等的引发，是自由基加成反应的重要特点。取代反应和加成反应不同，对于乙烯一般只有一种机理，那就是自由基取代机理。它和加成反应不同，$Cl^·$ 不是与 π 键结合，而是从乙烯中置换出一个氢自由基 $H^·$，后者再与 Cl_2 作用生成 $Cl^·$，从而形成链锁反应：

$$Cl_2 \xrightarrow{\text{光、热或过氧化物}} 2Cl^·$$

$$CH_2{=}CH_2 + Cl^· \longrightarrow CH_2{=}CHCl + H^·$$

$$H^· + Cl_2 \longrightarrow HCl + Cl^·$$

与乙烯类似，VCM、EDC 等分子中的 H 也可以被 $Cl^·$ 取代，形成前述各式产物。但原料乙烯和氯的摩尔比对最终产物有重要影响。如 Cl_2 对乙烯过量，反应概率增加，多氯化物增多，并且 Cl_2 过量还会造成后续清净工序的设备腐蚀。因此，应避免 Cl_2 过量。乙烯稍微过量较好，有助于减少多氯化物的生成概率，而且过剩乙烯也易处理。二次取代反应中，为减少多氯化物，有的工艺使用过量 5%～25% 的乙烯。

可见，氯自由基和氯离子不同，不仅可以进行加成反应，还可以进行取代反应，Cl 是产生多氯化物副产物的根源。因此，凡能阻碍 $Cl^·$ 的产生而利于 Cl^- 的形成的因素，一般都能减少副产物生成。

3.3.2　主要工艺流程

如图 3-6 所示，原料 Cl_2 和 C_2H_4 按一定的比例混合，经混合器与循环的 EDC 一起进入直接氯化反应器生成 EDC。该反应是以 EDC 为溶剂，以 $FeCl_3$ 为催化剂，反应在常压、35℃～50℃下进行。

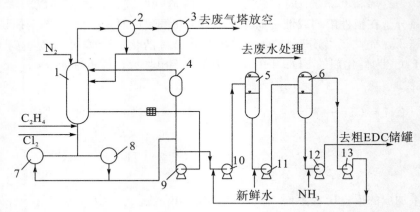

1—反应器；2—水冷凝器；3—冷冻冷凝器；4—$FeCl_3$ 罐；5—水洗罐；6—水洗器；

7、8—冷却器；9—循环泵；10、11—混合泵；12—EDC 泵；13—水泵

图 3-6　直接氯化单元工艺流程

Cl_2 进入 VCM 装置的压力需大于 0.02 MPa，以乙烯和氯气来计算 EDC 的产率为 97%，纯度为 99.2%。反应热的移除是依靠循环泵和冷却器来实现的；生成的 EDC 经过两级水洗以除去少量的 $FeCl_3$ 和 HCl，然后进入 EDC 储罐。含有 Cl_2 和乙烯的尾气经

过水冷却器和深冷器回收少量的 EDC 后，经废气塔放空。

乙烯直接氯化获得 EDC 后，仍需经历 EDC 的精馏、EDC 热裂解和 VCM 的精制，这里不再叙述，可参阅 3.2 节。

3.3.3　工艺技术分析

乙烯和氯气在直接氯化单元反应生成 EDC，而乙烯、氧气以及循环的 HCl 在氧氯化单元生成 EDC。生成的粗 EDC 在 EDC 精制单元精制、提纯，然后被送至精 EDC 裂解单元裂解，生成的产物进入 VCM 单元。VCM 精制后得到纯 VCM 产品，未裂解的 EDC 返回 EDC 精制单元回收，而 HCl 则返回氧氯化反应单元循环使用。直接氯化法有低温氯化法和高温氯化法；氧氯化法按反应器型式的不同有流化床法和固定床法，而按所用氧源种类的不同有空气法和纯氧法；EDC 裂解工艺按进料状态的不同可分为液相进料工艺和气相进料工艺等。具有代表性的是 Inovyl 公司的 VCM 工艺，它是将乙烯氧氯化法提纯的循环 EDC 和直接氯化的 EDC 在裂解炉中进行裂解生产 VCM，并通过急冷和能量回收，将产品分离出的 HCl（HCl 循环用于氧氯化）、高纯度 VCM 和未反应的 EDC 循环用于氯化和提纯。来自 VCM 装置的含水物被汽提，并送至界外处理，以减少废水的生化耗氧量（BOD）。采用该生产工艺，乙烯和氯的转化率超过 98%。

德国维诺里特公司（Vinnolit）通过其工程合作伙伴乌德（Uhde）公司对外公布了一种直接氯化法的沸腾床反应器（UVBR）新工艺。在该工艺中，乙烯先溶于反应器中的 EDC，然后再与一种 EDC/氯溶液相混合，进行快速液相反应。反应时液压急剧下降，致使 EDC 产品气化并以蒸气状态被提取出来。该工艺与其他工艺相比，改进了再循环过程，无须对 EDC 产品进行进一步处理或提纯，可以获得极佳的 EDC 质量，明显降低了电力成本和蒸汽成本。其最大的特点是可单独生产 EDC，按照所需工序的要求选择反应器压力和温度，并可进行热回收，节省设备成本达 15%～20%。

德国 Vinnolit 公司、美国西方化学公司（Oxyvinyls）开发了两种高温直接氯化新工艺。第一种直接氯化新工艺是将闪蒸罐闪蒸产生的气相 EDC 不经冷凝而直接送往后续单元的 EDC 精馏塔，为精馏塔提供了部分热源，减少了精馏塔再沸器相应的蒸汽消耗，实现了热量的回收利用。第二种直接氯化新工艺的反应器采用的是热虹吸式反应釜，即自反应釜出来的气相 EDC 全部进入精馏塔，而精馏塔的塔底液体作为循环 EDC 进入反应釜；反应产生的热量即作为 EDC 精馏塔的热源，省略了精馏塔再沸器以及反应器顶部用来吸收反应热的水冷器或空冷器。这两种直接氯化工艺技术通过精馏与反应的有机结合，部分或全部利用了直接氯化反应热；而第二种高温氯化工艺节能效果更为明显，该工艺全部利用了直接氯化反应热，大大减少了 VCM 装置的蒸汽和冷却水（或空冷器电力）的消耗。

3.4 乙烯氧氯化法技术进展

在国内电石乙炔法生产 PVC 不断发展的同时，乙烯氧氯化法生产氯乙烯的装置也逐步发展起来。自 1973 年北京化工二厂引进美国古德里奇公司和德国赫斯特公司乙烯氧氯化工艺技术以来，截至 2013 年，我国乙烯氧氯化法生产的氯乙烯占全国氯乙烯总量的 25.8%。在不断消化、吸收引进技术的同时，PVC 生产厂家不断追踪世界氧氯化法发展的最新动向，对旧装置进行技术改造，基本上与世界先进水平保持同步，企业通过引进乙烯氧氯化法工艺也实现了技术创新。

尽管乙烯氧氯化法生产氯乙烯工艺的生产技术比较成熟，但各国生产厂家仍在节约装置投资、降低能耗物耗、提高装置运行可靠性和稳定性等方面加快开发速度。我国制订了 PVC 生产装置发展入门门槛的规定和限制，即对于新建乙烯氧氯化法 PVC 生产装置，每生产 1 t PVC 乙烯消耗应低于 480 kg，折算成每生产 1 t VCM，则需要原料乙烯 145 t 及氯气 1106 t。因此，乙烯氧氯化设备装置的优化改造和充分利用、单元生产工艺技术的创新已迫在眉睫，需要密切关注近几年国内外乙烯氧氯化法新技术的动态和进展。

3.4.1 合成 EDC 的催化剂

乙烯氧氯化法制备 EDC 是平衡氧氯化法生产 VCM 的关键，而乙烯氧氯化法生产 VCM 的关键是选择合适的 EDC 合成催化剂，所选择的催化剂的性能和活性直接影响 EDC 的收率。Geon 公司对添加助催化剂的双组分及多组分乙烯氧氯化催化剂进行了大量的研究，研制出的以 $\gamma - Al_2O_3$ 为载体，负载 Cu 4.0%、K 1.0%、Ce 2.3%、Mg 1.3% 的多组分催化剂，相比于单组分铜催化剂，具有乙烯利用率高，活性高，以及随反应温度的提高，其活性下降趋势缓慢的优点。BASF 公司提出了一种乙烯与 HCl 和 O_2 气相氧氯化的 Al_2O_3 负载的催化剂，其组成为铜盐 3%~9%，碱土金属盐 0~3%，碱金属盐 0~3%，并从 Ru、Rh、Pd、Os、Ir、Pt 以及 Au 中筛选一种以上的金属，含量最好为 0.005%~0.05%。该催化剂改善了反应物的产率。意大利 Montecatini 公司研制的中空圆柱状及三通道中空圆柱状固定床催化剂均具有较好的催化反应性能。北京化工研究院从 2002 年开始就进行了用于 Uhde 技术的乙烯氧氯化装置的新型催化剂的研制，并采用共沉淀-渍浸法，添加第二、第三组分作为助催化剂，制备出新一代乙烯氧氯化催化剂 BC-2-002A。他们采用加压流化床反应器对 BC-2-002A 催化剂进行了活性评价：在反应器温度为 (225±2)℃、反应压力为 0.2 MPa、气态空速为 1600 m^3/h、原料气配比 ($n_{C_2H_4} : n_{HCl} : n_{O_2}$) 为 1.64:2.00:0.64 的条件下，HCl 转化率不低于 99.50%，EDC 的纯度不低于 99.60%，尾气中 CO_2 的体积分数小于 1%。BC-2-002A 催化剂已应用于 20 万吨/年的乙烯氧氯化制 VCM 工业装置上。

3.4.2　设备装置优化改造

3.4.2.1　乙烯氧氯化单元

德国赫斯特公司的贫氧乙烯氧氯化流化床工艺设计先进，避免了氧氯化反应器的腐蚀问题。反应器的冷却水管材料可由碳钢取代不锈钢；反应器内部不设挡板；同样的能力，造价只有原来的 $\frac{1}{8}$ 左右，且设备不容易损坏；产物的收率也得到提高。另外，国外有采用膜渗透技术对氧气法氧氯化反应器排放于废气中的乙烯进行回收利用效果良好的报道。北京化工二厂的氧氯化装置采用活性炭纤维成功地对排放于废气中的 EDC 进行回收，取得了较好的经济效益。国外 VCM 装置基本上采用循环氯化氢中微量乙炔加氢生成乙烯技术，不仅降低了乙烯单耗，也有利于提高氧氯化催化剂的活性，保证了反应转化率和产品收率。欧洲 EVC 公司开发了氧氯化固定床工艺，尽管该工艺比较复杂，投资大，反应选择性也不如氧氯化流化床工艺好，但操作弹性很大，比较适合副产氯化氢负荷变化比较大的生产工艺。

3.4.2.2　EDC 裂解单元

德国赫斯特公司和日本三井东亚化学公司均成功地开发出节能裂解技术，即 EDC 用裂解气预热，裂解原料液体使 EDC 汽化，可减少裂解燃料约 33%。上海氯碱化工股份有限公司在德国赫斯特公司技术的基础上完善并开发出新的裂解节能技术，并应用于原引进的日本三井东亚化学公司裂解炉的节能改造中，不仅达到了节能的目的，而且生产能力也提高了约 15%。欧洲 EVC 公司采用空气循环的换热方法实现了裂解的热能回收，不过该工艺的设备过于庞大，总投资高，而且运行的可靠性较差。美国西湖公司对裂解 1,2-二氯乙烷生产氯乙烯单体的工艺和设备进行了改进，开发出新的急冷塔工艺，使二氯乙烷裂解后产生的气态物质不需要使用大功率的循环泵和大量管线急冷，提高了急冷塔的效率，并且没有出现安全和环保问题。另外，国外还就 EDC 催化裂解做了大量研究，但目前还没有工业化的范例。

3.4.2.3　EDC 精馏单元

台塑公司采用在二氯乙烷精制单元添加一种特殊的阻垢剂循环使用的方法，保证了二氯乙烷精制单元再沸器物料不易缩聚、结垢、堵塞，延长了二氯乙烷精制单元的检修周期，提高了二氯乙烷精制收率，并节约了加热蒸气能耗。山东齐鲁石化公司利用河北工业大学的新型垂直筛板技术，对二氯乙烷精制单元和 VCM 精制单元塔板进行了改造，提高单元生产能力约 15%，降低了物耗和能耗。上海氯碱化工股份有限公司采用华东理工大学研制的导向浮阀塔板技术，对二氯乙烷精制单元和 VCM 精制单元塔板进行了改造，也提高单元生产能力约 15%，降低了物耗和能耗；同时，该公司新的 10 万吨/年 VCM 装置的 EDC 脱析塔采用了双效塔节能技术，大大降低了加热蒸汽能耗。另外，该公司还与华东理工大学合作实现了对循环粗二氯乙烷中微量苯和氯丁二烯进行加氯反应的工业化应用，有效地保证了裂解二氯乙烷的纯度，减少了裂解副产品的生成，同时也减少了二氯乙烷精馏单元的自聚现象。上海氯碱化工股份有限公司对部分塔，如 DA-302 塔、DA-1303 塔和 DA-1305 塔考虑采用北京化工大学的导向筛板塔，以提高塔的生产能力，减少能耗和物耗，提高产品纯度。在国外，如 EVC 公司，采用 EDC 脱水塔和 EDC 脱析塔合为一体的方法，以降低设备投资和运行费用，节约能耗。

3.4.2.4 VCM 精馏单元

美国西方化学公司 VCM 精馏塔采用了三塔技术，其中 DA-503 塔压力比 DA-501 塔高，DA-503 塔顶料返回 DA-501 塔，可省去用碱水对 VCM 中和的工序及固碱干燥设备。该工艺还采用了分子筛干燥，成本较低。挪威 SOLVAY 公司的 VCM 精馏塔采用了两塔技术，其中 DA-501 塔比上海氯碱化工股份有限公司的 DA-501 塔多用近 20 块塔板，没有 DA-503 塔和用碱水对 VCM 中和的工序，不使用固碱干燥设备，而是采用了氧化钙对 VCM 处理的技术，比较节能，但 VCM 质量要比上海氯碱化工股份有限公司差一些。上海氯碱化工股份有限公司提出了 DA-501 塔的能位利用技术，以降低 VCM 装置能耗和提高产品纯度。

3.4.3 能耗与废水处理

上海氯碱化工股份有限公司研究了蒸汽冷凝的位能利用特点，提出了新的再沸器冷凝水位能分级控制设计理念，以降低 VCM 装置的蒸汽能耗，其设计思路还有待进一步研究和完善。该公司还利用规整金属波纹填料对废水进行了处理，并对 EDC 汽提塔进行了改造，使得废水处理能力增加了约 20%，处理后废水的 COD 由 1000 mg/kg 降至 400 mg/kg，有效地保证了废水一级处理质量。

3.4.4 乙炔/乙烯法的工艺分析

乙炔法工艺和设备较简单、投资低、收率高，但能耗大、原料成本高，催化剂汞盐毒性大且受环境保护等制约。内蒙古海吉氯碱化工股份有限公司从荷兰约翰·布朗公司引进电石乙炔法生产 VCM 装置。该装置 VCM 合成用的固定床反应器分为主反应器和循环反应器，为两段带压反应工艺，其空间流速大，收率高，超过国内现有转化器 1 倍以上，因而单台反应器的生产强度为国内 $\varnothing$ 2400 mm 反应器的数倍，占地面积小，年产 6 万吨的 VCM 仅需 8 台反应器。该法采用高强度的活性炭、高活性的氯化汞及添加剂作为催化剂，合成转化率高达 99% 以上，损耗少，寿命长达 30000 h，反应相当平稳，副反应少，消耗低，值得国内电石乙炔法生产 PVC 企业借鉴。

乙烯氧氯化法生产 VCM 工艺由 8 个单元组成，即乙烯直接氯化、乙烯氧氯化、EDC 精馏、EDC 裂解、HCl 加氢脱炔、VCM 精制、废水处理和焚烧废弃物。乙烯氯化分为低温法（50℃）、中温法（90℃）及高温法（120℃）。乙烯氧氯化法的主要优点是利用二氯乙烷热裂解所产生的氯化氢作为氯化剂，从而使氯得到了完全利用。由于电石乙炔法较简单，而乙烯法流程较长，因此投资大，但后者的氯可完全利用，"三废"均可处理而不排出。上海氯碱化工股份有限公司已引进德国的高温氯化法，其反应温度为 200℃~230℃，压力为 12~110 MPa。该反应器有固定床及流化床两种。上海氯碱化工股份有限公司与山东齐鲁乙烯化工股份有限公司乙烯法制备的 VCM 单体指标见表 3-2。

表 3-2　VCM 单体指标

检测项目	指标
纯度（%）	≥99.98
色度	无色
外观	清洁无悬浮物
乙炔质量浓度（mg/L）	≤2
乙烯质量浓度（mg/L）	≤2
丙烯质量浓度（mg/L）	≤4
丁烯质量浓度（mg/L）	≤1
丁二烯质量浓度（mg/L）	≤7
乙烯基乙炔质量浓度（mg/L）	≤4
丁烷质量浓度（mg/L）	≤1
氯甲烷质量浓度（mg/L）	≤80
氯乙烷质量浓度（mg/L）	≤20
二氯化物质量浓度（mg/L）	≤10
乙醛质量浓度（mg/L）	≤3
含水量（mg/L）	≤100
铁质量浓度（mg/L）	≤0.5
酸值（HCl）质量浓度（mg/L）	≤1
不挥发物质量浓度（mg/L）	≤50

3.4.5　资源分布及运输分析

由于我国中西部地区（如内蒙古、宁夏、新疆、陕西、山西、河南等）具有丰富的煤炭、石灰石资源，又有丰富廉价的电力资源（尤其是水电），所以该地区可考虑发展电石法。而乙烯法的原料往往需建设大型裂解装置（一般产能为 60～100 万吨/年或以上）及下游一系列石化加工配套装置，因此建设投资巨大，往往需要几百亿元甚至更多，有些可能还需要引进一定的关键设备及材料。目前国内几大裂解装置均位于沿海一带，原因是所用原油或石脑油都要从海外借助远洋油轮运来，只有沿海、沿大江才有码头用来接卸原料。针对这种情况，国家已在若干地方建设石油储备库以防海运受阻而影响大型乙烯装置的生产。而且乙烯法要求下游装置能较好地配套生产，以确保整体生产效益。因此，乙烯法依赖性较强，受油价的波动影响较大，故有一定的风险。尽管有少数沿海 PVC 生产企业曾一度利用油价大跌而改用乙烯法路线，直接进口乙烯或二氯乙烷甚至氯乙烯以代替暂无价格优势的电石法工艺，但这也需要有接卸码头及储存、安全等措施。

乙烯法生产的产品质量一般比电石法好，但电石法生产氯乙烯的工艺技术在不断进步，产品质量也能达到优良及食品级的需要。乙烯法生产尚不具备长期成本优势，两种方法各有利弊。结合我国国情，这两种方法将在较长时期内呈现共同发展的局面。现将两种不同原料路线生产 VCM 的综合对比列于表 3－3。

表 3－3　两种不同原料路线生产 VCM 的综合对比

综合对比项目	电石法路线	乙烯法路线	说　明
主要原料：电石或乙烯	电石（按发气量 300 L/kg 计）：实际消耗 1.4～1.5 t/t（VCM）氯化氢：0.80～0.83 t/t（VCM）原料易得（国内供），供应有保障	乙烯：0.459～0.50 t/t（VCM）氯：0.61～0.63 t/t（VCM）氧：136 t/t（VCM）	①电石可外购，如企业内自产，则 PVC 生产成本会降低；②乙烯为进口，会受外商制约，如自产，则 PVC 成本会降低，但原油或石脑油需进口，将随世界油价变化而波动
工厂地理位置	宜建在邻近电石生产供应地，通过公路、铁路运入工厂；在中西部地区可自建电石装置，经厂区输送设备直接送入乙炔工序	由于所用原油或石脑油须进口，因此工厂应建在沿海或沿大江、设有码头和建有储运设施的地方，便于原料接卸。如要进口乙烯、EDC、VCM，均要靠码头接卸，并要有中间储罐	
所得 VCM 产品的质量	该法所得 VCM 含水量≤500 mg/kg，如工艺过程中采用预过滤器串联聚结器（Coalescer）代替传统水分离器及固碱干燥，也可使 VCM 含水量降至100 mg/kg 以下，该工艺已有成功实例	该法所得 VCM 含水量≤100 mg/kg，故一般质量优于电石法 VCM 产品，但所含杂质炔烃合起来会比电石法 VCM 稍高些	

综合对比项目	电石法路线	乙烯法路线	说　明
工艺过程及生产控制	由干法乙炔发生、清净、氯乙烯合成、水洗、碱洗、预冷压缩、粗馏及精馏、悬浮聚合、离心分离、干燥包装等工序组成，如采用湿法乙炔，尚要考虑电石渣回收利用（如作水泥等）。对于新建的装置，宜采用 DCS 系统集中控制生产	由乙烯直接氯化、乙烯氧氯化、EDC 精馏、EDC 裂解、HCl 加氢脱炔、VCM 精制、废水处理、焚烧废弃物、悬浮聚合、离心分离、干燥、包装等工序组成。生产控制工艺较先进，采用 DCS 系统集中控制	乙烯法生产过程比电石法复杂，设备多，因此投资会增加
工艺特点	该法工艺及设备较简单，投资少，收率高，但能耗大。该法尚可以石油烃裂解后所得的乙炔和乙烯混合气为原料，与 HCl 一起进行 VCM 合成，称为烯炔法	如果氧氯化采用流化床反应器，则适宜大规模生产，而反应器结构（内有换热器）较复杂，催化剂易磨损。EDC 裂解后产生的 HCl 要经加氢脱炔后再作为氯化剂循环，从而使氯得到完全利用	
副产物	1,1－二氯乙烷（约 1%）；也有少量乙烯基乙炔、二氯乙烯等	高沸物、低沸物和"三废"采用焚烧、吸附等方法进行处理，因此该工艺可称为绿色环保工艺	
收率	乙炔转化率为 99%；氯乙烯收率在 95% 以上	乙烯氯化转化率及选择性可达 99% 左右；二氯乙烷选择性可达 98% 以上	
公用工程消耗	电：450～500 kW·h/t（VCM）蒸汽：1.65～1.70 t/t（VCM）新鲜水：20 m³/t（VCM）	电：420～440 kW·h/t（VCM）蒸汽：1.2～1.3 t/t（VCM）循环水：180～190 m³/t（VCM）氮气：40 m³/t（VCM）	
环保	乙炔工段前当电石破碎时，要注意除去粉尘；乙炔发生采用干法时，电石渣利用较容易，采用湿法时，有大量电石渣，且废水处理麻烦，易造成污染；氯乙烯生产采用含汞催化剂，受环保要求限制	生产所用原料、中间产品等易燃易爆，且要求有相应的中间储存设施；对消防安全等要求高，所产生的高低沸物、废水、废气等均须处理，符合环保要求方可排放	

综合对比项目	电石法路线	乙烯法路线	说　明
产品成本	当原油超过 75 美元/桶或氯乙烯价格超过 720 美元/吨时，两种方法的成本基本接近或电石法稍低些	当油价低于 50 美元/桶时，乙烯法有成本优势	乙烯法流程长，设备多，如要引进设备，乙烯法较电石法投资更大。由于近些年设备、材料价格上涨，工厂投资不便以绝对数字来表示，而只能以百分比来作对比
工厂投资对比（%）（按每年生产 20 万吨 PVC 计）	100	150~160	

综上所述，从全球 VCM 生产技术现状和发展趋势来看，乙烯法制 VCM 仍占据主导地位，乙炔法在国外虽然已经退出 VCM 生产领域，但在我国仍将为主要的生产方法。乙烯法生产 VCM 装置在催化剂的开发应用和工艺改进方面取得了很大的进展，今后应该继续加大新型催化剂的研发以及对现有生产工艺的节能改进，以进一步降低生产成本，提高装置的利用率。对于乙炔法生产工艺，今后应该继续致力于改进传统的生产工艺、解决汞催化剂污染问题、回收利用 VCM 尾气、降低能耗及节省资源等方面的研究与开发工作，以进一步提高生产技术水平，实现节能减排，促进我国 PVC 行业的健康快速发展。在富含乙烷的天然气资源丰富的地区，乙烷法更有发展前景，下面就乙烷制备氯乙烯工艺及原理作简要介绍。

3.5　乙烷氧氯化法

为了充分利用富含乙烷的天然气资源，降低原料成本，古德里奇（Goodrich）、鲁姆斯（Lummus）、孟山都（Monsanto）、英国帝国化学工业集团（Imperial Chemical Industries，ICI）及欧洲乙烯公司（European Vinyl Corporation，EVC）等都在研究开发乙烷氧氯化制 VCM 的新工艺。其工艺的关键是研制开发出一种新型催化剂，这种催化剂能降低反应温度，减轻设备腐蚀，且副产物氯代烃可转化为 VCM，提高乙烷的转化率。另外，该新工艺将乙烷和氯气一步反应转化为 VCM，仅使用一个反应器，不必依赖乙烯裂解装置。这一新工艺与乙烯法工艺相比，具有原料（乙烷）资源丰富、价格低廉、生产成本低的优势。

布鲁塞尔的 EVC 公司和美国的 Bechtel 公司联合设计和建造了第一套用乙烷直接制 VCM 的工业规模装置，该装置于 2003 年在美国墨西哥湾地区投入运行。此装置每条生产线生产 VCM 的规模为 15 万吨/年。乙烷、氯和少量的氧在 500℃ 及已获专利的催化剂的催化下反应制成 VCM。反应生成 VCM 的原料转化率为 Cl_2 100%、O_2 99%、C_2H_6 90% 以上，与传统的乙烯氯化成 EDC，然后 EDC 裂解成 VCM 的两步法相比只需一步，且使用的原料较便宜，其生产成本比以乙烯为原料的两步法低 30%。乙烷一步氧氯化制氯乙烯的工业化是乙烯路线转向乙烷路线的里程碑，这一新的技术路线的研究成功，不但扩大了合成氯乙烯的原料来源，而且使此种单体的生产成本进一步降低。因此，在乙烷资源比较丰富的国家，由乙烷直接合成氯乙烯单体的研究受到了人们的关注。

乙烷资源主要来自湿天然气和油田气，也可来自石油裂解副产品和石油精制的乙烷馏分。石油裂解所得的副产品中除含有高纯度乙烷外，还含有某些难以分离的杂质，如乙炔、甲烷等。这种高纯度乙烷对直接合成氯乙烯单体来说无疑是一种比较理想的原料。国外关于乙烷氧氯化制氯乙烯的研究，可分为气相法和液相法。

3.5.1 乙烷氧氯化液相法

美国 Lummus 公司的乙烷一步氧氯化制氯乙烯即"Transcat"工艺流程如图 3-7 所示。将氧（或空气）、氯化氢和乙烷直接通过管进入反应器 1 中，反应器内填装有合适的填料或其他液/气接触装置。氧氯化反应催化剂通过管道以熔盐形式进入反应器，以逆流方式与原料气接触，进行放热反应制得氯乙烯、氯乙烷和二氯乙烷等。在反应器的上部不断喷下淬冷液（一般用水），使气态熔盐冷却并使淬冷液汽化。汽化的淬冷液和从反应器中产生的气体通过管道进入旋风分离器 2，分离被气体带走的催化剂。分离出来的催化剂通过管道返回反应器中，分离的气体进入冷凝器 3 中，使淬冷液冷凝下来。气液混合物再进入分层器 4 中。淬冷液从分层器中分出后通过管道进入反应器中循环使用。气体产物进一步冷凝蒸馏分离得纯氯乙烯。吸收反应热而升高了温度的催化剂从反应器通过下部排出进入冷却器 5，从上部进入与合适的填料接触回收热量或者以其他气液接触方法除去热量。惰性气体以逆流方式从冷却器的底部通入，与热熔盐接触或以直接热交换的方式降低熔盐的温度。冷却后的熔盐从冷却器底部通过管道循环至反应

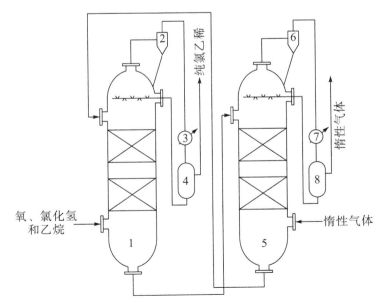

1—反应器；2、6—旋风分离器；3、7—冷凝器；4、8—分层器；5—冷却器

图 3-7 乙烷一步氧氯化制氯乙烯

器。在冷却器的顶部喷出一种淬冷液冷却由惰性气体带出的汽相熔盐。汽化的淬冷液与惰性气体进入旋风分离器 6。分离出的催化剂进入冷却器。气体再经冷凝器 7、分层器 8，分出淬冷液循环至冷却器。惰性气体通过管道排出或循环使用。

美国 Lummus 公司的"Transcat"工艺的反应原理如下：

$$C_2H_6+HCl+O_2 \longrightarrow C_2H_3Cl+2H_2O$$

$$C_2H_6+HCl+\frac{1}{2}O_2 \longrightarrow C_2H_5Cl+H_2O$$

$$C_2H_6+2HCl+O_2 \longrightarrow C_2H_4Cl_2+2H_2O$$

或

$$CH_3-CH_3 \xrightarrow{熔盐} CH_2=CH_2+H_2$$

$$CH_2=CH_2+Cl_2 \longrightarrow CH_2Cl-CH_2Cl$$

$$CH_2Cl-CH_2Cl \xrightarrow{熔盐} CH_2=CHCl+HCl$$

$$2HCl+\frac{1}{2}O_2 \xrightarrow{熔盐} Cl_2+H_2O$$

"Transcat"工艺具有如下优点：①该法一步可制得氯乙烯，故设备少、投资省；②热熔盐既是催化剂，又是热交换介质，还是二氯乙烷热裂解的热源，有效地节省了能源；③所使用的催化剂在反应过程中不结焦，也无须再生；④由于采用淬冷液循环及催化剂冷却，反应温度极易控制；⑤原料可用乙烷或乙烷－乙烯混合气体，空气或富氧、氯、氯化氢或氯代烃类；⑥副产氯化物可循环至反应器中制备氯乙烯，氯的利用率可达 96%，乙烷的利用率可达 80%以上；⑦该工艺成功地使用碳钢搪瓷设备，主体反应器填料也是陶瓷，这就避免了严重的腐蚀问题。该工艺的缺点是乙烷的单程转化率较低，需要较复杂的分离循环系统，给操作控制带来了一定的困难。但总体上已体现出工艺的优越性。

3.5.2　乙烷氧氯化气相法

乙烷氧氯化气相法按反应步骤可分为一步法、二步法和三步法。

美国普林斯顿（Princeton）化学研究公司研发了乙烷氧氯化用高效铁系催化剂的工艺方法。在过量氯化氢存在的情况下，乙烷通过 $Fe_2O_3-Li_2O$/硅藻土催化剂时趋向于全部转化。反应产品除氯乙烯外，还有乙烯及氯乙烷中间产品，而反应温度的升高有利于氯乙烯的生成。在过量氯化氢存在的同时，如在反应系统中通入氯气，乙烷也趋向于全部转化，且产品中氯乙烯及乙烯各占一半。此种气相氧氯化过程的关键在于如何有效地利用因氯化氢过量而产生的副产物——盐酸。

气相一步法工艺流程如图 3-8 所示。从图中可以看出，来自冷凝吸收设备的盐酸首先经蒸馏回收氯化氢气体，釜底稀盐酸除部分用于冷凝吸收外，用浓硫酸消除共沸现象再次进行蒸馏，得到的这两部分氯化氢气体循环通入乙烷氧氯化反应器，而釜底稀硫酸经浓缩后仍可循环用于稀盐酸的蒸馏。氯化氢回收系统存在的严重腐蚀问题是这种乙烷一步气相氧氯化流程的主要缺点。

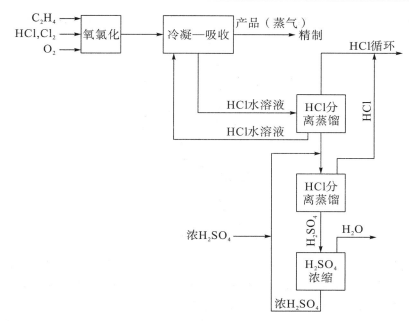

图 3−8　气相一步法工艺流程

Princeton 化学研究公司针对乙烷一步氧氯化法产生大量乙烯的问题，提出了气相二步法工艺流程，如图 3−9 所示。盐酸直接用于乙烯的氧氯化，生成的二氯乙烷则送入乙烷氧氯化反应器进行裂解。这就需要开发一种抗水蒸气的乙烯氧氯化催化剂，或者采用其他的催化系统，如以氯化铜水溶液为催化剂的液相氧氯化过程。但从根本上说，该工艺仍未摆脱盐酸对设备的腐蚀问题。

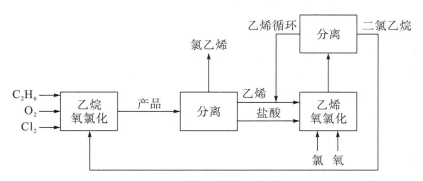

图 3−9　气相二步法工艺流程

美国 EVC 公司和孟山都公司研究了三步法乙烷制氯乙烯的技术，其工艺流程如图 3−10 所示。反应第一步是由乙烷氧化脱氢制乙烯；第二步是乙烯在温度为 475℃～600℃、压力为 0.101～2.02 MPa（1～20 atm）的条件下，经沸腾床（沸腾床中的催化剂含 0.5%～3%的铜或铁的氯化物、5%～20%水合稀土氯化物）氧氯化生成二氯乙烷，载体为氧化铝或硅藻土，HCl 在反应过程中不是直接提供氯原子，而是补充金属氯化物在反应过程中流失的氯，只要保持催化剂的高活性，就能使反应向下进行；第三步是二氯乙烷裂解成氯乙烯。这种流程由于反应步骤较多，并不存在明显的优越性。

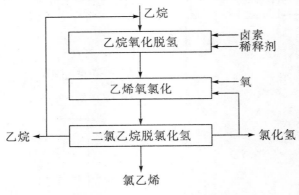

图 3-10　气相三步法工艺流程

经扩大试验证明，乙烷的液相一步氧氯化法是目前氯乙烯合成的各种路线中最经济的一种方法。吉林大学与大庆油田有限责任公司天然气利用研究合作项目是以乙烷为原料，采用氧氯化法催化合成 VCM，该项目已取得重大进展。他们以 $\gamma-Al_2O_3$ 为载体，采用常规浸渍法制备了负载型 $CuCl_2-KCl-LaCl_3$ 三组分催化剂，并对乙烷氧化反应的催化性能进行研究。结果表明，该催化剂体系中乙烷的转化率较稳定，乙烷和氯乙烯初始选择性之和超过 80%。但随着反应时间的延长，氯乙烯的选择性和收率明显下降。XRD、N_2 吸附、TGA/DTA 和 XPS 测试结果进一步说明，随着反应的进行，催化剂中的活性物种 Cu^{2+} 还原成 Cu^+，并且积碳的产生使催化剂的比表面积和孔容积减小，活性物种 Cu^{2+} 的减少与比表面积的降低是使催化剂失活的主要原因。这为催化剂的改进及乙烷氧氯化制 VCM 的工业化提供了重要的依据。

国内外大量的试验证明，乙烷氧氯化工艺制备氯乙烯开辟了乙烷利用的新途径，是解决石油资源日益短缺问题的重大举措，为油气资源丰富地区的可持续发展提供了新的思路和方法。因此，用乙烷氧氯化法制备氯乙烯与平衡氧氯化法制备氯乙烯同样具有很好的经济效益。我国应在天然气资源丰富的地区加快乙烷氧氯化工艺制备氯乙烯的步伐，扭转电石乙炔路线长期占据我国氯乙烯生产主导地位的局面，为大幅度降低能耗和减少环境污染开辟一条氯乙烯制备生产的健康道路。

思考题

1. 简述乙烯氧氯化法的工业发展简史。

2. 了解乙烯氧氯化法的反应机理。为什么乙烯氧氯化制二氯乙烷需严格控制操作温度？

3. Allen 根据自由能的变化和相关理论，得出了哪些催化剂使用的结论？

4. 乙炔、乙烯法的工艺各有何特点？

5. 了解乙烯氧氯化法的单元工艺流程，并画出二氯乙烷的精馏和热裂解单元流程图。

6. 简述乙烷氧氯化法的反应机理和工艺流程。

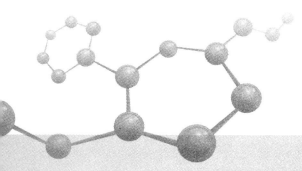

/第4章/

氯乙烯的聚合原理

4.1　概　述

到目前为止，世界上聚氯乙烯（PVC）生产典型聚合工艺主要有 5 种，即悬浮、本体、乳液、微悬浮及溶液聚合。其中悬浮聚合工艺一直是工业生产的主要工艺，绝大部分均聚及共聚产品都是采用悬浮聚合工艺。以美国为例，聚氯乙烯生产工艺中，悬浮聚合占 87.8%，本体聚合占 4.4%，乳液和微悬浮聚合占 6.4%，溶液聚合占 1.4%。与美国相比，西欧乳液和本体聚合的比例较大，而日本则以悬浮聚合所占的比例较大。

4.1.1　悬浮聚合

悬浮聚合是一种成熟的工艺，典型的悬浮聚合过程是向聚合釜中加入无离子水和悬浮剂，在加入引发剂后密闭聚合釜，真空脱除釜内空气和溶于物料中的氧，然后加入单体氯乙烯之后开始升温、搅拌，反应开始后维持温度为 50℃，压力为 0.88~1.22 MPa，当转化率达到 70% 左右时开始降压，在压力降至 0.13~0.48 MPa 时即可停止反应。聚合完毕抽出未反应单体，浆料进行汽提，回收氯乙烯单体。汽提后的浆料进行离心分离，当聚氯乙烯含水量降至 25% 时，再送入干燥器干燥至含水量为 0.3%~0.4%，过筛后即得产品。其工艺流程如下：

$$\xrightarrow[\text{引发剂、助剂}]{\text{氯乙烯单体、无离子水}} 悬浮聚合 \xrightarrow{\text{蒸汽}} 浆料汽提 \longrightarrow 离心分离 \xrightarrow{\text{热空气}} 干燥 \longrightarrow 产品$$

4.1.2　本体聚合

本体聚合工艺不以水为介质，也不加入分散剂等各种助剂，而只加入氯乙烯和引发剂，因此可大大简化生产工艺。由于本体聚合过程中物料状态是由低黏液相逐渐变成黏稠相而最终形成粉料，所以聚合就被分为"预聚合"和"再聚合"两个过程，预聚合是在一个有剧烈搅拌的立式反应釜中进行，反应热靠反应釜冷却水套及回流冷凝器传出。氯乙烯转化率达到 7%~12% 时即将物料送入后聚合釜继续反应，后聚合釜是本体聚合的关键设备，在此物料经历了从液相低黏度到糊状再到粉末状的转化。聚合反应结束后，对未反应的氯乙烯进行回收。离开聚合釜的物料是干粉，通过气流送到聚氯乙烯储斗中，经多层振动筛分后将产品送至称量包装机中包装。其工艺流程如下：

$$\xrightarrow{\text{氯乙烯单体、引发剂}} 预聚合 \xrightarrow{\text{种子}} 再聚合 \xrightarrow{\text{粗产品}} 筛分 \longrightarrow 产品$$

4.1.3　乳液聚合

乳液聚合是生产糊树脂的方法，通常采用水溶性引发剂（H_2O_2 或 $K_2S_2O_8$ 等）。把氯乙烯单体、水溶性引发剂、水、乳化剂及非离子型表面活性剂加入聚合釜中，在40℃~55℃下聚合达到预定转化率（85％~90％）时停止聚合反应，聚合物胶乳经喷雾干燥，即得产品，最后回收未聚合单体。其工艺流程如下：

$$\frac{\text{氯乙烯单体、引发剂、水、乳化剂}}{\text{活性剂}} \longrightarrow 乳液聚合 \longrightarrow 单体回收 \xrightarrow{\text{热空气}} 喷雾干燥 \longrightarrow 产品$$

4.1.4 微悬浮聚合

微悬浮聚合工艺首先将氯乙烯单体、无离子水、乳化剂、油溶性引发剂以及其他助剂按比例预混合均化，使含引发剂的氯乙烯均化成小液珠，然后将其均化料通入聚合反应釜，升温至聚合温度；待达到预定的转化率时停止反应，回收未聚合单体，聚合所得胶乳经喷雾干燥即得产品。其工艺流程如下：

$$氯乙烯单体、引发剂、水、乳化剂、其他助剂 \longrightarrow 均化 \longrightarrow 微悬浮聚合 \longrightarrow 乳胶 \longrightarrow$$

$$单体回收 \xrightarrow{\text{热空气}} 喷雾干燥 \longrightarrow 产品$$

4.1.5 溶液聚合

溶液聚合是在聚合釜中将氯乙烯单体在醋酸丁酯、丙酮等各种溶剂中进行聚合。这种方法存在溶剂回收和使用时氯乙烯单体对环境的污染问题，并且生产成本高，所以仅适用于特殊用途。其工艺流程如下：

$$氯乙烯单体、引发剂、溶剂 \longrightarrow 溶液聚合 \longrightarrow 单体、溶剂回收 \longrightarrow 产品$$

无论氯乙烯单体是采用哪一种聚合方式，都需从热力学和动力学两个方面考虑。要使单体聚合成聚合物，只有其自由焓的变化为负值时才有可能。氯乙烯单体的自由基聚合反应一般由链引发、链增长、链终止等基元反应组成。此外，还可能伴有链转移反应。由于悬浮聚合是氯乙烯聚合的主要工艺，本章主要围绕该方法进行讨论和阐述。关于氯乙烯的其他聚合方法的实施和生产工艺将在第5章讨论。

4.2 氯乙烯的引发剂

4.2.1 聚合反应引发剂

在氯乙烯悬浮聚合中，引发剂的选择对调节聚合反应速率非常重要。引发剂可分为有机和无机两大类。有机类引发剂能溶于单体或油类中，故可称为油溶性引发剂；而无机类引发剂则溶于水，属于水溶性。悬浮或本体聚合选择油溶性引发剂；而乳液聚合则选择水溶性引发剂；微悬浮聚合，两类引发剂都可选择。

有机类引发剂可分为过氧类和偶氮类化合物。引发剂结构不同，其活性可以差别很大。工业上衡量引发剂活性的主要指标是半衰期 $t_{1/2}$，$t_{1/2} = 10$ h 的温度越高，活性越低。另一表示法是某一温度下的半衰期 $t_{1/2}$，半衰期越长，活性越低。

国内最早采用的引发剂是偶氮二异丁腈（AIBN）。其活性低、引发效率低，反应时间较长，反应结束后还有大量的剩余 AIBN 残留于产品，使产品稳定性降低。含腈基的分解产物残留于产品中，使其具有毒性。随后人们对低毒性的过氧化类引发剂进行了研究，如像 BPPD（过氧化二碳酸二苯氧乙基酯）、MBPO（过氧化二邻-甲基苯甲酰）、IBCP（过氧化二碳酸二异龙脑酯）、BPP（过氧化特戊酸叔丁酯）、DCPD（过氧化二碳酸二环己酯）等，都曾作为 PVC 生产用的引发剂。

随着聚合工艺技术的不断进步，聚合釜的换热能力有了很大的提高，加上企业对环保的要求，引发剂也在逐渐被更新。一些高活性的引发剂已应用于生产，最常用的有 EHP（过氧化二碳酸-二乙基己酯）、ACPND（过氧化新癸酸异丙苯酯）、TBPND（过氧化新癸酸叔丁酯）和 TAPP（过氧化新戊酸叔戊酯），根据配方的需要将它们配成复合引发剂，不仅使反应放热均匀，而且缩短了聚合反应时间，充分利用了釜的换热能力。根据聚合釜的换热能力和循环水温，不断调节引发剂用量配比，以求获得最短的反应时间，目前已有时间缩短到 4 h 以内的情况，大大提高了生产效率。因此，需要进一步了解引发剂分解动力学原理，以便更好地选用引发剂。

4.2.2　引发剂分解动力学

在氯乙烯自由基聚合的基元反应中，引发剂分解反应是控制总反应速率的关键反应。对引发剂分解动力学有充分的了解，才能更好地掌握对聚合速率的影响和引发剂用量的估算方法。引发剂分解一般属一级反应，即分解速率 R_d 与引发剂浓度 $[I]$ 一次方成正比，其数学表达式为

$$R_d = -\frac{d[I]}{dt} = k_d[I] \tag{4-1}$$

式中，k_d 为分解速率常数，是衡量引发剂活性的指标，其值通常约为 $10^{-6} \sim 10^{-4}$ s^{-1}，较少以 h^{-1} 作单位。

对式（4-1）积分，得

$$\ln\frac{[I]}{[I]_0} = -k_d t \tag{4-2a}$$

或

$$\frac{[I]}{[I]_0} = e^{-k_d t} \tag{4-2b}$$

式中，$[I]_0$ 和 $[I]$ 分别代表起始时（$t = 0$）和分解时间为 t 时的引发剂浓度。$\frac{[I]}{[I]_0}$ 则为时间 t 时尚未分解的引发剂的残留分率。式（4-2a）和（4-2b）都表示引发剂浓度随时间成指数关系而衰减的分解动力学方程式。

工业上引发剂常以半衰期 $t_{1/2}$（h）表示。所谓半衰期，是指引发剂分解至原来浓

度一半时所需要的时间。半衰期越长，引发剂活性越低。

根据式（4-2a），当 $[I]=[I]_0/2$ 时，$t=t_{1/2}$，则有

$$t_{1/2} = \frac{\ln 2}{k_d} = \frac{0.693}{k_d} \qquad (4-3)$$

将式（4-3）代入式（4-2a），得

$$\ln \frac{[I]}{[I]_0} = -\frac{0.693t}{t_{1/2}} \qquad (4-4a)$$

或

$$\frac{[I]}{[I]_0} = \exp\left(-\frac{0.693t}{t_{1/2}}\right) \qquad (4-4b)$$

式（4-2a）粗看起来，只要知道引发剂起始浓度 $[I]_0$ 和分解至 t 时的浓度 $[I]$，就可求得分解速率常数 k_d。但为了避免实验误差，需在不同时间下，测定多点残留引发剂浓度，然后以 $\ln \frac{[I]}{[I]_0}$ 对 t 作图，得一直线，由该直线的斜率即求得 k_d。对于过氧类引发剂，常用碘量法测定引发剂浓度；而对于偶氮类引发剂，采用测定氮气的体积来计算引发剂分解量。

引发剂分解速率常数一般在苯、甲苯、氯苯等惰性溶剂或单体中进行测定，测定结果虽有差别，但应属同一数量级。过氧化合物的浓度对分解速率有影响，常选用浓度为 0.2 mg/L 或 0.1 mg/L 进行测定。过氧类引发剂伴有诱导分解，应设法消去。

比较某一温度（如 50℃~60℃）下的分解速率常数 k_d 或半衰期 $t_{1/2}$，或比较同一半衰期（如 10 h）的分解温度，就可以说明引发剂活性的大小。分解速率越大，半衰期越短，或 $t_{1/2}=10$ h的分解温度越低，引发剂活性越高；反之，分解速率越小，半衰期越长，或 $t_{1/2}=10$ h的分解温度越高，引发剂活性越低。与其他单体比较起来，用于氯乙烯聚合的引发剂种类很多，根据 60℃时半衰期的长短，可将引发剂分成以下三类：

（1）高活性引发剂，$t_{1/2}<1$ h。

（2）中活性引发剂，1 h$<t_{1/2}<6$ h。

（3）低活性引发剂，$t_{1/2}>6$ h。

引发剂分解速率常数与温度有关，一般符合 Arrhenius 经验公式，即

$$k_d = A_d \exp\left(-\frac{E_d}{RT}\right) \qquad (4-5)$$

式中，A_d 为频率因子；引发剂 k_d 值约为 $10^{13}\sim10^{14}$ s^{-1}；E_d 为分解活化能，为 $105\sim125$ kJ/mol（或 $25\sim30$ kcal/mol）；R 为通用气体常数，其值为 8.314 J/mol·K（1.987 cal/mol·K）；T 为绝对温度。

将式（4-5）两边取对数，得

$$\lg k_d = \lg A_d - \frac{E_d}{2.303RT} \qquad (4-6)$$

或

$$\lg \frac{k_{d2}}{k_{d1}} = \frac{E_d}{2.303R}\left(\frac{1}{T_1} - \frac{1}{T_2}\right) \qquad (4-7)$$

式（4-6）和式（4-7）是引发剂分解速率常数与温度的定量关系式。在一系列不同温度下，测定分解速率常数，以 $\lg k_d$ 对 $\frac{1}{T}$ 作图，得一直线，由该直线的斜率可求得活

化能，由截距可求得频率因子。已知某一引发剂的 A_d 和 E_d 就可以推算出任何温度下的分解速率常数。利用式（4-7），可以由某一温度 T_1 下的 k_{d1} 值，求出另一温度 T_2 下的 k_{d2} 值。

根据式（4-3）和式（4-5），可以导出 $t_{1/2}$ 与温度的关系式，即

$$\lg t_{1/2} = \frac{A}{T} - B \tag{4-8}$$

式中，A 为 $E_d/2.303R$，B 为 $\lg(A_d/0.693)$，A，B 值见表 4-1。

如果以 $\lg t_{1/2}$ 对 $\frac{1}{T}$ 作图，则成直线，如图 4-1 所示。由图 4-1 很容易读出任何温度下引发剂的半衰期。注意，图 4-1 的横坐标 $\frac{1}{T}$ 从大到小，纵坐标刻度均匀。另外，在图上方横坐标换算成温度 t℃，其刻度是从小到大，且纵坐标不均匀。

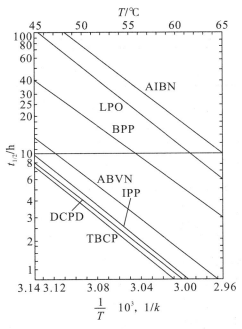

图 4-1　引发剂的半衰期与温度的关系

4.2.3　引发剂的选择

氯乙烯悬浮聚合时，选用的引发剂需考虑的因素包括适当的活性（$t_{1/2}$）、溶解性、pH 值、黏釜性、毒性、储存安全性、其他助剂的相互作用以及价格等。引发剂要求与聚合物有较好的相溶性，因此溶解性是选择引发剂的一个重要条件。过氧化物水溶性的大小直接体现为聚合过程黏釜程度的轻重，对于不溶于水的单体宜选用油溶性引发剂。

衡量引发剂引发和分解活性的指标主要是分解速率常数或引发剂的半衰期，根据聚合温度选择活化能和半衰期适当的引发剂，使自由基形成速率和聚合速率适中。常用引

发剂的分解温度及半衰期见表 4-1，引发剂的性能指标见表 4-2。

表 4-1　引发剂的半衰期及 A，B 值

引发剂	分解温度（℃）		半衰期（h）			A	B
	$t_{1/2}=10$ h	$t_{1/2}=1$ h	50℃	60℃	70℃		
AIBN	64	82	74	17.5	4.5	6670	18.79
LPO	61	79	50	12	3.2	6670	18.95
BPP	55	74	20	5.5	1.6	6060	17.46
ABVN	47	64	6.5	1.7	0.47	6346	18.83
IPP	45	61	4.5	1.1	0.3	6450	19.31
DCPD	44	60	4.1	1.0	0.27	6450	19.37
TBCP	43	59	3.9	0.9	0.25	6560	19.75
ACSP	32	44	0.3	2.0（40℃）	1.3（30℃）	7750	24.47

表 4-2　常用引发剂的性能指标

引发剂名称	化学名称	分子量	活性氢质量分数（%）	半衰期（℃）		
				0.1 h	1.0 h	10 h
EHP-C75	过氧化二碳酸（2-乙基己酯）	346.5	4.62	83	64	47
EHP-W50	过氧化二碳酸双（2-乙基己酯）	346.5	4.62	83	64	47
TX99-C75	过氧化新葵酸异丙苯基酯	306.4	5.22	75	56	38
TX151-W50	过氧化新三葵酸-2,4,4-三甲基戊酯	300.5	5.32	76	57	40

　　如果引发剂的分解活化能过高或半衰期太长，则分解速率太低，将使聚合时间延长。但如果活化能过低或半衰期过短，则引发过快，温度难以控制，有可能引起爆聚；或引发剂过早分解结束，在低转化率阶段即停止聚合。在生产低型号 PVC 树脂时聚合温度低，如果采用中活性或低活性引发剂为主引发剂，则引发剂用量大，聚合周期长；在生产高型号 PVC 树脂时聚合温度较高，如果采用高活性引发剂为主引发剂，则引发剂分解过快，聚合后期不降压。一般应选半衰期与聚合时间同数量级或相当的引发剂。

　　为了使聚合反应放热均衡，目前普遍采用日本产高效和低效引发剂复合体系。氯乙烯悬浮聚合过程中，使用过氧化新三葵酸异丙苯基酯（A）（50℃，$t_{1/2}=0.32$ h）和过氧化物类引发剂（B）（40℃～60℃，$t_{1/2}=10$ h）复合体系，聚合时间比不用（A）要缩短 20%，且生产 PVC 树脂在后加工过程中无变色现象。例如，日本专利（JP 2251506）中提到，使用几类引发剂复合体系，包括过氧化酯类、过氧化二酰、过氧化二碳酸酯（35℃～65℃，$t_{1/2}=10$ h），可以大大提高树脂性能，提高生产能力，并保证聚合速率恒定，聚合过程中无激烈放热现象。JP 02169608 专利中对于复合使用特高效引发剂进行了详细的实验对比，结果表明，复合使用特高效引发剂（如过氧化新葵酰基二异丙苯己

酯）比单独使用中效引发剂（如过氧化二碳酸二乙基己酯）能提高产率 25％，并且所得树脂后加工性能优良。综合考虑，引发剂在单一使用时，最适宜的温度范围是半衰期为 2~3 h 所对应的温度范围。引发剂在复合使用时，作为低活性组分，最适宜的温度范围是半衰期为 4~6 h 所对应的温度范围；作为高活性组分，最适宜的温度范围是半衰期为 1~2 h 所对应的温度范围。通常选择复合引发剂可使聚合反应在较均匀的速度下进行。

　　除此而外，悬浮聚合中应根据反应介质的 pH 值来选择合适的引发剂。在酸性条件下，引发剂的热分解速率随着离子强度的增大而减小，体系 pH 值也会随着聚合反应的进行而降低；pH 值的改变还会影响引发剂的引发效率及树脂粒径的大小分布。

4.2.4　引发剂用量的估算

　　氯乙烯聚合中的聚合度由聚合温度决定，引发剂用量仅用来调节聚合速率。但是氯乙烯悬浮聚合时，引发剂用量变化很大（见表 4-3），大多数情况下仍然依靠经验的积累来估算。

表 4-3　氯乙烯悬浮聚合引发剂用量范围

引发剂	质量（$w\%$）/氯乙烯	mol/t（VCM）
偶氮二异丁腈（AIBN）	0.1~0.15	6.1~9.2
过氧化十二酰（LPO）	0.1~0.2	2.5~5.0
过氧化二碳酸二环氧己酯（DCPD）	0.03~0.045	1.0~1.5
过氧化二碳酸二异丙酯（IPP）	0.02~0.03	1.0~1.5
过氧化二碳酸二特丁基环己酯（TBCP）	0.04~0.06	1.0~1.5

　　1975 年，在工业聚合釜中研究氯乙烯聚合动力学时发现，活性差别很大的 IPP 和 AIBN，在相近聚合温度和相同转化率下，却可合成得到相同型号（聚合度）的 PVC。例如，在 33 m³ 釜中，用 0.025％的 IPP ［1.21 mol/t（VCM）］，在 53℃，$t_{1/2}$=3 h，使 VCM 聚合 7 h 结束，转化率约为 90％，获得Ⅲ型树脂。另在 14 m³ 搪瓷釜中，用 0.11％的 AIBN ［6.7 mol/t（VCM）］，在 54℃，$t_{1/2}$=41 h 聚合 9.5 h，转化率约为 90％，得到同一型号的树脂。两种引发剂加入量相差约 5 倍，而转化率和聚合度却相同。由此说明，用于引发氯乙烯聚合的理论耗量可能相同，而残量有别而已，并得出理论耗量约等于定值的概念。

　　根据引发剂一级分解动力学方程式（4-2b），引发剂理论耗量 N_r ［mol/t（VCM）］应等于引发剂加入量 N_0 ［6.7 mol/t（VCM）］乘以消耗分率 $\left(1-\dfrac{[I]}{[I]_0}\right)$，即

$$N_r = N_0(1 - \frac{[I]}{[I]_0}) = N_0(1 - e^{-\frac{0.693t}{t_{1/2}}}) \tag{4-9}$$

　　将上述二例有关数据代入式（4-9），得 IPP 的 N_r=0.97，AIBN 的 N_r=0.98，均

接近 1。进一步收集工厂生产数据，包括单一引发剂和复合引发剂数十例，发现聚合时间为 6~10 h，最终转化率为 85%~90%，大部分 $N_r = (1\pm0.2)$ mol/t（VCM），少数为 (1 ± 0.2) mol/t（VCM）。

若引发剂理论耗量以 1 mol/t（VCM）计，上例中 IPP 使用后尚残留 0.21 mol/t（VCM），占加入量的 17%。一般引发剂残留量占加入量的 10%~20% 是比较合理的情况。另一例 AIBN，聚合结束时尚留 5.7 mol/t（VCM），这就颇不合理，需在后处理中除去。

有两种不正常的情况 N_r 可能超出 (1 ± 0.2) mol/t（VCM）的范围：一种是引发剂用量过少，聚合时间过长（>12 h），N_r 可能低于 0.8 甚至 0.7；另一种是引发剂用量过多，聚合时间过短，N_r 可能大于 1.2，尤其是链转移常数较大的引发剂，如 DCPD、EHP 等。这些都是极不正常的现象。因为引发剂用量过多时，部分引发剂用于诱导分解，使引发效率过低。如果能引入引发效率数据，N_r 就可能接近 (1 ± 0.1) mol/t（VCM），可惜目前尚难预测引发效率，且引发效率还随体系和引发剂浓度而变。

工业上，引发剂用量 I（%）一般按单体质量的百分数表示。I 与 N_0 的关系为

$$N_0 = \frac{I \times 10^4}{M} \qquad\qquad (4-10)$$

式中，M 为引发剂分子量。

联立式（4-9）和式（4-10），得

$$I(\%) = \frac{N_r M \times 10^{-4}}{1 - \exp(\frac{-0.693t}{t_{1/2}})} \qquad\qquad (4-11)$$

运用引发剂理论耗量等于 (1 ± 0.1) mol/t（VCM）的概念，就可以按式（4-11）由引发剂半衰期 $t_{1/2}$ 和聚合时间 t 计算出引发剂加入量 I（%）。用 AIBN 时，N_r 取 0.9；用 DCPD、EHP 等过氧二碳酸酯时，N_r 可取 1.1。有了上述估算方法，再通过少量试验加以适当调整，就可确定生产时的配方。

4.3　聚合速率

只有氯乙烯聚合速率与聚合釜传热速率相等，才能保证聚合温度恒定，合成预定型号的聚氯乙烯。讨论氯乙烯聚合机理和动力学是为了深入理解和掌握各种类型的聚合速率曲线，以便控制生产。

4.3.1　聚合反应机理

氯乙烯自由基聚合主要由链引发、链增长、向单体链转移、歧化终止四步基元反应组成。其基元反应式和速率式如下：

引发剂分解 $\qquad$ $I \xrightarrow{k_d} 2R\cdot$, $R_d = -\dfrac{d[I]}{dt} = k_d [I]$ $\qquad$ （4—12）

链引发 $\qquad$ $R\cdot + M \xrightarrow{k_1} RM\cdot$, $R_i = -\dfrac{d[M\cdot]}{dt} = 2fk_d [I]$ $\qquad$ （4—13）

链增长 $\qquad$ $RM_x^{\cdot} + M \xrightarrow{k_p} RM_{x+1}^{\cdot}$, $R_p = -\dfrac{d[M\cdot]}{dt} = k_p [M\cdot][M]$ $\qquad$ （4—14）

向单体链转移 $\quad RM_x^{\cdot} + M \xrightarrow{k_{tr,M}} RM_x + M\cdot$, $R_{tr,M} = k_{tr,M} [M\cdot][M]$ $\quad$ （4—15）

歧化终止 $\qquad RM_x^{\cdot} + RM_y^{\cdot} \xrightarrow{k_t} RM_x + RM_y$, $R_t = 2k_t [M\cdot]^2$ $\qquad$ （4—16）

如果按稳态处理，则聚合速率方程式为

$$R_p = k_p (\frac{fk_d}{k_t}) \cdot \frac{1}{2}[I] \cdot \frac{1}{2}[M] \qquad （4—17）$$

　　这是低转化率均相聚合的理想情况。以上诸式符号可参见高分子化学教科书，此处不另作说明。

　　氯乙烯聚合属于沉淀聚合，PVC 在 VCM 中的溶解度很小（<0.1%），但 VCM 在 PVC 中却有相当大的溶解度。当聚合转化率 $x > 0.1\%$ 时，PVC 或其短链自由基将沉析出来，形成两相：一相是氯乙烯单体相，溶有微量 PVC；另一相是聚氯乙烯富相，由 70% 的 PVC 和 30% 的 VCM 组成，成溶胀状态。

　　根据 PVC/VCM 部分互溶的特点，聚合过程可以分成以下几个阶段：

　　(1) 当聚合转化率 $x < 0.1\%$ 时，只存在均相单体一相，其中溶有微量 PVC。

　　(2) 当聚合转化率 $x \approx 0.1\% \sim 70\%$ 时，单体相和聚氯乙烯富相并存，两相的组成不变，前者含 0.1% 的 PVC，后者含 70% 的 PVC，但随着转化率的提高，单体相的量逐渐减少，聚氯乙烯富相的量相应增加。

　　(3) 当聚合转化率 $x = 70\%$ 时，单体相消失，仅存聚氯乙烯富相一相，这时可称作临界转化率 x_t，所产生的氯乙烯蒸汽压仍等于 VCM 的饱和蒸汽压。

　　(4) 当聚合转化率 $x > x_t = 70\%$ 时，溶胀在 PVC 富相内的 VCM 继续聚合，体系内 VCM 进一步减少，所产生的蒸汽压将低于 VCM 的饱和蒸汽压，这正是氯乙烯聚合后期压强降低的原因。

　　根据以上分析，VCM 聚合过程中有很长一段时间处于两相共存期（$x = 0.1\% \sim 70\%$）。除了单体相式（4—12）～式（4—16）是诸基元反应外，聚氯乙烯富相也有类似的四个基元反应，但两相内的速率终止常数 k_t 可能有所不同。此外，单体相中短链自由基长到沉析的程度，易被聚氯乙烯富相粒子所捕捉并继续增长，也可能与聚氯乙烯富相中原有的长链自由基进行歧化双基终止。

　　综上所述，PVC/VCM 两相体系的基元反应极为复杂，要设计出能代表其反应机理的微观聚合动力学模型并非易事，在工程上多进行简化处理。

4.3.2　聚合动力学方程和数学模型

　　根据氯乙烯沉淀聚合的机理，在聚合转化率 $x = 0.1\% \sim 70\%$ 时，体系存在单体相

P_1 和聚氯乙烯富相 P_2 两相，聚合反应分别在两相内进行，总聚合速率应等于两相内聚合速率之和，即

$$R_P = R_{P_1} + R_{P_2} \qquad (4-18)$$

当聚合转化率 $x < 0.1\%$ 时，只存在均相单体一相，总聚合速率由单体相决定；反之，当 $x = 70\%$ 时，单体相消失，总聚合速率由聚氯乙烯富相决定。

根据这一原理，20 世纪 60 年代中期，Talamini 首次获得了两相模型，该模型可以称作机理模型。但有许多研究者曾提出氯乙烯聚合微观动力学的修正式，利用氯乙烯聚合转化率－时间关系的常用实验数据拟合经验方程式来关联。经验方程主要有下面两种形式。

（1）数列型，如

$$x = At + Bt^2 \qquad (4-19)$$

式中，x 为聚合转化率（%），t 为聚合时间（h），A 表示初速，B 代表加速因子。方程右边第一项代表稳态时均相聚合速率，第二项代表自动加速因子。

（2）指数型，如

$$x = kt^n \qquad (4-20)$$

式中，k 为初期速率（%/h），n 为加速因子。

氯乙烯聚合机理比较复杂，动力学方程虽然进行了一些修正，但仍不能反映聚合全过程，尤其不能代表高转化阶段。而生产上特别重视的恰恰是这一阶段，加上关系式中许多常数难以测定，故往往只能表示某一引发体系和某一特定条件的聚合反应，不具备普遍意义。信越中川充在开发 130 m^3 聚合釜时曾用到式（4-19）这一模型，但宇野首次提出该模型时，仅限于 AIBN 引发剂和较低的转化率阶段。

4.3.3　聚合转化率－时间关系曲线

氯乙烯聚合转化率－时间关系曲线有 4 种典型形式，如图 4-2 所示，曲线 1 为采用低活性引发剂 AIBN，前期速率慢，后期很快，自动加速效应显著。曲线 2 为采用活性引发剂 IPP、50℃、$t_{1/2} = 4.5$ h 的情况，虽然仍有加速现象，但较缓和。曲线 3 为采用活性更高的引发剂 DCPD、55℃、$t_{1/2} = 2$ h 的情况，反应接近匀速，这是工程上所希望的条件，传热面可以得到充分的利用。由此可以估计，采用 IPP 和 DCPD、53℃～54℃、$t_{1/2} \approx 3$ h，聚合转化率－时间关系曲线介于曲线 2 和曲线 3 之间。总的趋向是引发剂的活性越低或半衰期越长，加速现象越显著；当 $t_{1/2} \approx 2$ h（1.5～2.5 h）时，趋向于匀速反应。另外，如果半衰期过短，例如采用 ACSP、50℃、$t_{1/2} = 0.32$ h，则活性特高。聚合初期（1～2 h），绝大部分引发剂分解成自由基，致使前期聚合速率很快；而中后期几乎分解耗尽，速率变得很慢，甚至成为死端聚合，不能达到很高的转化率，曲线 4 就是前快后慢的典型。对这些典型曲线有正确的认识非常重要，可以用来判断实验结果或引文的正误。

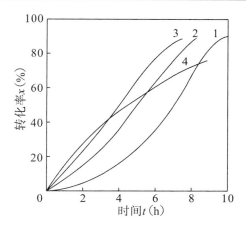

1—0.11% AIBN、54℃、$t_{1/2}$=41 h；2—0.26% IPP、50℃、$t_{1/2}$=4.5 h；

3—0.25% DCPD、55℃、$t_{1/2}$=2 h；4—0.04% ACSP、50℃、$t_{1/2}$=0.32 h

图 4-2　转化率-时间关系曲线

4.3.4　聚合过程中的热负荷

聚合速率乘以聚合热即为放热速率。除匀速反应以外，一般情况下放热速率随时间而增加，在降压前达到最大值。因此，要保持聚合温度一定，必须使传热速率与放热速率相等，这对聚合釜传热设计很重要。一般不一定要完全掌握各段时间的速率，但希望知道最大放热速率，以确定聚合釜最大传热能力，从而计算出引发剂配方的最大值。一般需放热速率等于或低于最大传热能力。

一釜料的总聚合热 $\sum Q$（kJ 或 kcal）决定于氯乙烯投料量 G（kg）和最终转化率（取 90%），三者之间的关系可用下式表示：

$$\sum Q = 366GC = 330G \qquad (4-21)$$

式中，C 为釜的装料系数，一般取 0.9。

以 13.5 m³ 的反应釜为例，当生产紧密型树脂时，氯乙烯投料量约 5000 kg，则总传热负荷约为 6.915×10^6 kJ（165×10^4 kcal）；当生产疏松型树脂时，由于水油比较大，氯乙烯投料量如果减为 4000 kg，则总热负荷降为 5.33×10^6 kJ（132×10^4 kcal）。

总热负荷除以聚合时间 t（h）称为平均热负荷，用 $\bar{Q}$（kcal/h）表示，即

$$\bar{Q} = \frac{\sum Q}{t} = \frac{330G}{t} \qquad (4-22)$$

为了便于对不同大小的釜的不同投料量进行比较，可用最终转化率 90% 除以平均时间所得的平均转化率 $\bar{C}$（%/h）来表示，即

$$\bar{C} = 0.9\frac{1}{t} \qquad (4-23)$$

令最大热负荷 $Q_{\max}$ 与平均热负荷 $\bar{Q}$ 之比等于热负荷分布指数 R，则

$$R = \frac{C_{\max}}{\overline{C}} = \frac{Q_{\max}}{\overline{Q}} \qquad (4-24)$$

通常分布指数在 $1.0\sim2.5$ 之间波动，主要随引发剂活性而定，聚合时间也有些影响，可由实验或在生产过程中测得。

联立式（4-23）和式（4-24），就可以建立最高热负荷与分布指数、聚合时间之间的关系式：

$$Q_{\max} = 330\frac{GR}{t} \qquad (4-25)$$

式（4-25）表明，最高热负荷与分布指数成正比，与聚合时间成反比，选用分布指数较小的高活性引发剂是降低最高热负荷、缩短聚合时间、提高生产能力的积极措施。根据釜的传热系数、传热面积和冷却水温，可由传热速率公式计算出允许的最高热负荷，如所用引发剂的分布指数 R 已知，就可以由式（4-25）计算出聚合时间，最后估算出引发剂用量。在生产计划中聚合时间既定的情况下，提出分布指数等于某一数值的引发剂，就可以拟订配方。

定性地说，引发剂半衰期越短（$t_{1/2}>1\ \mathrm{h}$），聚合时间越长，则分布指数越小，聚合越趋向匀速。对于大多数引发剂，R 约为 $1\sim2$。实验中发现 R 值与式（4-20）中的加速因子 n 相近。

R 值可根据大量实验累计，根据 R 值可推算出引发体系和生产规模对釜的传热能力及引发剂用量的要求。在釜传热能力固定的条件下，根据引发剂的半衰期，就可以估算聚合时间和生产能力。

综合氯乙烯聚合机理和传热原理，将引发剂半衰期、聚合温度、聚合时间、热负荷分布指数、传热速率结合在一起，解决了引发剂配方和传热工程上的许多计算问题，打破了以前高分子化学和工程两方面孤立研究问题的局面。相关聚合时间和引发剂用量估算示例可参阅有关文献与书籍，这里不再举例。

4.4　聚氯乙烯成粒

氯乙烯聚合动力学和树脂的成粒过程是悬浮聚合中的两大问题。与聚合速率相比，树脂的成粒过程控制和颗粒特性显得尤为重要。与颗粒形态直接有关的指标有平均粒径及其分布、孔隙率、孔径及其分布、比表面积等。树脂除对分子量与分子特性有要求外，对颗粒特性也有着特殊的要求，因为颗粒特性直接影响着使用性能。

根据人的眼睛、光学显微镜、扫描电镜的分辨程度，PVC 颗粒结构大致可以分成三个层次：①宏观级。肉眼可见，一般粒径在 $10\ \mu\mathrm{m}$ 以上，包括颗粒和亚颗粒。②微观级。显微镜可见，粒子为 $0.1\sim10\ \mu\mathrm{m}$，包括聚结体和初级粒子。③亚微观级。电镜可辨 $0.1\ \mu\mathrm{m}$ 以下的粒子，包括初级粒子核和原始微粒。这三个层次结构都可以从显微镜和电镜中拍摄下来，它们的组合示意如图 4-3 所示。

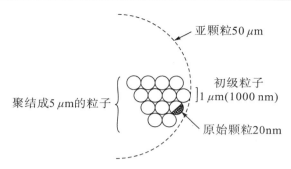

亚颗粒50 μm

初级粒子
聚结成5 μm的粒子
1 μm(1000 nm)

原始颗粒20nm

图 4-3　PVC 颗粒多层次结构

对于四种主要聚合方法制得的 PVC，其亚微观层次颗粒结构基本相同，初级粒子相似，而最终的宏观级颗粒结构则差别很大。悬浮聚合法生产 PVC 最普遍，下面就该法生产 PVC 的成粒过程进行讨论。

4.4.1　悬浮聚氯乙烯成粒过程

由于 PVC 并不溶于 VCM 中，氯乙烯聚合具有沉淀聚合的特征，与苯乙烯悬浮聚合不同，聚氯乙烯成粒过程反映在两个方面：一是在单体液滴内形成亚微观和微观层次的各种粒子；二是在单体液滴或颗粒间聚并，形成宏观层次的颗粒。

4.4.1.1　液滴亚微观和微观层次的成粒过程

用显微镜观察聚氯乙烯粒子外观，发现有亚颗粒（单细胞粒子）和颗粒（多细胞粒子）两种。从颗粒疏松程度看，有紧密型和疏松型之分。不论亚颗粒还是颗粒，不论紧密型还是疏松型，在单个液滴内亚微观成粒阶段是相同的，在微观成粒阶段也相似。这两个层次的成粒过程示意如图 4-4 所示。

PVC 链聚合度为 10~30，约 50 个链自由基线团缠绕聚结在一起，沉析出来形成最原始的相分离物种，尺寸约为 0.01~0.02 μm，称为原始微粒或微区。这时的转化率远低于 1%，可能在 0.1% 以下。

接着 1000 个原始微粒进行第二次絮凝，聚结成 0.1~0.2 μm 的初级粒子核或小区，这才是真正的结构物种，进入微观层次成粒阶段。其中包括初级粒子核成长为初级粒子、初级粒子絮凝成聚结体以及初级粒子的继续成长三步。这一阶段是成粒全过程中最重要的阶段。可以概括地说，亚微观和微观层次结构的成粒过程是不同尺度的粒子聚结和成长同时和/或相间进行的结果。

当转化率达到 3%~10% 时，长大到 0.6~0.8 μm 的粒子变得不稳定，便进一步絮凝成 1~2 μm 的聚结体。当转化率达到 85%~90% 即聚合结束时，初级粒子可长大到 0.5~1.5 μm，而初级粒子的聚结体则可长大到 2~10 μm，整个聚结体结构的内吸附力和强度也同时增加。

搅拌强度、分散剂保护能力、温度等对初级粒子和聚结体的堆砌情况颇有影响。搅拌强度增加，可使初级粒子变细，使颗粒结构变得疏松一些。如果分散剂保护能力较弱，则聚结体堆砌不甚紧密，最后可得到多孔疏松的颗粒。温度升高，将加深粒子熔结程度，因而使颗粒孔隙率降低。

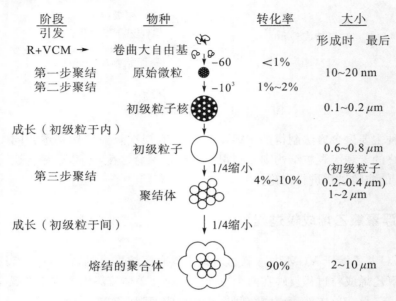

图 4-4　氯乙烯液滴内亚微观成粒过程

微观结构层次是决定最后颗粒形态最重要的一步，其变化对 PVC 颗粒特性有显著的影响，如表面积、孔隙率、增塑剂吸附率、单体脱吸性能、塑化难易等均受其控制。制取初级粒子聚结较疏松的树脂，需要液滴内初级粒子尽可能稳定，聚结慢些。分散剂和表面活性剂与单体的溶解度、固液界面张力和初级粒子荷电性质等有关，因此，分散剂的性质将影响树脂颗粒的内部结构微观层次。除此以外，树脂增塑剂吸附率、溶解性和熔体黏弹性等还不能用微观层次的结构来解释，需对亚微观层次深入研究后才能说明。

4.4.1.2　液滴间宏观层次的成粒过程

宏观层次的成粒主要描述 VCM 液滴间相互聚并的成粒过程，如分散剂保护能力较强，颗粒间不容易聚并，由单个液滴聚合成最终颗粒也属于这一层次的成粒过程。

在氯乙烯悬浮聚合过程中，搅拌的剪切作用将 VCM 分散成平均直径约为 40 μm 的液滴。釜内各处搅拌强度不同，粒径分布可以在 5~150 μm 范围内变动；水相中分散剂可保护液滴或颗粒并防止或减弱聚并；搅拌强度和分散剂的多种组合将形成不同的颗粒结构。一般有三条宏观成粒途径，如图 4-5 所示。

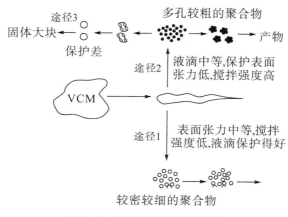

图 4-5　PVC 的宏观成粒途径

（1）单体液滴保护良好，一旦形成较稳定的液滴，就难以聚并。在整个聚合过程中，多以独立液滴存在，并进行聚合，最后形成小孔和致密的球形亚颗粒，即所谓紧密型树脂。

（2）保护能力中等。聚合过程中液滴有适当的聚并，由亚颗粒聚并成颗粒，最后形成粒度中等、孔隙率高的疏松型树脂。大部分 PVC 树脂即按这条途径制得。

（3）保护能力差。在低转化阶段，单体液滴就聚结在一起，不成颗粒，最后结满整釜。这是生产中亟须避免的。

由此可见，从原始的 VCM 液滴到最终的 PVC 颗粒，是经过液滴内微观和亚微观层次以及液滴间宏观层次的成粒过程。这两个过程互相联系，综合结果将集中反映到树脂的疏松程度或孔隙率上。根据孔径分布测定发现，悬浮聚氯乙烯树脂孔隙率由两类孔径的孔隙组成：一类是平均孔径，约为 0.01 μm，相当于初级粒子间的孔隙；另一类是平均孔径为 1~10 μm 的大孔，相当于聚结体间的孔隙。

悬浮聚合法树脂的宏观结构可用显微镜进行观察。将 PVC 样品浸于邻苯二甲酸二辛酯（DOP）中，在显微镜下放大 100 倍可以分辨出三种情况：① "黑色" 树脂中含有闭孔不能被 DOP 所润湿，由 PVC/气泡界面的不同折射造成；② "半透明" 高疏松树脂的孔隙分布均匀，由于 PVC 和 DOP 折射率相近，前者为 1.542，后者为 1.519，界面处仅仅有轻微的折射现象，从而显示出 "半透明" 的特性；③ "透明" 紧密型树脂无孔隙，颗粒内部折射率几乎一样。用三种透明程度来判断颗粒闭孔、开孔、紧密三种宏观结构。

4.4.1.3　凝聚理论

赵劲松等提出一种悬浮 PVC 树脂颗粒形成的新理论——凝聚理论：液态氯乙烯在搅拌作用下以约 0.7 μm 的微滴分散在水中发生聚合反应，当聚合转化率达到 25% 左右时，这些微滴凝聚成粒径约为 130 μm 的树脂颗粒，演化成颗粒中的原粒子，原粒子里的区域结构是由于 PVC 大分子在 VCM 里不溶解、沉析凝聚而形成的。在整个聚合过程中，分散剂被吸附，即：凝聚前分散剂被 $0.7~\mu m$ 的微滴吸附，保持微滴的悬浮稳定性；凝聚后分散剂被 $130~\mu m$ 的颗粒吸附，保持颗粒的悬浮稳定性。其成粒示意如图4−6所示。

图 4−6　凝聚理论成粒示意

旧理论不能解释无皮颗粒的存在，因为按照旧理论的成粒过程，颗粒必然有皮。但凝聚理论可以成功地解释这一现象：在微滴凝聚成颗粒以前，分散剂吸附在 $0.7~\mu m$ 的微滴上；凝聚后，分散剂吸附在树脂颗粒上。如果微滴凝聚成颗粒后，水相中还剩下大量分散剂，它将继续被颗粒吸附以形成颗粒的外皮；如果微滴凝聚成颗粒后，水相中剩下的分散剂极少，那么在颗粒外将不能形成可见的皮。国内外同行也发现无皮PVC树脂颗粒的存在，如图4−7和图4−8所示。

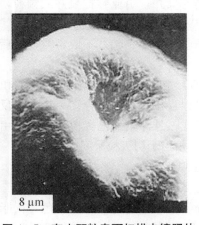

图 4−7　有皮颗粒表面扫描电镜照片

图 4−8　无皮颗粒表面扫描电镜照片

4.4.2　影响颗粒形态的因素

影响聚氯乙烯颗粒形态的主要因素有搅拌、分散剂、最终转化率、聚合温度、水比等。在研究成粒机理的基础上，更容易理解这些因素对颗粒形态影响的方向和深度。

4.4.2.1　搅拌

在氯乙烯悬浮聚合过程中，搅拌有多重作用，如使液−液分散、混匀物料、帮助传热、保持颗粒悬浮等。搅拌影响PVC的粒径和粒径分布、孔隙率及其相关性质。但搅拌强度与分散剂性质相互补充，应加以综合考虑。搅拌强度可以用转速、单位体积功率、搅拌雷诺数等来表示。

　　增加搅拌强度将使液滴变细，但强度过大将促使液滴碰撞而并粒，使颗粒变粗。PVC 平均粒径与搅拌转速的关系曲线如图 4-9 所示。由图 4-9 可以看出，有一平均粒径处于最低值的临界转速，低于临界转速时，粒径随转速增加而降低，分散起着主要作用；高于临界转速时，粒径将随转速增加而增加，聚并开始显著起来。搅拌强度还影响微观颗粒结构层次，随着转速增加，初级粒子变细，吸油率增大，PVC 孔隙率也增大。

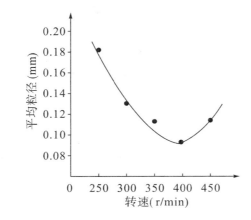

图 4-9　PVC 平均粒径与搅拌转速的关系曲线

　　按照凝聚理论，聚合初期体系的基本运动单元是原粒子，搅拌转速增加，原粒子直径自然要减小；反之，搅拌转速降低，原粒子直径就要增加。原粒子直径和搅拌转速之间的关系见表 4-4。

表 4-4　原粒子直径和搅拌转速之间的关系

搅拌速度（r/min）	原粒子的平均直径（mm）
100	2.0
150	1.7
250	1.0
330	0.8
400	0.6

　　根据 PVC 成粒机理和颗粒特性，氯乙烯悬浮聚合釜应有比较均匀的能量分布、桨作用高度和桨间距等。

4.4.2.2　分散剂

　　分散剂应具有降低界面张力和有助于液滴分散、减弱液滴聚并的双重作用。工业生产多采用高分子保护胶体作分散剂，如羟丙基甲基纤维素（HPMC）、聚乙烯醇（PVA）是常用的分散剂。单一分散剂很难满足上述双重作用的要求。为了制得颗粒疏松匀称、粒度分布窄、表观密度合适的 PVC 树脂，往往采用两种以上的分散剂复合使用，甚至添加少量表面活性剂作为辅助分散剂。

一般分散剂水溶液的表面张力与 VCM 间的界面张力越小，VCM 液滴分散得越细，越易形成较细的颗粒。分散剂的保护能力可以用界面黏度来描述，保护能力越强，所得 PVC 颗粒越紧密，孔隙率越小，粒间聚并较困难，易形成亚颗粒树脂。分散剂将在 PVC 树脂颗粒表面形成皮膜，聚合初期分散剂迅速吸附在液滴表面，而水相中的浓度相应降低，最后形成皮膜。皮膜是由分散剂和沉积或接枝在膜表面的 PVC 微粒所组成的，皮膜不仅影响宏观颗粒层次，而且可能影响初级粒子的微观层次。随着分散剂的不同，皮膜的连续性、强度和厚度各异。而皮膜的性质对塑化速度、脱除残留单体的难易均有影响。近年来的趋势是选用合适的复合分散剂，控制适当用量，合成半无皮膜或无皮膜的树脂。

按照凝聚理论，分散剂首先被原粒子吸附，凝聚成颗粒后被原粒子吸附的分散剂就自然而然地存在于树脂颗粒中，而不存在分散剂在 VCM 中溶解或不溶解的问题。如用甲基纤维素（MC）作分散剂测定不同聚合时间水相界面张力的变化情况，发现聚合时间为 1.5～2.0 h 时，界面张力－聚合时间曲线出现突变，如图 4－10 所示。聚合时间为 1.5～2.0 h 时的转化率正好为 25％左右，凝聚作用就发生在此时。

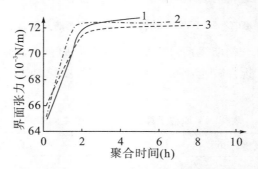

图 4－10　界面张力与聚合时间的关系曲线

4.4.2.3　最终转化率

获得疏松树脂的最终转化率应控制在 85％以下或 80％～82％。低转化率液滴表面有一层分散剂皮膜。如以 PVA 为分散剂，随着聚合的进行，PVA 保护膜逐渐变成 PVA－PVC 接枝共聚物，皮膜黏附将牢固。当转化率为 5％～15％时，液滴有聚并的倾向，并处于不稳定状态。当转化率大于 30％时，皮膜强度增加，聚并减少且渐趋稳定。VCM 转变成 PVC 时体积会收缩，总收缩率达 39％。

当转化率小于 70％时，VCM－PVC 体系以两相存在：一相接近纯单体相，另一相是 PVC 被 VCM（25％～30％）所溶胀的聚氯乙烯富相。这一阶段纯单体相的饱和蒸汽压加上水的蒸汽压，就等于聚合釜的操作压力，PVC 颗粒内外压力相平衡。当转化率大于 75％后，纯单体相消失，大部分 VCM 溶胀在聚氯乙烯的富相内，其产生的 VCM 分压将低于 VCM 的饱和蒸汽压或釜的操作压力。继续聚合时，外压将大于颗粒内压力，使颗粒塌陷、表皮折叠起皱、破裂，新形成的聚氯乙烯逐步充满粒内和表面的孔隙，从而使孔隙率降低；同时，体积收缩、紧裹粒子，使结构紧密。因此，欲制得疏松型树脂，除分散剂、搅拌等条件合适外，最终转化率应控制在 85% 以下。聚合后期压降不大（如 0.1~0.15 MPa）即应终止聚合，快速泄压回收单体出料，可望增加 PVC 疏松程度。

4.4.2.4　聚合温度

无链转移剂时，聚合温度几乎是决定 PVC 分子量的唯一因素。工业上氯乙烯聚合温度常为 45℃~65℃，但温度对 PVC 孔隙率有影响，高分子量 PVC 经增塑制软制品，要求多孔疏松。较高温度下制得的 PVC 孔隙率较低，用来制硬制品。但是，即使制硬制品，仍需添加许多加工助剂，有些塑化吸收过程对孔隙率仍有一定要求。聚合温度对 PVC 颗粒结构的影响将深入到初级粒子层次。一般随着温度的增加，初级粒子变小，熔结程度加深，粒子呈球形；而温度较低时，易形成不规则的聚结体，从而使孔隙率增加。

VCM 本体聚合过程中，除搅拌外，温度对颗粒结构起着控制作用。第一阶段预聚，搅拌转速较高，转化率控制为 7%~11%；预聚温度并非用来控制分子量，而是用来控制颗粒孔隙率。疏松树脂应适当降低预聚温度，减弱初级粒子的熔结，但不宜降至 62℃ 以下，否则熔结过弱，形不成足够强度的颗粒骨架。第二阶段应调节合适的温度来控制预定分子量，预聚阶段在达到 7%~11% 的转化率后聚合釜转速应减慢，继续聚合，在原先形成的颗粒骨架上成长为最终的疏松结构。

4.4.2.5　水比

水和 VCM 的质量比简称水比。水的作用是作分散介质、溶解分散剂和传热介质。由搅拌将 VCM 分散成 30~150 μm 的液滴，水比为 1∶1 时就有足够的“自由”流体，使体系黏度较低以保证流动和传热。疏松树脂内外孔隙和颗粒表面吸附大量的水，致使自由流体减少，体系黏度增大，传热困难，因此起始水比应保持为 1.6~2.0。生产紧密型树脂时水比可降至 1.2。在聚合中后期，水比过低将使粒度分布变差，颗粒形状和表观密度均受影响。

4.4.3　聚氯乙烯分子量与颗粒特性

4.4.3.1　聚氯乙烯的分子量

聚氯乙烯是氯乙烯单体按头尾连接、带有少量支链的无定型聚合物。最常用的 PVC 商品的聚合度为 500~1500，分子量分布指数约为 2。近年来，国际上也有聚合度小于 500 和大于 4000 的 PVC 商品出现。

（1）聚氯乙烯稀溶液黏度。

商业上为方便起见，常用 PVC 稀溶液的黏度来表征分子量。极限黏度 $[\eta]$ 与分子量有如下关系：

$$[\eta] = KM^{\alpha} \tag{4-26}$$

式中，M 为分子量，K，α 为常数，与聚合物、溶剂、温度有关，在一定分子量范围内与分子量无关。K，α 值事先由渗透压或光散射等分子量测定绝对方法求得，一般可从手册上查到。PVC 稀溶液 $[\eta]$—M 关系的 K 和 α 值见表 4—5。

表 4—5　PVC 稀溶液的极限黏度与分子量关系的 K 和 α 值

溶　剂	$K \times 10^2$	α	方法	$M \times 10^{-4}$
环己酮	1.23	0.83	渗透压	2~14
四氢呋喃	4.98	0.69	光散射	4~40

在高分子稀溶液黏度测定中，有许多关于黏度的名词和符号，见表 4—6。

表 4—6　黏度的名词和符号

习惯名称	ISO 推荐名称	符号	量纲
溶剂黏度	溶剂黏度	η_0	CP（$=10^{-3}$Pa·s）
溶剂黏度	溶液黏度	η	CP（$=10^{-3}$Pa·s）
相对黏度	黏度比	$\eta_r = \eta / \eta_0$	—
增比黏度	黏度相对增量	$\eta_{sp} = \eta_r - 1$	—
比浓黏度	黏数	η_{sp} / C	cm³/g
比浓对数黏度	对数黏数	$\ln \eta_r / C$	cm³/g
特性黏度	极限黏数	$[\eta]$	cm³/g

将黏度或对数黏度对浓度作图，并外推至无限稀释即得极限黏度，可用下式表示：

$$[\eta] = \lim_{C \to 0} \frac{\eta_{sp}}{C} = \lim_{C \to 0} \frac{\ln \eta_r}{C} \tag{4-27}$$

如果只在一个浓度下测得黏度，则可用"一点法"按下式计算极限黏度：

$$[\eta] = \sqrt{2(\eta_{sp} - \ln \eta_r)/C} \tag{4-28}$$

若高分子溶液浓度很低，如 0.002 g/mL，则对数黏度就可当作极限黏度的近似值。

近年来文献中浓度的单位多采用 g/mL，则 K 的数量级为 10^{-2}，$[\eta]$ 为 50~200。如用早期数据时需注意。

为方便起见，一般采用稀溶液的黏度来间接表征 PVC 的分子量大小，而不按式（4—26）进行换算。各国标准所采用的溶剂、浓度、测量温度、黏度名称各有差异，部分举例见表 4—7。

表 4-7　PVC 稀溶液黏度的测定

溶剂	浓度（g/cm³）	温度（℃）	黏度
二氯乙烷	0.01	20	η
环己烷	0.005	25	η_{sp}/C
硝基苯	0.004	30	η_{sp}

（2）聚氯乙烯黏度不同表示法之间的关系。

为了技术上和贸易上的国际交往，有必要介绍聚氯乙烯黏度不同表示法之间的关系。欧洲许多国家常用 K 值表示 PVC 分子量的大小。这里 K 值与 $[\eta]$-M 关系式（4-26）中的常数 K 不同。K 值与黏度比 η_r 有如下关系：

$$\lg\eta_r = \left[\left(\frac{75K^2 \times 10^{-6}}{1 + 1.5KC \times 10^{-3}}\right) + (K \times 10^{-3})\right]C \qquad (4-29)$$

式中，浓度 C 以 g/100 mL 为单位。

根据日本国家标准，PVC 的平均聚合度 $\overline{P}$ 与极限黏度（例如，0.004 g/mL 硝基苯溶液黏度）的关系如下：

$$\overline{P} = 500\left(\text{anti lg}\frac{[\eta]}{0.168} - 1\right) \qquad (4-30)$$

式中，浓度 C 以 g/L 为单位。

我国部颁标准 HG2-775-74 附件中，有树脂的 1,2-二氯乙烷溶液 20℃时的绝对黏度 η、平均聚合度 $\overline{P}$、特性黏度 $[\eta]$ 和 K 值的换算图，PVC 各种黏度间关系可参阅相关文献和书籍。

（3）影响 PVC 平均聚合度的因素。

根据聚合机理，向单体链转移是控制 PVC 聚合度的基元反应。在常用的聚合温度范围（45℃～65℃）内，PVC 数均分子量与引发剂浓度、转化率无关，仅取决于温度。不同型号的 PVC 主要由改变温度来生产。聚合度较低的 PVC 品种除用较高的聚合温度（>60℃）外，还要加入适量链转移剂，如硫基乙醇、三氯乙烯等。

从聚合机理上分析，无链转移剂时 PVC 的聚合度 $\overline{X}$ 与相单体链转移常数 C_M 成反比关系，即

$$\overline{X} = \frac{1}{C_M} \qquad (4-31)$$

曾有人测得 $C_M = 108.7\exp(-7400/RT)$。按式（4-31）计算得 50℃和 60℃的 $\overline{X}$ 分别为 950 和 670，这与实测值很相近。

实验证明，温度恒定时，在 10%～90%转化率范围内，K 值变化不超过 3 个单位；低转化率阶段形成的 PVC 对最终产物的 K 值影响不大。引发剂浓度为 0.01%～1%时，K 值变化不超过 5，实际上引发剂用量仅为 0.01%～0.1%，对 K 值的影响不明显。这些都表明 PVC 分子量与引发剂浓度、转化率无关，而仅取决于温度。

（4）聚氯乙烯分子量分布。

分子量分布一般不列为聚氯乙烯质量标准，仅供研究之用。曾有人对对数黏度为

119

100 的中等分子量的 PVC 进行过测试，测得 $\overline{M}_w = 90000$，$\overline{M}_n = 47000$，分布指数 $\overline{M}_w / \overline{M}_n = 1.92$。按歧化终止，也曾有人由概率推导得分布指数为 2.0，可见二者很接近。

除低转化率（<10%）阶段外，转化率对 PVC 分子量分布的影响不大，对引发剂浓度的影响也不大。

升温期或后期反应激烈阶段，偏离聚合温度是影响分子量分布的重要因素。

4.4.3.2　聚氯乙烯颗粒特性

一般聚合物对于分子量及其分布、结晶度、熔点和玻璃化温度、密度、熔体流动行为等有关的质量指标均有一定的要求和规定。但对于 PVC，颗粒特性却特别重要，因为加工性能，甚至使用性能都与之密切相关。

与 PVC 颗粒特性有关的有平均直径和粒度分布、形态（显微照片）、孔隙率、孔径和孔径分布、比表面积、密度分布等。除筛分分析（粒度分布）外，其他各项并不一定在 PVC 规格中列出，只供深入研究时使用。

与 PVC 颗粒特性间接有关的有表观密度、干流性、粉末混合性、增塑剂吸收率、VCM 脱吸性能等。这几项与加工性能、使用性能密切相关，其中有些项还被列为规格指标。

PVC 颗粒结构或形态与聚合方法、配方工艺条件有关。对于悬浮法树脂，分散剂、搅拌情况、转化率是影响颗粒特性的三大主要因素。聚合温度、引发速率、水比等也对其有影响。电镜和有关近代仪器是研究颗粒形态的重要工具，正因为这些仪器的使用，才使得 PVC 颗粒多层次结构有所探明，成粒机理有所发展和深化，颗粒特性的控制开始从经验、"技艺"走向科学。

（1）粒度分布和平均粒径。

各种 PVC 树脂有着不同的粒度范围，见表 4-8，应采用合适的测定方法或分级方法。

表 4-8　PVC 树脂的粒度范围

PVC	典型平均粒径（μm）	粒径范围（μm）
未经种子聚合的胶乳	0.1	0.01~0.2
微悬浮胶乳	1	0.2~2
糊树脂	3	0.2~100
悬浮法和本体法树脂	125	70~250

粒子较细的糊树脂胶乳粒径的测定宜用显微镜、电镜和超速离心沉降法。喷雾干燥后的糊树脂粒度分布很宽，除了显微镜以外，很少有简单的方法能够完全包括整个粒度分布范围。对于悬浮法和本体法树脂，可用筛分法、Coulter Counter 法、激光衍射法等来测定粒径，其中筛分法最简单，也最常用。

筛分适用于测定大于 30 μm 的粒径。筛分时经常遇到的困难是产生静电，致使颗粒黏结，从而导致分析误差。加抗静电剂（如三氧化二铝）或用湿法筛分可克服这一缺点。

悬浮法树脂希望有较窄的粒度分布。粒度太细，易引起粉尘，并使增塑剂吸收不匀；颗粒太大，则吸收增塑剂困难，易产生鱼眼或凝胶粒子。一般要求 100～140 目或 100～160 目，有较高的集中率，例如 90%～95% 以上。此外，30～40 目以下或 200 目以上的分级也列为控制指标。

PVC 经筛分分级后可绘制成柱级、微分、积分分布图，也可计算出平均直径。有多种平均方法，除平均直径外，还可以用离散度、离散系数等来表征分布情况。

（2）颗粒形态和孔隙率。

与这方面内容有关的包括颗粒外表和内部的形态、孔隙率、孔径和孔径分布、比表面积、粒子密度分布等。

①颗粒形态。

普通光学显微镜、相差显微镜、透射和扫描电镜是研究 PVC 颗粒形态的重要工具。

用光学显微镜放大 50～100 倍，很容易观察到悬浮树脂的外形和表面形态：无孔粒子呈玻璃珠状，多孔粒子则呈白色絮团状。通常希望悬浮树脂呈比较规整的多孔絮团状。

如果要研究粒子间或内部孔隙分布均匀情况，可以加适量邻苯二甲酸二辛酯（DOP），使 PVC 颗粒溶胀，DOP 折光率（1.519）与 PVC（1.542）相近。在透射光下，闭孔粒子呈黑色，无孔的玻璃体则透明，而一般开孔粒子呈半透明状。

PVC 颗粒用环氧树脂或聚甲基丙烯酸甲酯包埋，切成 1 μm 的薄片，用相差显微镜放大至 200～500 倍，可以清晰地看到初级粒子，用透射电镜还可以辨认原始微粒。扫描电镜也可用来研究悬浮树脂的内外颗粒结构。

②孔隙率。

显微法虽能观察 PVC 粒子的大小和形态，甚至内部结构，但较难获得内部孔隙体积（孔隙率）的定量数据。孔隙率是与增塑剂吸收率、加工性能有关的量。

最常用的孔隙率测定仪器是压汞仪，根据汞"无孔不入"的原理，在压力作用下将汞压入 PVC 试样的开孔内。随着压力的增加，汞首先充满大孔，然后进入孔径递减的小孔。孔隙率 P 按下式计算：

$$P = 2\gamma\cos\theta \tag{4-32}$$

式中，γ 为汞的表面张力，θ 为汞与孔壁的接触角。

因为孔的几何形状对接触角有影响，在很宽的压力范围内，接触角和表面张力有些变动，因此国家在 2008 年颁布了 GB/T 21650.1—2008/ISO 标准"压汞法测定固体材料孔径分布和孔隙率"，可供读者查阅。

压汞仪的操作压力如果从 0.1 MPa 上升到 196 MPa（2000 kgf/cm²），则可测定半径为 0.0037～7.5 μm 的孔隙。测定时，逐渐增加压力，可获得孔隙分布或孔体积分布的数据。实际上，要获得可靠结果，还需考虑许多偏差和限制。

PVC 树脂中的孔隙有三种，即粒间孔、粒内开孔和粒内闭孔（0.3 μm）。用压汞仪和透射电镜配以图像解析仪，可以将这三种孔径都估测出来。

悬浮法 PVC 颗粒的典型孔径分布如图 4-11 所示。

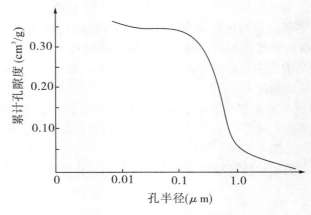

图 4-11　悬浮法 PVC 孔径分布

（3）比表面积和密度分布。

①比表面积。

孔隙率虽然是一良好指标，但不能表征增塑剂的吸收速率；孔径分布虽能更准确地表达，但由压汞仪测得的结果有误差。在多数情况下，VCM 的脱吸和增塑剂的吸收都由 VCM 或增塑剂逸出或进入初级粒子的扩散速率所控制，而扩散速率与树脂总表面积有关。对于疏松型 PVC 树脂，与初级粒子及其聚结体的大小有关；对于糊树脂，比表面积则是粒径的度量，也可表征糊黏度特性。

悬浮或本体法生产的 PVC 树脂，其比表面积与孔隙率通常呈线性关系，但并不十分严格，如图 4-12 所示。含有许多均匀小孔的树脂比表面积较大，而孔径分布宽和带粗孔的树脂比表面积则较小。即使是微结构比较均匀的高孔隙率树脂，其比表面积也小于 4 m^2/g。这种树脂相当于 1 μm 初级粒子的比表面积，低于此值则表明有相当部分初级粒子聚结在一起。孔隙率相同时，低转化率的比表面积较大。

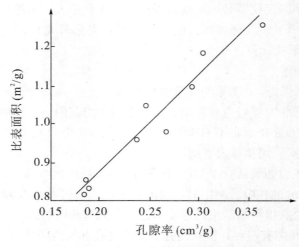

图 4-12　PVC 颗粒比表面积与孔隙率

测定固体粒子比表面积最常用的方法：将气体（通常为氮）吸附在粒子表面上，按单分子层覆盖量推算。通常在单分子层完全覆盖以前，第二层就开始产生，但单分子层的量可以用 BET 理论的等温吸附公式来估算。有些气体吸附法比表面积的测定并不采用单分子层，而用所谓"单点法"。气相色谱仪也可用来测定 PVC 的比表面积。

比表面积能很好地反映增塑剂吸收速率和 VCM 脱吸速率，因此，可用 VCM 从 PVC 颗粒中的脱吸速率来间接地研究颗粒结构。

②密度分布。

PVC 的真密度可用比重瓶法和浮选法测定。两法测得的结果可能在较广的范围内波动。以甲醇为介质，由比重瓶法曾测得 PVC 的密度约为 $1.2624 \sim 1.4179$ g/cm³；以甲醇－四氯化碳混合液作浮选液，曾测得 PVC 的密度为 $1.42 \sim 1.43$ g/cm³。通常取 1.40 g/cm³ 或 1.39 g/cm³。

用浮选法分级可得密度分布曲线。PVC 颗粒的密度分布可用来表征颗粒形态，密度分布窄的 PVC 结构均匀，所有的孔都易被测密度用的液体、增塑剂或其他液态加工助剂所渗透，这已为显微镜和其他方式研究所证实。密度分布宽的树脂，有些开孔，有些则是不能渗透的孔，对增塑剂的吸收速率慢且不均匀，加工性能不好。

（4）与增塑剂的作用。

约有一半的悬浮、本体法 PVC 树脂用于软制品，加工之前，需与增塑剂混合，增塑剂的用量从百分之几至 50% 不等。研究 PVC 与增塑剂的相互作用需考虑两种情况：一是室温下的增塑剂吸收率，二是热干混。

①增塑剂吸收率。

在室温下，增塑剂能很快地充满可渗透的内孔、毛细管和缝隙，但相当长的时间内并不能使 PVC 溶胀。充满过程是不可逆的，实质上是由于毛细管作用或表面力吸附了增塑剂，因此用"吸附率"一词更恰当。增塑剂并不进入初级粒子内，也不能使其溶胀。这一过程与化学因素无关，仅决定于粒子形状。

我国测定 PVC 增塑剂吸收率的方法：将 1.5 g PVC 试样放在 2 号砂芯离心试管中，滴入 DOP，使其液面高出树脂 $1 \sim 2$ mm，静止 (20 ± 1) min，然后在转速为 (3000 ± 100) r/min 下离心 (40 ± 1) min。计算增塑剂吸附质量对 PVC 试样质量的百分率。

增塑剂吸收率与压汞法孔隙率可以进行关联。

②热干混试验。

PVC 增塑剂预混多用高速混合机是在 100℃ 以下进行的，增塑剂即使用得较多，也可配制得到"干粉料"。这时增塑剂的吸收量与室温下的吸收率或孔隙率无关。该项试验可用 Brabender 扭矩流变仪测出干混时间（从 DOP 开始加入到干粉阶段末的时间）：保持 PVC 量一定，不断增加 DOP 量；最后用 DOP 吸收量对热干混时间作图，曲线开始阶段为近似上升的直线，当增塑剂量增加至一定量时，干混时间不变，曲线出现平台，这就相当于增塑剂最大吸收量。

干混时间几乎完全受增塑剂扩散入固体 PVC（初级粒子及其聚结体）的速率控制。因此，干混时间和增塑剂最大吸收量均随温度增加而增加。PVC 的分子量及增塑剂的化学结构对干混时间有较大影响。

（5）粉体性质。

①表观密度和堆积密度。

密度有真密度、表观密度（假密度）和堆积密度之分。密度分布中讨论的是真密度，但颗粒中可能含有闭孔气泡，会影响真密度的数值。

表观密度是指基本未压缩下单位粉体体积的质量，也可以看作特定条件下的堆积密度。我国固定标准是将 120 mL PVC 粉体通过一定形状、尺寸且开口为 15.5 mm 的漏斗，落入离漏斗口 38 mm 的 100 mL 量筒内，刮平筒口多余的粉料，然后称重、计算。

我国规定，表观密度大于 0.55 g/cm³ 的 PVC 称为紧密型，而表现密度小于 0.55 g/cm³ 的 PVC 则称为疏松型。国外虽无此规定，但对不同品种和不同用途的 PVC，其表现密度各有要求。悬浮和本体法 PVC 表观密度约为 0.45~0.65 g/cm³。高分子量树脂用于软制品需要增塑，并希望有多孔的颗粒结构，表观密度就应低些；低分子量和有些中分子量树脂用于硬制品，一般要求表观密度约为 0.6 g/cm³。为了便于脱除残留 VCM，希望表观密度不超过一定的上限，保留必要的孔隙度。

表观密度与颗粒形状、粒度分布有关。

堆积密度是指在一定压缩条件下的表观密度。例如，称取一定量 PVC 粉末，置于量筒中，在桌面上敲一定次数，量出粉体体积，然后计算出单位体积的质量。堆积密度一般比表观密度大 10%~30%。堆积密度也是用来衡量粉体性质的指标。

②粉体干流性。

粉体干流性对 PVC 的储运、挤出机下料速度均有影响。测定原理：将一定量粉末通过一定孔径的漏斗，测定其所需的时间。测定时虽然要注意静电的产生，但也要考虑湿度。湿度过低，易产生静电；湿度过高，则易结块，影响粉体的干流性。一般湿度应控制为 0.1%~0.3%，根据 PVC 品种不同，我国现行标准要求控制在 0.3%~0.5% 以下。

粒径较大的悬浮/本体树脂的干流性比糊树脂要好。

4.5 分散剂

4.5.1 分散剂的种类

VCM 受搅拌作用被分散成液滴悬浮在水中，搅拌停止后 VCM 与水分层为两相。分散剂的加入会降低界面张力，有利于 VCM 的分散而形成液滴，分散剂吸附在液滴表面起到保护作用，并防止聚并。通常分散剂兼有降低界面张力和增强保护能力的双重作用，对聚合反应本身并无影响。

一般分散剂种类很多，大致可分成无机和有机两大类。无机分散剂是不溶于水的微细固体粉末，如氢氧化镁、碳酸钙、磷酸钙、高岭土等。固体粉末聚集在单体液滴表面，起到机械隔离作用，防止聚并。无机分散剂广泛应用于苯乙烯、甲基丙烯酸甲酯等单体的悬浮聚合，用于氯乙烯悬浮聚合只见专利报道，未见工业化生产。有机分散剂是亲水性的高分子，是一种保护胶体。如明胶、纤维素醚类、部分醇解的聚乙烯醇、苯乙烯−马来酸酐共聚物，多数属于非离子型高分子表面活性剂，兼有保护液滴稳定的作用。

　　随着悬浮聚合技术的发展，综合考虑保护、隔离和降低界面张力、提高分散效果的双重作用，一般采用复合分散体系。特定的反应体系中分散剂的种类、性质和用量则成为控制 PVC 树脂颗粒特性的关键因素。目前，工业生产中多采用高分子保护胶体作分散剂，常用的有聚乙烯醇和纤维素醚（如 HPMC）复合体系，起到分散和保胶的双重作用，制得的 PVC 树脂颗粒疏松均匀、粒度分布窄、表观密度适宜。生产紧密型树脂时，选用明胶作为分散剂。为更好地使用复合分散剂，需要进一步了解分散剂的作用机理。

4.5.2　分散剂保护作用的机理

　　水溶性高分子分散剂通常由亲水基团和疏水基团组成，是表面活性剂的一种，溶于水中能自发地吸附在液−液界面上，亲水基团伸向水层，疏水基团伸向单体油相定向排列。分散剂在悬浮体系中的稳定作用，使液滴间双电层斥力或界面吸附层产生位阻效应。

4.5.2.1　高分子分散剂的界面吸附

　　高分子分散剂分子量大、链长而有柔性，其界面吸附有如下特性：①吸附速度慢；②一般是不可逆吸附；③往往是化学吸附，属于 Langmuir 吸附形式。吸附量 Γ 与分散剂浓度 C 有如下关系：

$$\Gamma = \Gamma_\infty \frac{bC}{1 + bC} \tag{4-34}$$

式中，Γ_∞ 为饱和吸附量，b 为吸附系数。

　　液−液界面上分散剂的饱和吸附量一般随分子量的增大而增大，且与吸附形态有关，二者之间的关系可用下式表示：

$$\Gamma_\infty = KM^a \tag{4-35}$$

式中，指数 a 与高分子吸附状态有关：水平定向吸附时，$a=0$；垂直定向吸附时，$a=1$；弧状定向吸附时，$0<a<1$。K 为吸附常数；M 为分子量。

　　吸附量与临界胶束浓度（CMC）有关，低于 CMC 时趋向于水平定向吸附，在 CMC 附近则是垂直定向吸附。可见吸附量在 CMC 处急剧变化。

　　高分子分散剂在液滴表面的吸附层越厚，保护能力越强，悬浮液越稳定。而吸附层厚度与分子量、吸附状态有关，不能像低分子物质那样简单地由覆盖面积求出。高分子分散剂的聚合度越大，吸附层越厚。例如，高分子分散剂在 VCM 液滴表面的吸附层厚 $(1.00 \sim 1.50) \times 10^{-9}$ nm，比水溶液中分散剂分子的旋转半径大得多，这意味着大分子分散剂一部分被定向吸附，而另一部分则成弧形拱起，即吸附状态处于 $0 < a < 1$ 之间。

4.5.2.2　双电层电荷排斥作用

　　抑制单体液滴聚并的作用机理有电荷排斥和空间位阻两种。

　　离子型表面活性剂和高分子电解质吸附在液滴表面，形成双电层，有电荷排斥作用。NaCl 等强电解质的加入，即使是微量，也有电荷排斥作用，液滴明显趋向稳定。

　　液滴上的电荷可能有三种来源，即电离、吸附和摩擦。离子型表面活性剂和高分子电解质吸附于液滴表面，亲水基团电离，使液滴被一层负电荷包围。对于非离子型表面活性剂，自水相中吸附离子，也有可能由液滴和介质摩擦产生电荷。由于水的介电常数远比单体相高，所以 O/W 型乳液中的分散相一般带负电；相反，电荷则在其附近排列成一层双电层，如图 4-13 所示。

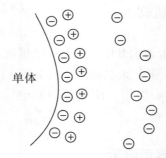

图 4-13　单体-水界面双电层

　　Stern 考虑到液相中离子的流动和分子的热运动，提出了新的模型，即双电层有两部分：一部分以一个分子的厚度固定在界面上，与液滴的电荷相反；另一部分是扩散的，伸入分散介质中，电势以指数式的速度下降。不论哪一种模型，都反映了液滴的电荷相同，相互排斥，因而使液滴稳定。

4.5.2.3　空间位阻效应

　　液滴表面的分散剂吸附层起到空间位阻隔离作用，按 Flory 高分子溶液理论的渗透压效应可解释如下：

　　高分子分散剂在液滴表面的吸附状况和位阻隔离效应示意如图 4-14 所示。吸附有分散剂的液滴相互靠近时，吸附层相互重叠，大分子相互贯穿或压缩自由能增加。重叠贯穿区中分散剂浓度增加，渗透压上升且水扩散进入分散剂区，迫使两个液滴分开，直至保护层不再接触。这就是空间位阻效应通过渗透压的机理，抑制了液滴的聚并。当两液滴距离小于吸附层总厚度（2δ）时，产生斥力，使液滴分开、悬浮液稳定。粒子间的排斥力、粒径与分散剂表面浓度有关。

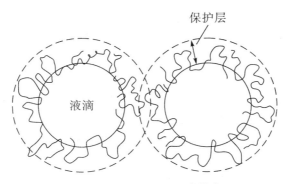

图 4−14 空间位阻隔离效应

4.5.3 分散剂溶液的界面性质

界面特性非常重要,其中界面张力低有利于液−液分散,界面黏度大有利于防止液滴聚并。此外,分散剂溶液的界面常常与以下性质有关。

4.5.3.1 界面张力

(1) 界面张力与表面张力的概念。

界面张力是指两种互不相溶的液体接触时,界面上分子与液体内部分子间产生的不平衡力,导致液体界面有自动缩小的趋势。表面张力的物理意义是指表面单位面积所需要的功,表面张力是发生在气−液界面的表面层内的相互引力,如式(4−36)所示,20℃水的表面张力为 72.15 mN/m。

$$\sigma = \frac{W}{\Delta S} \tag{4−36}$$

式中,σ 为表面张力,W 为单位面积的功,ΔS 为气−液两相形成表面层的相对面积。

水(1)和不互溶液体(2)间的界面张力 σ_{12} 约等于两表面张力之差,即

$$\sigma_{12} = \sigma_1 - \sigma_2 \tag{4−37}$$

用式(4−37)计算的界面张力误差较大。

(2) 分散剂对界面张力的影响。

高分子分散剂通常都属于表面活性剂。在液−液界面定向吸附时,以自由能较小的疏水基代替自由能较大的水分子,排列在单体液滴的界面上,界面自由能显著减小,从而降低了界面张力。因此,降低界面张力的性质又称为界面活性。

高分子分散剂的一项作用是降低 VCM−水的表面张力,促使其分散成小液滴。在低转化率阶段,液滴黏度尚小,由于是湍流分散作用,故分散在水介质中。其滴径是界面张力的函数。

(3) 影响界面张力的因素。

最好能够有 VCM−分散剂水溶液界面张力的实验数据,但界面张力测定比较困难,

可以暂用分散液滴的表面张力间接表示。

影响界面张力的因素很多，如分散剂种类、分散剂中的基团、分散剂浓度、温度等。

界面张力随分散剂种类而异。一般明胶水溶液的表面张力较大（约 65～68 mN/m），将形成紧密型树脂，PVA 次之，甲基纤维素和甲基羟丙基纤维素则较低。表面张力约为 45～50 mN/m 的分散液易形成疏松型树脂。

对于同类分散剂，分散液的表面张力随取代基团而异。聚乙烯醇中乙酰基含量越多，醇解度的表面张力越低。

表面张力随分散剂浓度的变化关系如图 4-15 所示。在开始阶段，分散剂浓度增加，表面张力迅速减小，当到达一定浓度（如 0.1%）后，表面张力变化趋向于平缓，转折点就相当于临界胶束浓度。

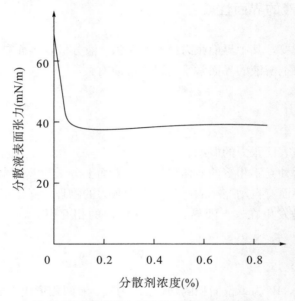

图 4-15 表面张力随分散剂浓度的变化关系

添加少量表面活性剂作助分散剂，可以显著降低表面张力，更利于分散。

水的表面张力随温度升高而降低，例如，20℃时，其表面张力为 72.75 mN/m；40℃时，为 69.56 mN/m；60℃时，为 66.18 mN/m。但氯乙烯-水体系界面张力却随温度升高而略增加，如图 4-16 所示。

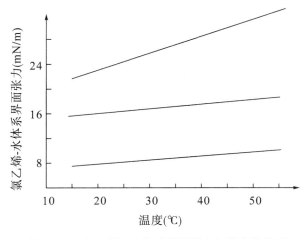

图 4—16　氯乙烯—水体系界面张力与温度的关系

（4）表面张力和界面张力的测定方法。

测定表面张力和界面张力的常用方法有毛细管法、环法、滴重法、无柄滴重法、悬滴法、气泡压力法等。其中毛细管法历史最长，被公认为是最准确的方法，但比较费时；环法既快又较准，美国将其列为标准方法；滴重法设备简单，虽然费时，但准确度较高。

在聚合温度下，氯乙烯有较高的蒸汽压，测定比较困难，常以三氯乙烯作为氯乙烯的模拟液来测定界面张力。

4.5.3.2　界面黏度

高黏度或刚性界面膜对液滴的聚并有阻碍作用。若界面膜黏度较大，两液滴间的液膜不易移动，变薄、消失，因而不易聚并。

分散剂水溶液浓度虽然很低，但大部分分散剂吸附在液滴上，局部浓度很高，因此界面黏度也很大。

界面黏度与分散剂种类有关，分子量越大，界面膜的黏弹性和保护能力也越大。聚乙烯醇、纤维素醚类等分散剂常用 4% 的溶液黏度来代表其分子量。

4.5.3.3　HLB 值

分散剂是一种表面活性剂，一般表面活性剂都由亲水基团和亲油基团组成。当亲水性大于亲油性时，易溶于水；当亲油性大于亲水性时，易溶于油。1949 年 Griffin 提出亲水性—亲油性平衡值 HLB 来表征两者的关系。令矿物油的 HLB 为零，油酸钾或聚乙二醇的 HLB 为 20。而极大部分表面活性剂的 HLB 值介于两者之间，数值越小，亲油性越强；数值越大，亲水性越强。其用途见表 4—9。

表 4-9　表面活性剂的 HLB 值的用途

HLB	用途
0~4	消泡剂
3~7	油溶剂（w/o）、乳化剂（o/w）
7~9	润湿剂
7~15	渗透剂
7~18	乳化剂（o/w）

表面活性剂的 HLB 值可用下式近似计算：

$$HLB = 20 \times \frac{M_w}{M} \tag{4-38}$$

式中，M 为表面活性剂分子量，M_w 为亲水基分子量。对于环氧乙烷加成物非离子表面活性剂，有

$$HLB = \frac{E}{5} \tag{4-39}$$

式中，E 为环氧乙烷质量百分比。对于多元醇非离子型表面活性剂，有

$$HLB = 20(1 - \frac{S}{A}) \tag{4-40}$$

式中，S 为皂化值，A 为酸值。

亲水基、亲油基质量若以 M_w，M_0 表示，则 HLB 也可用下式计算：

$$HLB = 7 + 11.7 \lg \frac{M_w}{M_0} \tag{4-41}$$

Davis 应用基团贡献值计算 HLB，即

$$HLB = \sum 亲水基 HLB 值 + \sum 亲油基 HLB 值 + 7 \text{ 基团的 HLB 值}$$

表面活性剂被吸附在体系界面，可以显著降低界面张力。选用复合的分散体系可以进一步降低界面张力。例如，以三氯乙烯模拟氯乙烯作油相，将甘油单硬脂酸酯（A）和失水山梨糖单月桂酸酯（B）等油性助分散剂与离子型或非离子型主分散剂复合，对界面张力的影响见表 4-10。

表 4-10　复合分散体系对三氯乙烯-水界面张力的影响

油溶性分散剂/100 分三氯乙烯		A、B 混合物的 HLB	界面张力（mN/m）	
A	B		离子型主分散剂	非离子型主分散剂
0.11	—	3.7	36.5	11.5
0.09	0.02	4	15.7	9.0
0.08	0.03	5	14.2	7.0
0.06	0.05	6	12.9	6.0
0.04	0.07	7	10.7	4.5

油溶性分散剂/100 分三氯乙烯		A、B 混合物的 HLB	界面张力（mN/m）	
A	B		离子型主分散剂	非离子型主分散剂
0.02	0.09	8	9.7	3.5
—	0.11	8.6	7	1.5

4.5.3.4　凝胶点和浊点

体系温度降到某一点时将有凝聚成的凝胶析出，体系变浑，这时的温度可称为凝胶点或三相平衡点。非离子表面活性剂，如聚乙烯醇和纤维素醚类，分子中的羟基与水形成氢键溶于水中，形成溶剂化层。当温度升高时，分子热运动加剧，氢键减弱；到达某一温度后，PVA 分子间形成氢键，凝聚而沉析出来，体系变得浑浊，这时的温度称为浊点。氯乙烯悬浮聚合时，广泛采用聚乙烯醇和纤维素醚类作主分散剂，应该注意，宜在浊点以下的温度聚合。

判定 PVA 浊点时，常以 1% 浓度作标准。PVA 的浊点与醇解度有关，纤维素醚类常用凝胶温度这一名词，测定时的浓度选用 2%。分散剂的取代度和浓度对凝胶温度均有影响。有电解质和重金属盐存在时将使凝胶温度降低。纤维素醚类的凝胶温度实质上也是浊点，聚合温度应低于灼点或凝胶温度。

4.6　聚合釜技术

VCM 悬浮聚合工艺中，聚合釜逐渐从小型向大型发展，目前发达国家对聚合釜容积的要求有逐步加大的趋势，基本上 70 m³ 以下的聚合釜已在淘汰之列。美国 PVC 聚合釜的容积大都为 70～135 m³，日本聚合釜的容积约为 150 m³，德国已成功地开发出 200 m³ 多用途大型聚合釜。在吸收国外先进技术的基础上，我国已开发出了国产化的大型聚合釜及其生产工艺，目前国内具有代表性的大型聚合釜有无内冷管的 105 m³ 和 120 m³ 聚合釜、带有 8 根内冷管的 108 m³ 聚合釜、顶伸式搅拌的 135 m³ 聚合釜等。中国石油化工股份有限公司齐鲁分公司使用的 135 m³ 聚合釜是目前国内已投产的最大的聚合釜。随着 PVC 生产规模的不断扩大，聚合釜大型化已成为当今主流趋势，这主要是因为采用大型聚合釜可提高 PVC 树脂的质量和均一性，降低消耗定额，减少设备占地面积，降低设备投资和维修费用，容易实现生产全过程的自动控制。我国已经引进的国外聚合釜的容积见表 4－11。

表 4-11　我国已引进的国外聚合釜的容积

公司名称	聚合釜的容积（m³）
美国原古德里奇公司	70
欧洲 EVC 公司	105
日本信越化学工业公司	108/127
西方化学工业公司	135

4.6.1　聚合釜的换热

聚合釜的传热能力在相当程度上意味着釜的生产能力。在合理选用引发剂、尽可能接近匀速反应的基础上，应从各方面尽可能提高釜的传热能力。

传热速率 Q（kJ/h 或 kcal/h）与传热面积 F（m²）、温差 ΔT_m（℃）成正比，比例系数就是传热系数 K，单位为 W/（m² · K）或 kcal/（h · m² · ℃），其计算公式如下：

$$Q = KF\Delta T_m \tag{4-43}$$

因此，要提高传热速率，可以从增加传热面、扩大温差、提高传热系数三方面着手。传热速率与传热面积成正比，从传热角度考虑，希望聚合釜有较大的传热面积。单位体积的传热面（称比传热面，即 F/V，单位为 m²/m³）较大，则需釜的体积增加，但釜的长径比过大，会引起搅拌装置的困难。如 30～50 m³ 的中型釜，长径比多在 2 以下，釜内增加内冷管以保证足够的传热面。从传热角度考虑，希望多设内冷管；从搅拌和黏釜角度考虑，内冷管或挡板又不宜过多，故应加以综合考虑。我国 70 m³ 的釜设有4 组内冷管和釜顶冷凝器，日本 127 m³ 的釜和德国的釜只在釜内设置少量挡板而无内冷管，另外配置釜顶冷凝器。

4.6.1.1　聚合釜夹套形式

目前，聚合釜冷却水夹套形式主要有三种，即普通夹套结构、螺旋半管夹套结构和全流通结构，如图 4-17 所示。

普通夹套聚合釜如图 4-17（a）所示，虽然可以使水流覆盖整个釜体，具有较大的换热面积，但此种结构极易造成断流现象及水流死角，有效换热面积较小，易导致聚合釜局部温度升高，影响 PVC 树脂颗粒的均一性，目前已很少使用。

螺旋半管夹套结构是当前 PVC 聚合釜的主流夹套结构，其结构特点是半管沿釜体螺旋上升，并设置了多组并联的冷却水进出管口。此结构的优点是夹套中水流阻力较小，流速较高，消除了水流死角，换热效果远远优于普通夹套结构。但由于其每排半管间有一定间隔，如图 4-17（b）所示，故冷却水并未完全覆盖釜体，换热面积有限。

全流通聚合釜是一种新型聚合釜，分为全流通半管内夹套聚合釜及全流通半管外夹套聚合釜。结构特点为釜体和封头内（外）壁焊接半管夹套，夹套由釜体和半管构成，半管沿圆周方向一边与上排半管焊接，另一边与筒体壁焊接，循环上升构成整个夹套部分，如图 4—17（c）所示。由于全流通聚合釜半管将釜体全部覆盖，在继承了螺旋半管夹套结构优点的同时，最大限度地增大了传热面积。因此，相同容积的全流通聚合釜生产强度要高于螺旋半管夹套结构的聚合釜。但因采用半管一边与上排半管焊接的形式，使上排半管焊缝长时间浸泡在下排半管冷却水中，易导致上排半管焊缝即图 4—17（c）中 A 处发生泄漏，维修难度较大，对全流通聚合釜的制造工艺要求更高。

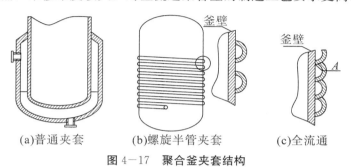

(a)普通夹套　　　(b)螺旋半管夹套　　　(c)全流通

图 4—17　聚合釜夹套结构

4.6.1.2　聚合釜搅拌系统

聚合釜搅拌系统由搅拌器、内冷挡板构成。

搅拌器按其安装位置，可分为底伸式搅拌器和顶伸式搅拌器。底伸式搅拌器搅拌轴短而细，可以节约电能；顶伸式搅拌器搅拌轴较长，轴的底部设有固定轴瓦，结构较底伸式搅拌器复杂，一旦发生黏釜现象，会比底伸式搅拌器严重。搅拌器按形式和结构，可分为桨式、推进式和涡轮式等，性能和效果主要取决于搅拌转速、几何尺寸和形状等，需根据聚合釜结构选择搅拌器形式。搅拌桨叶有利于悬浮物料的混合和分散，直接关系到产品质量、分散剂的用量、传热效果等。

内冷挡板常与搅拌器配合使用，可提高搅拌器对悬浮液的剪切力，达到分散、循环的协同效果。挡板形式有管型、平板型等；同时，挡板也是传导聚合反应热量的重要部件之一。搅拌器在搅拌过程中会使悬浮液沿轴向或径向进行大范围的循环流动。轴向流主要对液体产生上下翻动的循环作用，用循环次数表征，其大小对传热和浆料的混合起着至关重要的作用；径向流主要对液体产生剪切作用，为颗粒之间的传质和反应颗粒的破碎提供能量。剪切强度主要由搅拌器和内冷挡板的相互作用决定，一般用单位体积的搅拌功率来表征。搅拌功率增大，分散剂的使用量就相对减少。搅拌转速对悬浮液的流场状态起着至关重要的作用，生产不同型号的 PVC 树脂选用的搅拌转速也不同。有的聚合釜增设了变频器，用来控制聚合反应不同阶段的搅拌转速，以达到聚合反应的最佳效果。

4.6.1.3 聚合釜釜顶冷凝器

60 m³ 以上的大型釜单靠夹套和搅拌系统已不足，需加装釜顶回流冷凝器供氯乙烯的汽化散热。德国大陆石油公司报道，62.5 m³ 的釜所配置的回流冷凝器内有 $\varnothing 25.4$ 的管子 912 根，$\varnothing 38$ 的管子 45 根，管长 2.45 m，计算冷凝器传热面约为 78 m²，与夹套传热面积相当。德国许尔斯公司在 200 m³ 的釜上装有能带走 6.28×10^8 kJ/h 热量的回流冷凝器，而聚合最高热负荷不超过 2.68×10^8 kJ/h。日本信越化学工业公司 127 m³ 的釜操作体积为 110 m³，夹套传热面为 128 m²，比表面积为 1，另装釜顶冷凝器。

我国 70 m³ 的聚合釜也配有回流冷凝器，其传热面约为 200 m²，比夹套传热面积（90 m²）大得多。采用回流冷凝器，需排尽体系内氮等不凝性气体，以防传热系数的降低；要避免使用挥发性引发剂，防止釜内泡沫物料带入冷凝器聚合结垢。此外，还需考虑回流冷凝单体的再混问题。

传热计算中有关传热面积变化时，应考虑氯乙烯聚合体积收缩、液面下降、裸露在气相中的夹套和内冷管传热面增加等因素。如有机蒸汽冷凝给热系数约为 582～2326 W/(m²·K)，与氯乙烯悬浮聚合体系后期釜内壁给热系数约为 1396～1745 W/(m²·K) 相当。故可以考虑传热面积不变来计算有关传热问题。

4.6.2 聚合釜传热系数

根据传热速率公式（4—43），可以从提高传热系数、增加传热面积和降低水温以扩大温差三方面来提高传热速率。釜大型化后，比传热面积将减小；而降低水温需增加冷冻能耗。因此，提高传热系数是改善传热效果最有效的办法，应放在首要位置来考虑。

4.6.2.1 传热系数及热阻

传热性能好的聚合釜传热系数一般可达 465～582 W/(m²·K)，甚至在 698 W/(m²·K) 以上，搪瓷釜的传热系数有可能提高到 349 W/(m²·K) 以上。传热系数如果在 233 W/(m²·K) 以下，则可认为传热不良，应该强化。

传热系数 K 的倒数称为总热阻，与分热阻的关系为

$$\frac{1}{K} = \frac{1}{\alpha_1} + \frac{1}{\alpha_2} + \sum \frac{\delta}{\lambda} \qquad (4-44)$$

式中，α_1，α_2 分别代表釜内壁和釜外壁液膜给热系数，单位为 W/(m²·K)；$\sum \dfrac{\delta}{\lambda}$ 代表釜壁整体导热部分的热阻，其中 δ 为壁厚，λ 为热导率，单位为 W/(m²·K)，由碳钢层、不锈钢层、搪瓷层、黏釜物、水垢等部分的热阻组成。通过热阻分析，可以找出主要热阻所在，指出提高传热系数的方向。

4.6.2.2　釜内壁给热系数

釜内物料黏度和搅拌强度是影响釜内壁给热系数 α_1 的主要因素。一般物料黏度越小，搅拌强度越大，则釜内壁液膜越薄，热阻越小，α_1 越大。如传热系数降低，热量不能及时导出，会使釜温升高，这时往往采取往釜内直接加冷水的措施。一般向聚合釜内打高压水可直接降温，以增加自由流体，这是降低物料黏度的主要手段。

除此而外，增加配方中的水比也是一种方法，但这样做势必会减少单体投料量，使釜的生产能力降低。一般在聚合过程中从釜底陆续补加水，加水速度最好与体积收缩速度相适应。提高搅拌强度也是增加 α_1 的重要手段。搅拌釜内壁给热系数可用下列准数方程计算：

$$\alpha_1 = C\,\frac{\lambda}{D}\left(\frac{nd^2\rho}{\mu}\right)^{\frac{2}{3}}\left(\frac{360c\mu g}{\lambda}\right)^{\frac{1}{3}}\left(\frac{\mu}{\mu_w}\right)^{0.14} \tag{4-45}$$

式中，D 为釜内径，d 为搅拌叶直径，ρ 为密度，μ 为黏度，$nd^2\rho/\mu$ 为搅拌雷诺数（Re），λ 为热导率（即导热系数），c 为比热容，g 为重力因子，$360c\mu g/\lambda$ 为普兰特准数，μ_w 为近壁处的黏度；系数 C 为常数：无挡板时 $C \approx 0.36$，$1\sim4$ 块挡板且为层流时 $C = 0.54$，湍流时 $C = 0.74$。国产 33 m³ 的釜经实验校核，$C = 0.5$。

氯乙烯悬浮聚合釜内壁给热系数不妨按式（4-45）计算，而代以悬浮体系的物性常数。氯乙烯聚合体系是分散剂水溶液、VCM 和 PVC 的复杂体系，而且随转化率而变。其物性常数的计算可参见相关手册。

4.6.2.3　釜外壁给热系数

釜外壁给热系数 α_2 的波动为 $582\sim5820$ W/(m²·K)，主要随水流状况而定。传热性能良好的聚合釜一般要求 α_2 在 $2326\sim3488$ W/(m²·K) 以上。现根据夹套内水流状况，分别讨论如下。

（1）夹套普通进水方式。

早期聚合釜冷却水自夹套下口进入，经夹套环隙直升而上，由上口溢流而出，这不妨称为普通进水方式。在夹套进口处水流速度虽然很大，但夹套环隙截面积大，水流速度很低，湍流程度不够（$Re < 10^4$），α_2 值仍然很低，不超过 $582\sim698$ W/(m²·K)。当水流按自然对流方式进行时，$GrPr > 2\times10^7$，α_2 可按下式计算：

$$\alpha_2 = 0.135\sqrt[3]{GrPr} \tag{4-46}$$

（2）切线方向进水。

为了提高夹套中冷却水的湍流程度，可改为下部切线方向进水，使其在一段距离内以较高的速度沿夹套圆环螺旋上升，从而提高 α_2。水流经过一段距离后，冲力减弱，α_2 平均值也会降低。切线方向进水可用给热准数方程计算 α_2，即

$$\alpha_2 = 0.03\,\frac{\lambda}{d_c}\left[\frac{Re\,0.75Pr}{1 + 1.74R^{-\frac{1}{3}}(Pr-1)}\right] \tag{4-47}$$

式中，$Re = \dfrac{d_c}{\mu}(w_0 w_A)^{0.5}$，$w_0$，$w_A$ 分别为进口管和夹套圆环处的水流速度（m/s），取其几何平均值作为平均速度。计算 w_A 时，应注意截面积是夹套一侧的纵切面积，即夹套的高乘以宽。主要思想基础是水流沿夹套环隙旋转流动，并不是沿夹套环隙垂直上升。按式（4−47）计算的结果与实测值相近。切线方向进水，可将 α_2 值提高到约 1163 W/(m²·K)，但水流量应达到一定程度。

（3）夹套内装设螺旋导流板。

夹套内装设螺旋导流板，使水沿螺旋旋转上升，用不大的水流量可以获得较大流速（2~3 m/s），从而大幅度地提高 α_2。水流速度随水流量、夹套环隙宽、导流板螺距而定。

装有螺旋导流板的夹套可以看作与蛇管相似。不妨借用直圆管内壁给热准数方程计算，再乘以因螺旋离心力所引起的校正因子 $(1+1.77 d_c/R)$，即

$$\alpha_2 = 0.023 \frac{\lambda}{d_c} Re^{0.8} Pr^{0.4} \left(1 + 1.77 \frac{d_c}{R}\right) \tag{4−48}$$

式中，d_c 为螺距的当量直径；R 为弯曲半径，即釜中心至夹套环隙中心的距离；因釜径较大，一般校正因子数值不大，为 1.05~1.10。

（4）夹套装喷嘴。

夹套装喷嘴一般是指搪瓷釜内焊接螺旋导流板困难，改用装若干喷嘴的情况，目的是高速进水、增加湍流程度，以提高釜外壁给热系数 α_2 的值。

夹套中的喷嘴如图 4−18 所示。喷嘴口水流速度可达 15~20 m/s，沿夹套环隙切线方向进水后，以 0.9~1.2 m/s 的速度沿螺旋方向冲刷，水流经一段距离后，流速渐降，受第二个喷嘴水流的加速作用，仍能保持高速前进。按一定距离装多个喷嘴就能保持连续加速的作用，使全夹套内水流均呈强湍流状态，从而提高给热系数 α_2 的值。

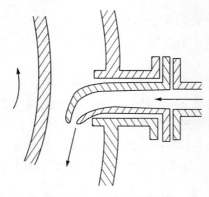

图 4−18　夹套中的喷嘴

根据流体力学原理，可以建立水流经过喷嘴的压降 ΔP（MPa 或 kgf/cm²）、水流功率 W（kW）与水的体积流量 V（m³/h）、喷口截面积 A（m²）之间的关系：

$$\Delta P = 3.94 \times 10^{-10} \frac{V^2}{A^2} \tag{4−49}$$

$$W = 0.1958 \times 10^{-10} \frac{V^3}{A^2} \tag{4-50}$$

式 (4—50) 表明，喷嘴压降与流量平方成正比，属于抛物线；水流功率与流量三次方成正比。据报道，每平方米的夹套传热面积的水流功率达 $0.04 \sim 0.08$ kW/m 时，方能使水流达到足够湍流的程度，夹套内水流速度为 $0.9 \sim 1.2$ m/s，α_2 可达 $2901 \sim 3489$ W/(m²·K)，能达到强化传热的要求。釜外壁给热系数 α_2 的值与水流状况的关系见表 4—12。建议新釜夹套必须安装螺旋导流板或喷嘴。

表 4—12 α_2 的值与水流状况的关系

进水方式	主要条件	α_2 [W/(m²·K)]
普通进水	自然对流 $GrPr = 2 \times 10^7$	$582 \sim 500$
切线方法	$Re = (3 \sim 7) \times 10^4$	$814 \sim 1628$
螺旋导流管	线速 $2.0 \sim 2.5$ m/s²	$3489 \sim 4652$
喷嘴	$0.04 \sim 0.08$ kW/m²	$2907 \sim 3498$

4.6.2.4 釜壁热阻

目前氯乙烯聚合釜釜壁材质有复合钢、全不锈钢、碳钢搪玻璃（俗称搪瓷）三种。在 $\alpha_1 = 1745$ W/(m²·K)，$\alpha_2 = 3489$ W/(m²·K)，即增高到合理的程度后，釜壁有可能上升为影响总传热系数的热阻部分。

根据各种材质的热导率，复合钢板中的不锈钢板一般为 3 mm，在保证足够强度的前提下，应尽可能减薄其中的碳钢层。搪瓷碳钢的主要热阻在于瓷层，应尽可能减薄瓷层，例如减至 1 mm，并选用导热系数较好的微晶玻璃。全不锈钢釜的传热随着钢板厚度的增加，传热系数迅速降低。

如果能够保持 $\alpha_1 = 1745$ W/(m²·K)，$\alpha_2 = 3489$ W/(m²·K)，并在保证耐压强度的前提下减薄釜壁厚度，则可望达到较高的传热系数 K 值。但实际生产中常低于这些数值。根据热阻分析，可以找出主要热阻所在，从而提出强化传热的途径。

4.6.2.5 黏釜物和水垢的热阻

聚氯乙烯黏釜物和水垢的热导率都很小，两者沉积结果将使总传热系数显著降低。例如，黏釜物厚度达 0.2 mm 时，将使传热系数 K 从 $349 \sim 582$ W/(m²·K) 降至 $233 \sim 349$ W/(m²·K)；黏釜物厚度达 0.5 mm 时，K 值会降至 $174 \sim 209$ W/(m²·K)，使传热变得很困难。因此，防黏技术非常重要。另外，要及时清釜，目前多用高压水清洗。

水垢沉积对传热系数的影响虽然不及黏釜物严重，但不经常清理，长年积累也颇为可观。水垢为 1 mm 厚时，会使 K 值从原来的 $349 \sim 582$ W/(m²·K) 降至 $291 \sim 314$ W/(m²·K)。大厂最好建立聚合冷却用水的独立封闭体系，对水的硬度和盐分有所限制。

聚合釜运转一段时间后，最好对夹套进行清洗去除水垢。稀盐酸与缓蚀剂的配制可参照锅炉水垢清洗液。不锈钢内冷管不宜用稀盐酸清洗，设计时应该考虑内冷管和夹套分别清洗的管路。

　　综上所述，生产紧密型树脂时，釜内壁给热系数 α_1 可取 1512～1745 W/(m²·K)，生产疏松型树脂的后期，如搅拌不良，α_1 可降至 1163 W/(m²·K) 以下。在聚合过程的中后段，可补加适量水，增加自由流体，保证有足够高的 α_1 值。夹套应装设螺旋导流板，使水流线速度达 2～2.5 m/s，或装喷嘴，使水流功率达 0.04～0.08 kW/m²，以保证釜外壁给热系数 α_2 在 2907～3489 W/(m²·K) 以上。这两个给热系数达到上述指标后，釜壁可能成为主要热阻部分，在不影响结构强度的前提下，应尽可能减小釜壁钢板厚度。黏釜物传热系数很小，少量沉淀就会使 K 值显著降低，因此应积极应用防黏釜技术，并及时清釜。

4.6.3　釜顶回流冷凝器

　　60 m³ 以上的大型釜，单靠夹套和内冷管已不能移去全部热量，需由釜顶冷凝器协助解决。由于冷凝器传热面积可以不受限制，故可以承担较大的热负荷，从而提高釜的生产能力。

4.6.3.1　回流冷凝器的传热系数

　　回流冷凝器传热系数的计算方法可由热阻公式（4-34）来计算。其管间的给热系数可参照列管式传热设备计算，关键在于如何选用有机蒸汽冷凝给热系数的计算方法。一般可用下列膜状冷凝的公式计算：

$$\left[\frac{\alpha_1^3 \mu^2}{\lambda^3 \rho g}\right]\frac{n}{f} = C\left[Re\right]_f^m \qquad (4-51)$$

其中
$$[Re]_f = \frac{\Gamma}{\mu}, \quad \Gamma = \frac{W}{\sum P}$$

式中，α_1 为平均给热系数 [W/(m²·K)]，μ 为冷凝液膜黏度，Γ 为末端冷凝负荷（kg/m·h），W 为冷凝液流率（kg/h），$\sum P$ 为立管的总浸润周边（m），C 为系数，m，n 为指数。

　　管间冷却水侧给热系数 α_2 可按下式计算：

$$\alpha_2 = C Re^n Pr^{\frac{1}{3}}\left(\frac{\mu}{\mu_w}\right)^m \qquad (4-52)$$

式中，m 随 Re 而变，当 $Re<2100$ 时，$m=0.25$，当 $Re\geqslant2100$ 时，$m=0.14$；系数 C 和指数 n 为雷诺数及管子几何尺寸的函数，可从一般教科书中查到。

　　不凝性气体的存在将在冷凝器管壁液膜旁形成一层气膜，使热阻增加，冷凝膜的给热系数显著降低。当冷凝器内含有 10%～20% 空气时，在氯乙烯冷凝器中测得的传热系数很小；排除不凝性气体后，总传热系数可达 582 W/(m²·K)。因此，操作冷凝器时应尽可能排净不凝性气体。

4.6.3.2　回流冷凝器结垢和雾沫夹带问题

在冷凝器内结垢将使传热系数显著降低。例如，原来 $K = 814$ W/(m^2 · K)，0.1 mm 的 PVC 垢层就使 K 值降为 543 W/(m^2 · K)。这与釜壁的黏结情况相似，结垢物落入下批聚合物料中将产生"鱼眼"，因此，防止结垢是保持较高传热系数的关键措施之一。

氯乙烯聚合釜装料系数一般高达 0.9 以上，使用冷凝器时为保证适当的蒸发空间，避免冲料，装料系数宜控制为 0.7~0.8。

氯乙烯雾沫来自浆料中泡沫的破裂，因此避免雾沫夹带的根本办法是使釜内浆料不发泡或消除泡沫。消泡方法有机械消泡方法和添加消泡剂。机械消泡方法很多，例如在液面上设一带孔的旋转圆盘来打泡。消泡剂有聚醚类、有机硅油、高级醇等。

聚乙烯醇、纤维素醚等分散剂的水溶液易产生泡沫，但达到一定转化率后，大部分分散剂吸附在液滴表面，发泡现象减轻。因此，冷凝器在达到一定转化率后开启，可减少雾沫夹带。

除防止雾沫夹带外，还可以在冷凝管壁涂防黏釜剂，如醇溶黑、吩嗪环类化合物、MnO_2 等阻聚剂，防止结垢，延长冷凝器运转周期。冷凝器如已结垢，需及时清洗，例如用高压水枪进行冲洗，保持良好的清洁面。

4.6.3.3　对 PVC 树脂质量的影响

单体 PVC 颗粒中汽化将影响 PVC 的孔隙率、假比重、粒径大小和分布。聚合前期由冷凝器带走的热量应尽量少些，后期可逐渐增加。当转化率达到 10%~15% 后，几乎所有分散剂都吸附在聚合物-单体溶胀粒子上，这时候开启冷凝器，可以改善聚合物粒度分布。

冷凝器热负荷大小对树脂质量有影响。冷凝器运行时，釜内物料沸腾，当全部热量由冷凝器除去时，沸腾激烈，物料体积可增加 7%，悬浮液密度减小，搅拌功率略降。同时，大量气泡表面吸附了部分分散剂，使分散剂有效浓度降低，结果使 PVC 粒子变粗，粒径分布变宽。冷凝器的热负荷一般不宜超过反应热量的一半。

使用回流冷凝器时，还存在冷凝液再均匀分散的问题。如果冷凝液与原来的聚合物-单体溶胀粒子或液滴混合不好，将影响颗粒结构及粒子的密度分布。因此，要求聚合釜有较好的循环混合性能，通过搅拌使冷凝液再分散，与原有物料均匀混合。

回流冷凝器可以水平设置，也可垂直安装。冷凝器中蒸汽与冷凝液的流向可以并流，也可以逆流，并流时，管壁液膜薄，则传热系数较高，但落入釜中的冷凝液温度很可能低于聚合温度。而对于雾沫夹带及发泡严重的场合，垂直型冷凝器比较安全。

综上所述，回流冷凝器对除去聚合热、简化聚合釜内部结构、提高生产能力都有较大的贡献。但应注意其操作技术，只有掌握规律，才能保证冷凝器的正常运行和生产出优质的树脂。

4.6.4　聚合釜防黏釜技术

在 PVC 聚合过程中，黏釜物会影响产品质量及收率，因此，如何避免黏釜也是值得注意的。从聚合釜设计角度考虑有两种方法：①提高聚合釜内壁光洁度，通常通过对釜壁进行抛光来实现；②配备釜顶喷淋涂釜装置，使用有效的防黏釜剂。

4.6.4.1　釜壁抛光

聚合物料的黏釜还会严重影响釜壁的传热性能，这就要求对釜内壁进行抛光处理。抛光分为机械抛光和电抛光。机械抛光是用布轮与不同粒径的细砂对釜壁进行抛光，得到光滑的表面。此方法劳动强度大、效率低。电抛光又称电解研磨，是用与电镀相反的方法，在电解液中使粗糙的表面得以清除，得到光滑表面的电化学方法，效果优于机械抛光。目前大型聚合釜的制造基本采用电抛光技术，光滑度与搪玻璃相当。

4.6.4.2　防黏釜剂

通过对国外技术的消化及独立的研发，防黏釜剂已经国产化。目前常用的防黏釜剂有"美国红""英国蓝""意大利黄"，一般是在聚合釜进料之前通过喷嘴进行喷涂，以达到防黏釜的目的。据称，美国原古德里奇公司防黏釜剂可连续聚合 200～600 釜不需清釜。但由于釜内的内冷挡板及搅拌装置会造成一定死角，涂布液并不能完全覆盖釜内壁，这就需要一种万向喷嘴装置，但即便采用此技术，仍需定期清釜。

4.6.4.3　清釜

目前采用的各种防黏釜措施，如釜壁抛光、等温入料、使用防黏釜剂等，虽然起到了一定作用，但并不能彻底消除黏釜现象。现较为有效的清釜方法是高压水喷洗清釜、溶剂清釜及人工清釜。

（1）高压水喷洗清釜。

用压力为 $10～30$ MPa 的水可以冲掉釜壁黏结物，在悬浮法 PVC 生产中采用定期清釜的方法，其冲洗效果取决于釜内内冷管、挡板及搅拌系统的结构。对于内部结构较简单的聚合釜，高压水喷射系统效果较好；对于内部结构复杂的聚合釜，冲洗时容易产生死角，这就需要与万向喷嘴配合使用。需要注意的是，采用高压水清釜时要求聚合釜内氯乙烯体积分数低于 1%，这是因为高压水与釜壁碰撞时易产生静电火花，而氯乙烯为易燃易爆物。

（2）溶剂清釜。

选择清釜溶剂时应满足溶剂与 PVC 溶解度系数相近、PVC 在其中有较高的溶解度、不易挥发、毒性小等条件。在众多溶剂中，环己酮、二甲基甲酰胺、二甲基乙酰胺、二甲基亚砜等的综合性能好，是清釜溶剂的最佳选择。其中，以二甲基甲酰胺为基础的溶剂，用于清除釜壁结垢效果较好，但使用过的溶剂回收处理较为复杂，成本也较高，故此方法未被普遍采用。

（3）人工清釜。

当黏釜情况较严重、高压水喷洗清釜及溶剂清釜均不能达到目的时，就需要人工开盖清釜，将黏附在聚合釜内壁、内冷管、挡板及搅拌轴、桨叶上的黏釜物铲掉。随后依次均匀地刷涂底面涂布液及表面涂布液。这是较为彻底的清釜方法，但在清理过程中，容易对聚合釜内壁等表面造成机械损伤，在随后的生产中加重黏釜，同时对操作人员的身体健康还会造成一定危害。

因此，以上清釜法各有优缺点，虽然在工业生产中已有采用，但它们毕竟还只是黏釜物生成后的清除方法而不是减轻或防止黏釜物生成的方法，即只是治表而非治本的方法。

4.6.4.4　防止黏釜的方法

采用向聚合体系投入添加剂达到减轻黏釜目的的方法在国内外报道很多。这些方法操作简便，效果显著，价格低廉，对树脂无不良影响，所以用于生产实践较快，探讨的化合物种类也较多。防黏釜剂包括含氧无机盐、吩嗪类化合物、亚硝基类化合物和各种染料、颜料等。例如，日本信越化学工业公司提出在悬浮聚合体系的水相中添加每升数毫克至100 mg的吩嗪类化合物可以达到减轻黏釜的目的，若添加量超过 100 mg/L，则对制品有不良影响。在以甲基纤维素为悬浮剂、LPO 为引发剂的悬浮聚合体系中，对 1000 m³ 不锈钢釜仅添加 10 mg/L 的吩嗪类化合物就能明显起到减轻黏釜的作用。另外，调节釜壁温度，使釜壁表面结冰，隔离水相自由基或单体与釜壁的接触机会，从而防止黏釜，以及采用调节聚合体系的 pH 值的方法，也可以减轻黏釜。

目前，大型聚合釜生产强度高、占地面积小、消耗低、易于管理等，是我国 PVC 行业发展的方向。同时还应看到，随着聚合釜容积的不断加大，实现生产全过程自动控制、消化吸收聚合釜的传热和黏釜技术、保证很高的控制水平已成为大型聚合釜正常运转的基本要求，尤其是全流通聚合釜。只有满足这些条件之后，才能对氯乙烯的聚合制造工艺有更高的要求。

思考题

1. 氯乙烯聚合反应有几种类型？氯乙烯悬浮聚合的引发剂是怎样分类的？

2. 根据引发剂分解速率常数 k_d 与温度 T 的关系（Arrhenius 经验方程），推导 $t_{1/2}$ 与 T 的关系式。

3. 简述氯乙烯的聚合机理和聚合动力学方程的两种数学模型。

4. 聚合转化率－时间关系曲线有哪几种典型形式？

5. PVC 颗粒结构分为几个层次？简述氯乙烯聚合成粒理论和影响颗粒形态的因素。

6. 举例说明分散剂在聚合中的主要作用。

7. 正确选择聚合釜的传热系数（釜内、釜外）对生产操作起什么作用？

8. 回流冷凝器热负荷大小对树脂质量有何影响？

9. 防止粘釜有哪些方法？

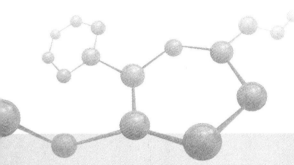

第 5 章

氯乙烯聚合方法及工艺

5.1　概　述

　　在工业化生产中，根据树脂的用途不同，氯乙烯单体 VCM 一般采用悬浮聚合、本体聚合、乳液聚合、微悬浮聚合和溶液聚合五种聚合方式来得到聚氯乙烯（PVC）树脂。其中悬浮聚合生产产量最大、生产过程简单，便于控制及大规模生产，是 PVC 的主要生产方式。

　　1940 年，美国的古德里奇公司创建了悬浮聚合法，PVC 工业开始较快地发展。由于悬浮法和本体法 PVC 树脂颗粒结构和性能均相似，粒度分布为 $100\sim160\ \mu m$，属通用树脂；另外，悬浮法与本体法相比，具有设备投入少、操作易控制等优点，故被广泛用来制造 PVC 软、硬制品。因此，悬浮法 PVC 在工业上一直占主导地位。

　　近些年 PVC 行业进入快速发展时期，各生产企业努力实现装置产能的最大化。一些老装置由于设备已经定型，在挖掘聚合生产潜力方面主要是进行生产技术改造，对于装置本身设备上的改进比较少。而新建装置的聚合釜及其配套技术逐渐成熟，聚合釜朝着大型化方向发展，目前国内 $13.5\ m^3$ 以下的聚合釜基本被淘汰，$30\ m^3$ 聚合釜生产的 PVC 占总产量的比例日益缩小，$70\ m^3$ 及其以上体积的聚合釜占主要份额。同时，这些大型的聚合釜配套技术也得到了很大的发展，如改进了搅拌装置，使其搅拌的剪切力和循环次数更适合釜的特点，并且在釜内设置挡板，增加物料的湍流效果，降低了分散剂的用量，而分散效果却有所提高；普遍采用釜顶设计回流冷凝器，釜夹套采用大循环回流水量的方式来增加传热系数，以强化换热效果；聚合釜的喷淋装置、喷涂装置以及釜底出料阀也改进不少。因此，聚合釜性能得到了很大提高，加上生产由采用微机控制逐渐过渡到采用大型集散控制系统，使得目前聚合釜的年生产强度最高可达 $600\ t/m^3$，体现了我国 PVC 生产的先进技术水平。

　　乳液法和微悬浮法 PVC 树脂的初级粒子为微米级，经喷雾干燥后，聚结成粒度分布为 $1\sim100\ \mu m$ 的粒子，主要用作糊树脂。PVC 糊树脂是 1931 年在德国的法本工厂开始研究的，并于 1937 年实现了工业化生产。目前全世界 PVC 糊树脂总生产能力约为 200 万吨/年。其中，西欧是 PVC 糊树脂生产厂家最多、产量最大的地区，其各国的 PVC 糊树脂生产能力已达 70 万～75 万吨/年。国外发达国家 PVC 糊树脂生产企业绝大多数采用乙烯法路线，且规模较大。从生产方法来看，已开发了乳液聚合法、乳液种子聚合法、乳液连续聚合法、微悬浮聚合法和种子微悬浮法等。我国 PVC 糊树脂工业起始于 20 世纪 50 年代，目前国内 PVC 糊树脂生产企业近 20 家，总生产能力约为 17.65 万吨/年，约占 PVC 树脂总生产能力的 9.6%。生产工艺以种子乳液聚合法为主，其他还有连续乳液法、微悬浮法等，绝大多数为电石原料路线。

　　PVC 溶液聚合法所占比例甚少，只用来生产涂料或特种产品。由于 PVC 制品具有良好的机械及抗化学药品性能、耐腐蚀性和阻燃性，并且具有很强的耐用性和低廉的价格优势，被广泛用于工农业的各个领域以及人们的生活中。

氯乙烯聚合生产工艺发展方向是缩短聚合周期，提高设备利用率，增大生产能力，降低成本，减少环境污染，实现操作自动化，提高产品质量。在 PVC 生产工艺路线中，悬浮法以其生产过程简单、便于控制及大规模生产、产品适用性强等特点，一直是我国 PVC 的主要生产方式；同时还要看到，我国在本体聚合、乳液聚合和微悬浮聚合方面的产能过小，每年需从国外进口糊树脂 15 万吨以上。因此，我国的 PVC 生产技术与国外相比还有一定的差距，技术的引进、吸收、消化和创新是目前 PVC 生产的主要途径。

5.2　氯乙烯悬浮聚合

在常温下，氯乙烯单体（VCM）为气体（沸点为 −13.4℃），加压后才转变成液体。悬浮聚合是指以水为介质，单体在引发剂、分散剂和搅拌作用下分散成液滴的聚合过程。溶于单体中的引发剂，在聚合温度 45℃～65℃ 下分解成自由基，引发 VCM 聚合。水中溶有分散剂，以防止达到一定转化率后 PVC−VCM 溶胀粒子的聚并。

氯乙烯悬浮聚合过程：先将纯水加入聚合釜内，在搅拌下加入分散剂溶液、引发剂和其他助剂；然后密闭抽真空，以氮气排除釜内空气；最后加入单体升温至预定温度进行聚合。

为了克服聚合中树脂产生"鱼眼"，可将引发剂配成溶液或乳液，在 VCM 加入后，再加入釜内。VCM 悬浮聚合典型配方示例见表 5−1。

表 5−1　VCM 悬浮聚合典型配方示例

组成	重量（kg）
VCM	100
水	180
引发剂	0.04
分散剂	0.08
其他助剂	适量

氯乙烯聚合是放热反应，聚合热约为 1540 kJ/kg，放出的热量由夹套中冷却水带走，以维持放热速率与传热速率相等，保证聚合温度恒定。氯乙烯聚合的特点是向单体链转移显著，PVC 的聚合度仅取决于温度，而与引发剂浓度和转化率无关。因此，要求聚合温度严格控制（如±0.2℃），引发体系具有平缓的聚合放热速度，聚合釜有良好的传热和散热性能。

采用低活性引发剂时，在聚合过程中引发剂分解速率变化不大，但后期自动加速现象显著，以致后期放热速率很大，如不及时散热，温度会剧升。改用高活性或复合引发剂可以防止这一现象的产生，后期聚合物富相中单体继续聚合，其蒸汽压将低于 VCM 饱和蒸汽压，使釜压降低。生产疏松型树脂时，压降为 0.1～0.15 MPa（转化率＜85%）时即可加入双酚 A 一类的终止剂停止聚合，但降压太多不利于疏松树脂的形成。

生产紧密型树脂时，压降不妨为 0.2~0.25 MPa（转化率约为 90%），而后终止。欲使 VCM 完全聚合并不经济，且树脂质量也差，因此，剩余 10%~15% 的单体泄压回收，将 VCM 排入气柜内，经精制后再回收利用。PVC 浆料经后处理、汽提脱除残留单体、离心分离、洗涤、干燥等工序，即可包装成 PVC 树脂产品。

5.2.1　悬浮聚合工艺流程

自合成送来的氯乙烯单体经计量后送入清洁的聚合釜，悬浮于经计量后的纯水中，单体在分散剂和搅拌作用下形成一定粒径的液滴。加入引发剂后，通过向聚合釜夹套加入蒸汽升温，使引发剂受热分解成自由基，引发单体聚合而形成一定分子量的树脂。在聚合过程中，为生产确定型号的树脂，需要严格地控制聚合温度，通过调节夹套循环水和釜内挡板水流量，釜内的聚合反应热在热传导作用下不断地移至釜外，确保釜温恒定。

聚合釜反应结束时加入终止剂，按常规操作出料到沉析槽，经倒料泵倒入缓冲槽。需汽提的树脂自缓冲槽，经树脂过滤器由浆料泵送入对螺旋板换热器，与汽提塔排出的高温浆料进行热交换并被升温后，进入汽提塔顶部。浆料经塔内筛板小孔流下，与塔底进入的直接蒸汽逆流接触，进行传热传质，树脂及水相中残留单体即被上升的水蒸气冷凝而回流入塔内，不冷凝的氯乙烯气体经冷凝器冷凝后，排至气柜回收。塔底经汽提脱除大部分残留单体后的浆料，由浆料泵抽出经热交换器降温后，送入大型混料槽，待离心干燥系统处理。其工艺流程如图 5-1 所示。

5.2.2　悬浮聚合的影响因素

悬浮聚合体系一般由单体、引发剂、水、分散剂四个基本组分组成。悬浮聚合体系是热力学不稳定体系，需借搅拌和分散剂维持稳定。在搅拌剪切力作用下，溶有引发剂的单体分散成小液滴，悬浮于水中引发聚合。不溶于水的单体在强力搅拌作用下，被粉碎分散成小液滴，这些液滴是不稳定的，随着反应的进行有可能凝结成块，为防止黏结，体系中必须加入分散剂。悬浮聚合产物的颗粒粒径一般为 0.05~0.2 mm。其形状、大小随搅拌强度和分散剂的性质而定。影响悬浮聚合反应的因素有以下几方面。

5.2.2.1　单体纯度对聚合的影响

单体的纯度对聚合反应的影响极为重要，VCM 纯度要求在 99.9% 以上，但是由于在合成、提纯、存储和运输过程中会带入一些杂质，所以杂质就会影响聚合反应速率和产品质量。根据杂质的性质，将其分为铁和铜的化合物、低沸物（如乙炔、乙醛）和高沸物（1,1-二氯、乙烷、二氯乙烯、三氯乙烯）、还原性杂质、氧等。

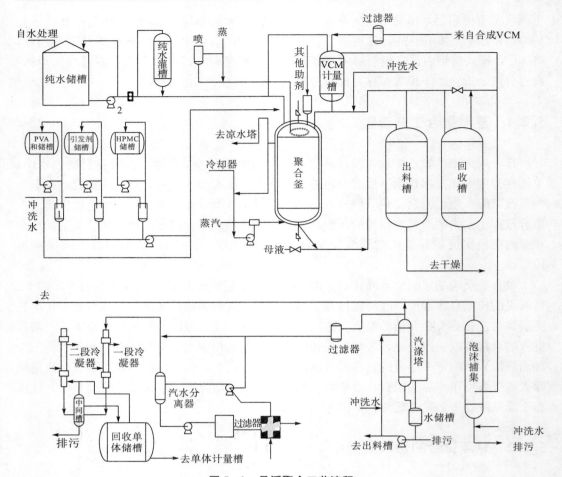

图 5-1 悬浮聚合工艺流程

铁的化合物能延长聚合诱导期，减缓聚合反应速率，并使聚合物的电学性能和光学性能下降；对聚氯乙烯，能促进其分解，使热稳定性变差。

醛类能够延长聚合诱导期，降低聚合反应速率，并通过链转移作用降低聚合物的分子量。如在氯乙烯聚合反应中，乙醛含量增加，可使聚氯乙烯聚合度下降。

炔类能使单体产生链转移作用，因此延长反应周期，如氯乙烯聚合反应中，乙炔对聚合反应的影响。由于低活性的自由基结构中含有双键，一旦与大分子自由基发生耦合或歧化终止，就会形成具有双键端基的聚氯乙烯大分子，其热稳定性差，易老化。

铜的化合物、阻聚剂（如对苯乙酚、对叔丁基邻苯二酚、苯胺以及松香酸铜等化合物），能使聚合诱导期延长，聚合物分子量下降，并使产品着色和光稳定性下降。

氧在较低温度下能与引发剂或初始形成的聚合物活性链作用生成过氧化物，从而延长诱导期，降低聚合反应速率和聚合物分子量。

5.2.2.2　水油比对聚合的影响

水油比是反应体系中水的质量与单体质量之比。水油比小时，聚合物产率高，但反应散热困难，造成发黏珠滴的凝聚，聚合物粒径的分散性增大，特别是在生产疏松型聚氯乙烯树脂时，因粒子多孔，吸收水分多，将使聚合体系水油比减小，悬浮液黏度增大，导致搅拌和散热更困难；水油比大时，反应过程平稳且易于操作控制，单体液滴分散状态好，不易结块，粒度均匀，但水量过多会降低设备的利用率。

对于结构紧密型树脂，聚氯乙烯树脂水油比一般控制为（1.2～1.26）：1；对于结构疏松型树脂，一般控制为（1.5～2）：1。

5.2.2.3　反应温度对聚合的影响

反应温度对聚合物分子量有一定影响，如链引发速率大于增长速率或因链增长活性增加导致链转移活性增加时，聚合物分子量下降。对氯乙烯聚合而言，反应温度对分子量影响很大。氯乙烯聚合温度范围在 40℃～60℃时，温度每升高 10℃，聚合速率增大 3～4 倍。较高温度下反应可缩短悬浮聚合的危险期，减少聚合物粒子凝聚结块的倾向。但随温度升高，放热峰提前出现，放热剧烈，在这种情况下防止爆聚极为重要。

氯乙烯大分子活性链向单体转移的速率大于增长速率，因而反应温度成为决定聚氯乙烯分子量的主要因素。当反应温度波动 20℃时，PVC 分子量相差 20000 左右。为获得良好质量的产品，对聚合温度的波动范围应有严格的控制，温度准确性一般应控制为 ±0.5℃～±1℃，悬浮聚合时的温度波动应控制为 ±0.2℃～±0.5℃。

悬浮聚合中反应温度应根据单体及引发剂的性能确定。虽然在接近单体或水的沸点条件下进行聚合反应速率较快，易得到形状不规则的外观、有雾斑或粒子内部含有气泡和水分的聚合物粒子，但如果同时提高压力，则能获得质量良好的聚合物。不过加压聚合会给设备带来制造方面的困难。工业上多数悬浮聚合是在单体和水的沸点以下即常压下进行，同时根据所采用的引发剂来确定适当的聚合温度的。

5.2.2.4　引发剂对聚合的影响

引发剂的用量根据聚合釜设备的传热能力和实际需要而确定。用量多，单位时间内产生的自由基多，反应速率快，聚合时间短，设备利用率高，但反应热不能及时移出，将发生爆聚；另外，引发剂过量易使产品颗粒变粗，孔隙率降低。引发剂用量太少，反应速率慢，聚合时间长，设备利用率低。目前大部分生产企业选用复合引发剂体系，尽量避免反应放热峰的出现或尽量减小峰高，使反应速率尽可能均匀，这样聚合反应热就能及时移出，达到安全平稳生产的目的。

5.2.2.5　分散剂配比对聚合的影响

在悬浮聚合反应过程中，多采用复合分散剂作为分散体系，一般用部分皂化聚乙烯醇或者纤维素等。其中分散剂起着降低水与单体的界面张力、便于单体液滴分散的作用，同时保护 VCM 液滴，减少其聚并。随着主分散剂的用量增加，水与单体之间的界面张力随之降低，分散剂的保护作用越强，VCM 单体分得越细，树脂颗粒粒径越小。副分散剂所起的作用是深入到液滴的微小结构中，稳定初级粒子，减少初级粒子相互融合，形成疏松骨架，增加树脂孔隙率，提高增塑剂的吸收量。一般来说，在悬浮聚合中，如果主分散剂加入量不足或者在反应体系中由于其他因素遭到破坏造成使用量不足，则不能起到保护作用，从而造成 VCM 液滴聚并概率增大，形成粗料甚至爆聚。

5.2.2.6　体系助剂对聚合的影响

（1）含氧量的影响。

氧气是 VCM 悬浮聚合的强抑制剂，氧气与 VCM 易形成聚合度较低的氯乙烯过氧化物，这种过氧化物会引发单体聚合，且其分解温度较低，易放出氯化氢，使体系 pH 值降低，影响分散体系，消耗分散剂，造成颗粒变粗。

（2）pH 调节剂的影响。

聚合体系中，由于纯水和单体 pH 值的波动，对体系稳定性影响较大。加大 pH 调节剂（NH_4HCO_3）后，可以减少体系 pH 值的波动，从而减轻黏釜的程度，改善树脂颗粒的皮膜结构。

（3）终止剂的影响。

在聚合反应后期，大分子链转移增加，末端双键含量增多，从而影响树脂的白度和热稳定性，加入终止剂 ATSC 既可以捕捉体系中大分子自由基，又可消除未反应的引发剂，从而减少大分子自由基向单体的链转移，减少树脂中末端双键的含量，提高树脂的白度。

（4）热稳定剂的影响。

在氯乙烯聚合过程中，会有一些高分子 PVC 因热、氧的作用发生降解，产生 HCl。HCl 的存在又会对 PVC 的降解起催化作用，使树脂的白度和热稳定性下降。因此，在生产高型号 PVC 时加入有机锡、有机锌可吸收 HCl，以提高树脂的白度和热稳定性。

5.2.2.7　反应时间对聚合的影响

从延长反应时间来增加转化率，将使生产周期延长，降低聚合设备的利用率，是不经济的。悬浮聚合可采用以下措施来提高转化率：①反应后期升温；②转化率达 90% 以上终止反应；③采用高纯度的单体；④聚合前抽真空、通氮排氧；⑤聚氯乙烯不适合后期升温，转化率达 90% 即结束反应。提高反应转化率采用复合引发剂，并在反应初期,多次通氮脱氧,缩短诱导期。

5.2.3　悬浮聚合干燥工艺

当聚合釜中的反应达到要求时,要加入终止剂结束聚合反应。但由于氯乙烯对树脂的吸附和溶胀作用,使聚合出料时浆料中仍含有 $2\%\sim3\%$ 的单体。如果不经汽提直接进入干燥系统,则残留的氯乙烯单体会逐渐扩散出去,污染环境,危害人们的身体健康。因此,浆料在干燥前必须进行汽提操作。

5.2.3.1　汽提塔的操作

首先,浆料被送入倒料仓,经倒料仓后进入过滤器,然后经给料泵进入换热器。过滤器的目的是除去浆料中的塑化片,塑化片是由于反应过程中温度过高造成的;而换热的目的是将浆料加热,以使下一工序——汽提的效果更好。换热器的结构为双进双出,未汽提的物料从一根管道进入,从汽提塔底部流出的已经汽提过的物料从另一根管道中进入,二者在换热器中只传热不传质,这样可以利用已经汽提过的物料的废热达到降低能源消耗的目的。经换热器加热后,浆料的温度为 $80\,℃\sim90\,℃$,然后被送入汽提塔。汽提塔内部装有几十层筛板,水蒸气从塔底进入,浆料从塔顶淋下,浆料与水蒸气逆向接触,有利于传热和传质。在汽提塔内浆料温度升高,从而加快传质,使未反应的单体随水蒸气一起从塔顶排出,浆料则从塔底流出进入换热器,并将废热传给未汽提的浆料。汽提塔内筛板的温度很高,PVC 必须悬浮在空中,不能接触筛板,否则会使 PVC 分解,所以要控制好水蒸气的流速和温度。流速太低则不能使 PVC 悬浮于空中,但也不能太高,否则会使 PVC 随水蒸气一起从塔顶进入冷凝器。所以汽提塔塔顶设有一个喷淋水的管道,该管道除了用于清洗汽提塔外还有一个作用就是维持塔顶温度、压力恒定。当温度太高、压力太大时,PVC 颗粒有可能被带走,因此需要喷淋冷水降低温度,从而使压力降低。

从汽提塔顶出来的水蒸气和未反应的单体进入冷凝器,冷凝器为列管式换热器,采用常温工业水冷却,使水蒸气冷凝为液态,再经串联的两台分离器将水气分离,气相单体进入气柜,回收利用。

5.2.3.2　聚氯乙烯树脂的干燥

干燥是典型的化工单元操作,涉及传热传质过程。固体的干燥分为两个阶段:恒速干燥和降速干燥。恒速干燥段除去的是非结合水,干燥速率的大小取决于物料的外部干燥条件;降速干燥段除去的主要是结合水,干燥速率的大小取决于湿分与物料结合力的强弱。因此,可以通过强化外部干燥条件来提高恒速段的干燥速率。

(1)气流干燥原理。

气流干燥又称瞬时干燥,是利用高速热空气与物料直接接触进行传热和传质的,物料在干燥器内停留时间只有 1~3 s。在加料段热空气将物料表面大量水分挥发，而在以后的部位干燥速率逐渐减小。无论是疏松型树脂还是紧密型树脂，都具有不同的孔隙率，湿树脂干燥时，开始时的干燥速率由于表面水分的汽化，是较快的且几乎是等速的，而当达到一定的时候，即临界点以后物料处于内部水分的扩散时，干燥速率变为减速，该临界点的树脂湿含量称为临界湿含量。通过树脂与热空气的传质传热，树脂颗粒内部的水分逐步脱析出来，最终达到湿含量<0.4%；而挥发出的水蒸气排入大气中。

（2）气流干燥工艺流程。

一方面，从换热器出来的已除去单体的浆料进入缓冲槽，然后由泵送至离心机，通过离心作用将浆料中的大部分水除去，形成含有 20%～30% 的水分的湿物料块，这些湿物料块经螺旋输送器输送至气管式流干燥器，螺旋输送器除了起输送固体的作用外，其内的热空气还起到干燥的作用。这里离心机的工作原理：PVC 浆料由浆料管进入离心机高速旋转的转筒内，转筒内螺旋推进器旋转速度稍慢于转筒，由行星齿轮箱控制两者的转速，其旋转方向相同，在高速旋转的离心力作用下，比重较大的固体颗粒沉降于转筒内面，并由做相对运动的螺旋推进器推向圆锥部分的卸料口排出，而含有微量树脂的母液由圆筒部分的另一端的溢流堰板排出，送入母液池待回收。

另一方面，从鼓风机来的经过滤后的空气，经换热器加热后进入气流干燥器，与进入干燥器的湿物料块并流接触，将其吹起。换热器内装有许多换热片，热水介质从换热片的内部通过，外部通空气，经传热将空气加热至约 150℃。在气流干燥器内，热空气将湿物料吹起分散，增加了传热面积，加快了传热与传质的过程。虽然气流干燥器内的温度高于 PVC 的分解温度，但 PVC 在其中的停留时间只有约 20 s，所以不会造成 PVC 的分解。经气流干燥器后物料的表面水分已基本除去，但内部仍含有水分，因此须进入旋风干燥器进一步干燥。由于旋风干燥器内的温度较低，约为 50℃，不会造成 PVC 的分解，物料可在其中停留更长时间，以使内部水分进一步除去。经旋风干燥器出来的树脂进入并联的旋风分离器进行固气分离，湿树脂挥发出的水分和热风被与分离器相连的引风机抽入大气，树脂由布袋阀控制，经振动筛筛分后进入仓泵。进入仓泵的树脂在达到一定重量后，经手动或自动控制阀开启压缩空气，用压缩空气经管道远程输送至混料仓，再经一段时间冷却后进行计量包装。

影响干燥过程的因素：采用较高的气流速度，可以增大传热、传质推动力和减小气膜阻力，提高恒速干燥段的干燥速度；提高气体温度，可降低湿度，但气体温度的升高受到热源条件的限制，还受到物料耐热性的限制，不能任意变动。增大气速，降低气体湿度，意味着使用更大量的气体，使干燥的动力消耗增加，因此应该合理选择气体的温度及气速。

汽提操作及干燥工艺流程如图 5-2 所示。

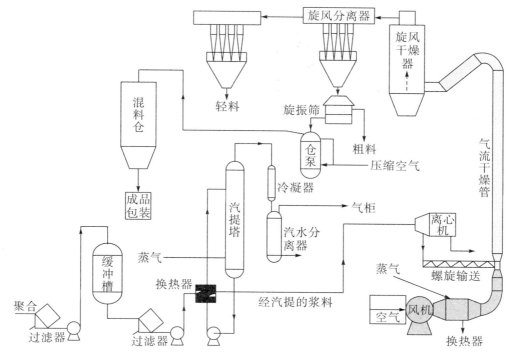

图 5-2　汽提操作及干燥工艺流程

5.2.4　悬浮聚合的主要设备

5.2.4.1　悬浮聚合釜

(1) 70 m³ 聚合釜。

70 m³ 聚合釜的结构如图 5-3 所示，该釜采用半管式夹套、同时设置四根内冷管的冷却水循环工艺。由于其聚合工艺采用了等温水进料，所以夹套不考虑升温设计；搅拌采用低伸式两层三叶后掠式桨，搅拌轴与釜体之间为刚性支撑，依靠釜底注水来保证密封间隙；双端面机械密封并采用强制冷却工艺；聚合釜用两个喷淋阀控制冲洗，电动底阀出料。目前，70 m³ 聚合釜配备了防爆膜和比安全阀更先进的自动阀，因此其生产厂家基本都实现了 DCS 自动控制。表 5-2 列出 70 m³ 聚合釜的主要技术参数。

表 5-2　70 m³ 聚合釜的主要技术参数

项目	技术参数
长径比	1.27
传热面积（夹套和内冷却管）	50 m²
内冷却管传热面积	20 m²

项目	技术参数
标准工作压力	1.5 MPa
电机功率	132 kW
搅拌转速	98～134.5 r/min

（2）引进的 127 m³聚合釜。

引进的 127 m³聚合釜的结构如图 5－4 所示。釜体由上、下 2 个标准椭圆形封头和圆柱形筒体组成，内设 1 根板式挡板；釜体外部为传统的圆筒形夹套，夹套内壁与釜体外壁间设置了螺旋导流板；搅拌传动系统为上传动，由电动机、减速器、三层两直叶搅拌器组成；采用双端面机械密封，电动机功率为 310 kW，釜体内径为 4200 mm，筒体高度为 7800 mm，为瘦高型釜。

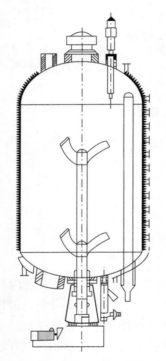

图 5－3　70 m³PVC 聚合釜的结构

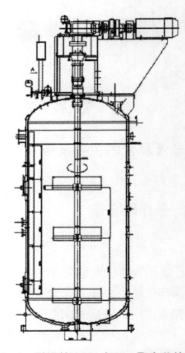

图 5－4　引进的 127 m³PVC 聚合釜的结构

5.2.4.2　泡沫捕集器

泡沫捕集器的箱体内插有多片隔板，隔板上设有交错布置的通孔和数片导流片，导流片的作用是导引废气并将粉体拦截捕集在隔板上；箱体内还设有多排螺旋回绕的冷却管和有两入孔及两出孔的水流路径，使冷却管内的水流形成上部与下部的循环，以及使箱体内的上部与下部均具有极佳的冷却效果，可以达到降低热废气温度使粉体下沉而予以捕集的功效，且清洗与使用均相当方便，具有环保效益。

5.2.4.3　汽提塔

为防止热敏性聚氯乙烯树脂的堵塞和沉积，使树脂浆料在全塔范围内停留时间分布较为均匀，汽提塔通常采用无溢流管式的大孔径筛板，其结构如图 5-5 所示。筛孔直径一般为 15~20 mm，筛板有效开孔率为 8%~11%，为提高筛板传质效率和塔的操作弹性，也有采用大小孔径混合的双孔径筛板。塔内设有 20~40 块筛板，借助若干拉杆螺栓和定位管固定，保持板间距为 300~600 mm。为保证气液接触时筛板泡沫高度均匀，对塔板水平度及塔身垂直度有严格的要求，该穿流式筛板塔气速一般为 0.6~1.4 m/s，筛板孔速为 6~13 m/s，物料在塔内平均停留时间为 4~8 min。

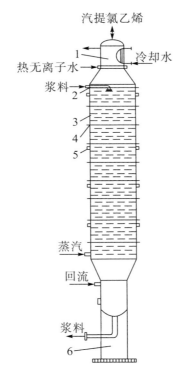

1—回流冷凝器；2—喷嘴；3—塔节；4—筛板；5—视镜；6—裙座

图 5-5　汽提塔的结构

汽提塔脱吸工艺参数：塔顶温度 100℃~120℃；塔底压力（表压）>3 kPa；塔顶压力（表压）<100 kPa；塔顶压差 7~40 kPa；蒸汽总管压力>0.3 MPa（表压）；塔底温度>90℃；浆料进料量>180 m³/h。

汽提塔塔顶设有喷淋管和回流冷凝器。回流冷凝器是借助管间通入的冷却水将列管内上升蒸汽中的水分冷凝，这样既可降低塔顶脱出单体气体的含水量，又能节省塔顶防止筛板堵塞而连续喷入的无离子水量。

5.2.4.4　旋风干燥器

旋风干燥器属于中等停留时间干燥器，其物料平均停留时间为 15~30 min，介于短停留时间干燥器（如气流干燥器等）和长停留时间干燥器（如沸腾床干燥器等）之间。旋风干燥器利用气体旋转流动的原理，在高速旋转流动中使热气体和 PVC 树脂固体颗粒产生运动，实现 PVC 树脂的干燥。旋风干燥器外形为垂直的圆柱形塔，其内部用环形挡板（具有一定的倾斜角度）分隔成若干个干燥室，其结构如图 5-6 所示。在干燥过程中，热空气和湿 PVC 树脂固体从切线方向高速进入旋风干燥器底部的干燥室 A 内。在离心力的作用下，干燥室 A 内的 PVC 树脂固体颗粒与热空气分离开来。PVC 树脂环状粉料流在干燥室 A 内旋转，和热空气一起在旋转流动中通过环形挡板的中心孔进入上层干燥室 B。同时，新的 PVC 树脂粒子持续进入底部的干燥室 A。在气-固流体旋转向上流经各干燥室（A~E）时，首先是最细的颗粒，最后是最粗的颗粒。通过挡板中心孔时，旋转的 PVC 树脂粉料受到离心力作用和固体粒子受干燥室壁压力共同作用，PVC 树脂颗粒在该处停止旋转运动，返回至锥形挡板的中心孔处，这样，PVC 树脂颗粒部分返回至下层干燥室。同时，旋转的热空气气流再次输送这些 PVC 树脂颗粒，因此，PVC 树脂逐步充满每个干燥室。如此循环往复，携带着 PVC 树脂粉料的热空气分别流经 A~D 干燥室后，离开旋风干燥器顶部的干燥室 E，进入气固分离器进行气固分离，从而获得含水量合格的 PVC 树脂粉料。

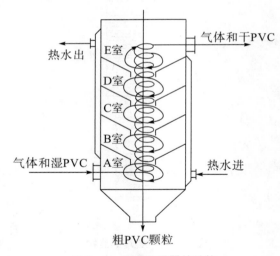

图 5-6　旋风干燥器的结构

各种干燥技术物料停留时间及蒸汽消耗情况见表 5-3。

表 5-3 各种干燥技术物料停留时间及蒸汽消耗情况

干燥技术	蒸汽消耗 kg/kg (PVC)$^{-1}$	物料停留时间	停留时间情况
双气流干燥器串联干燥	1.1~1.5	≤10 s	短停留时间
气流塔+沸腾床二段热风干燥	1.0~1.2	20~60 min	长停留时间
内热式沸腾干燥床（流化床）一段式热风干燥	0.4~0.5	20~60 min	长停留时间
气流塔+旋风干燥二段热风干燥	0.5~0.7	15~30 min	中等停留时间

目前国内主要应用的是内热式流化床一段干燥技术和旋风干燥技术。内热式流化床一段干燥技术尽管蒸汽消耗较低，但投资大，且树脂牌号切换不方便，主要应用于大中型 PVC 树脂生产装置。而旋风干燥技术在树脂牌号切换时较方便，主要适用于中小型 PVC 树脂生产装置，尤其适用于树脂牌号较多的特种树脂生产企业。

5.2.4.5 离心机

聚合反应后的浆料中一般含水量为 60%~70%，需在干燥前用离心机脱水至含水量为 20%~28%，对此，工业上主要采用卧式刮刀卸料离心机和卧式螺旋卸料沉降式离心机来达到目的。卧式螺旋卸料沉降式离心机（简称沉降式离心机）具有单机生产能力大、连续生产、易于自动化控制、母液含固量低、结构紧凑、占地面积小、易于密闭等优点，因而获得广泛应用。例如，由宁波生产的型号为 LW-520A 的离心机，2000 年就开始使用。由日本巴工业株式会社生产的型号为 TRH-050 的离心机，2005 年开始使用。吉化集团机械有限责任公司在开发 LW-500A 卧式螺旋卸料沉降离心机的基础上，结合国内最新引进的日本巴工业株式会社的 P-4600NMA、P-5400NMA 和 TRH-050 机型，研制了新型 LW-630 卧式螺旋卸料沉降式离心机。LW-630 沉降式离心机不仅具有上述优点，而且具有以下一些结构特点：电机功率为 110 kW，采用液力耦合器传动；差速器为双级 2K-H 型渐开线行星齿轮差速器，由 P-5400NMA 及 TRH-050 离心机的英制改为公制，加工方便，并可完全与 P-5400NMA 及 TRH-050 离心机差速器互换；自控连锁及超载保护。LW-630 离心机是连续运转设备，为防止出现突发情况而使机器遭到破坏，设有如下自动连锁：①润滑系统。该系统设有油压保护装置，当油压低于设定值时会自动报警并切断主电机电源，且必须重新启动后方可启动主电机。②扭矩控制系统。若因物料波动或其他原因而使离心机扭矩过大、超过限定值，则安全装置动作触及行程开关发出信号，切断主电机电源同时报警，保护差速器不被破坏。③检修安装方便。该机在设计过程中充分考虑到应用企业检修方便，将主机轴承座由整体结构更改为剖分式轴承座。P-5400NMA、TRH-050 和 LW-630 离心机技术参数对比见表 5-4。

表 5—4 离心机技术参数对比

项　目	P—5400NMA 离心机	TRH—050 离心机	LW—630 离心机
转鼓直径（mm）	610	610	635
转鼓长度（mm）	1250	1250	1250
转鼓转速（r/min）	2450	2450	2300
分离因数	2130	1230	1877
差动转速（r/min）	52	52	48
处理能力（t/h）	7.0	7.0	6.5
电机功率（kW）	110	110	110
应用场合	PVC 脱水	PVC 脱水	PVC 脱水
固相含湿量（%）	20~27	20~27	20~27
液相含固量（%）	<0.03	<0.03	<0.03

5.2.5 悬浮氯乙烯树脂生产工艺参数

5.2.5.1 聚合工艺条件与配方

（1）工艺条件。

①聚合温度。

SG—1 46℃~48℃　　SG—2 48℃~51℃　　SG—3 51℃~53℃

SG—4 53℃~56℃　　SG—5 56℃~58℃　　SG—6 58℃~61℃

SG—7 57℃~60℃　　SG—8 60℃~62℃

②压力。

出料压降：0.1~0.3 MPa。

③终止反应时的转化率：<85%。

④聚合时间、单釜生产周期：约 5~7 h。

（2）工艺操作。

①物料配制。

分散剂：PVAKH20，HPMC，PVA102。

引发剂：CNP+EHP（SG—5）；BNP+TMHP（SG—8）。

其他助剂：缓冲剂：NH_4HCO_3；热稳定剂：有机锡；抗氧剂：有机锌；链转移剂：巯基乙醇；消泡剂：聚醚；终止剂：ATSC。

②投料操作。

分散剂入料顺序以程序为准。

反应 10 min 启动注水系统，注水 5 h，SG—8 配方中反应 1 h 加 NG。

消泡剂聚合前釜内加 3.0 kg，聚合后在沉析槽加 3.5 L。

有机锡、有机锌、巯基乙醇依次自加料罐加入。

③过程控制与出料。

配料比（SG—1~SG—6）：H_2O 14~18 m^3，VC 10~14 m^3。

冷搅时间：≥0 min。

温度波动范围：±0.2℃。

聚合釜控制：压差 0.1 MPa（1 kgf/cm^2），加终止剂。

一釜一段反应时间：约 5~7 h，具体由型号、温度决定反应时间。

④出料工艺与操作。

出料压降：0.1~0.3 MPa。

转化率：≤85％。

5.2.5.2　树脂脱水、干燥与包装

（1）离心脱水。

①参数：离心脱水后树脂含水量为 20％~30％。

②脱水离心机型号、标称参数及实际生产能力：LW—520，1274—N，分离因数 2202。

③离心机的操作运行：旋转分层脱水。

④离心母液的回收：脱除的水进入母液体系。

（2）树脂干燥。

①气流干燥设备及操作参数。

蒸汽总管压力：>0.3 MPa。

气流进口温度：>80℃。

气流混料温度：>40℃。

干燥器进口温度：50℃~80℃。

干燥器内部温度：40℃~75℃。

干燥器出口温度：<85℃。

②流态化干燥设备及操作参数。

进料含湿量：20％~30％。

热风温度：150℃。

物料停留时间：20 s。

（3）筛分与包装入库。

已经干燥的物料需经过振动筛除去颗粒太小的 PVC，因为 PVC 颗粒太小，加工性能太差，不符合颗粒粒径的要求，所以应筛去。经筛分后，可得到粒径均一、质量合格的 PVC 树脂颗粒。这些颗粒需经混料后包装出厂销售，之所以要进行混料，是因为不同的聚合釜由于操作条件有所差异，会造成 PVC 在聚合度、粒径上有部分差异，因此

需混料使产品质量均一。干燥后的树脂颗粒先进入仓泵，用气体送至混料仓，来自不同批次的 PVC 在混料仓内混合，混料仓下部通有空气，在空气的鼓动下，PVC 颗粒悬浮于空中呈沸腾状，从而混合均匀，然后被气体吹送至旋风分离器，通过引风机的作用将气体抽走，使物料（规整度：粒径均为 30 目）沉降下来进入料仓，打包即可出售。

5.3 氯乙烯本体聚合

本体法聚氯乙烯（M-PVC）工艺是法国阿托（ATO）公司的专利技术，于 1956 年开发成功，并在法国的里昂"圣方斯"建成了世界第一套工业化生产装置，当时称之为"一步法"。该装置采用 12 m³ 的卧式旋转聚合釜和一个回流冷凝器，因传热困难、拆装复杂、难以实现自动化操作，且得到的 M-PVC 树脂粒度分布和分子量分布都较宽（表观密度仅为 0.30~0.35 g/cm³），所以产品质量难于达到要求。

1960 年该公司又开发了"二步法"工艺流程。即第一步为预聚合，在预聚合釜内进行，加入单体总量的 $\frac{1}{3}$~$\frac{1}{2}$ 和相应的引发剂，聚合转化率控制为 8%~12%；第二步为聚合，在聚合釜内将预聚合的物料转入后，再将剩余的氯乙烯单体加入，并补足引发剂，当聚合转化率达到 70%~80% 时，聚合反应结束。该工艺仍采用卧式旋转聚合釜，存在料放不尽、清釜困难、树脂"鱼眼"多、残留的氯乙烯单体含量高等缺点。

直到 1978 年该公司才开发了"两段式聚合釜"，从而成功地解决了传热、搅拌、回收、自控、树脂质量差等一系列问题，使 M-PVC 的生产达到了成熟的阶段。到目前为止，世界上已经有 20 多个厂家采用了这种技术，总的生产能力约为 160 万吨/年。我国四川宜宾天原化工厂和内蒙古海吉氯碱化工股份公司也采用了该工艺，生产能力分别为 20 万吨/年和 28 万吨/年。

内蒙古海吉氯碱化工股份有限公司的 M-PVC 装置是国内第二套引进装置。根据当时国务院的决定，该公司在新增 M-PVC 项目的改扩建中与上海森松公司合作，对原引进的 50 m³ 聚合釜进行了消化吸收和二次创新，设计制造出 1 台 48 m³ 的 M-PVC 聚合釜，形成了专有的生产技术，在工艺配方、技术操作、生产设备、控制系统以及产品质量、原材料和能源消耗、工程投资方面均已经接近或达到世界先进水平，装置生产能力已达到 28 万吨/年。

5.3.1 本体聚合工艺流程

5.3.1.1 装置组成

M-PVC 装置由预聚合及聚合，聚合釜清洗，釜内 VCM 回收过滤，VCM 压缩、冷凝及回收，PVC 输送、分级、流化，PVC 均化及储存包装，废液、废气处理，原料氯乙烯准备（包括日储槽，单体过滤和输送），热水系统等工序（单元）以及公用工程和装置外设施组成。法国 ATO 公司本体聚合 PVC 工艺流程如图 5-7 所示。

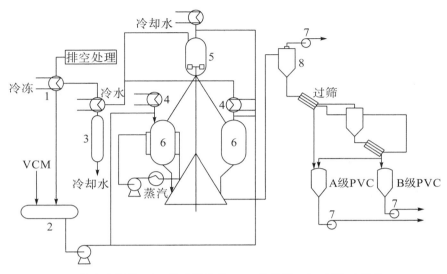

1—排空冷凝器；2—氯乙烯储槽；3—洗涤塔；4—回流冷凝器；
5—预聚合釜；6—聚合釜；7—鼓风机；8—过滤器

图 5-7　法国 ATO 公司本体聚合 PVC 工艺流程

5.3.1.2　工艺流程说明

（1）预聚合。

用 VCM 加料泵将规定量的 VCM 从日储槽中抽出，经 VCM 过滤器过滤后打入预聚合釜中。VCM 的加料量是通过对整个预聚合釜称重而控制的，预聚合釜安装在负载传感器上。引发剂是由人工预先加入引发剂加料罐中的，当需要添加引发剂时，按规定的程序用 VCM 将其带入预聚合釜中。终止剂也是由人工预先加入终止剂加料罐中的，在紧急情况发生时，用高压氮气将其自动加入预聚合釜中，且由 DCS 控制。当物料加料完毕后，通过预聚合釜夹套内的热水循环把 VCM 升温到规定的反应温度，升温所用热水来自热水槽。当升温到规定的反应温度时改通冷却水，反应温度的控制可通过控制预聚合釜顶回流冷凝器或夹套的循环冷却水量来实现。预聚合釜的反应温度波动范围要求为 0.2℃~0.5℃。当聚合转化率达 8%~12% 时（根据聚合反应放出来的热量或时间来估计），预聚合反应停止，并将物料全部放入聚合釜中。典型的预聚合周期为 78~90 min。

（2）聚合。

首先由人工将引发剂、添加剂、终止剂分别加入各个加料罐内，然后按规定的程序加入聚合釜中。聚合釜中 VCM 的加料量是通过对整个聚合釜的称量来控制的。聚合釜同样是安装在负载传感器上。聚合釜的加料和操作程序如下：

①经添加剂加料罐加入固态粉剂和抗氧化剂。

②关闭人孔，用真空泵抽真空至规定值。

③加入 0.5 t VCM 检漏，合格后加入规定量的 VCM。

④接受预聚合釜中的物料，通过预聚合釜再加入约 5 t 的 VCM 到聚合釜中。

⑤开始升温时用 1 t 的 VCM 将引发剂冲入聚合釜中。

⑥在 30 min 内，用热水将聚合釜内的物料升温到规定压力（或温度），升温所需的热水来自热水槽，当压力（或温度）达到规定值时，停止升温；然后逐步向聚合釜夹套和回流冷凝器通入冷却水，维持聚合反应压力（或温度），使温度波动范围控制为 $0.2℃\sim0.5℃$。在聚合开始时，反应物是液相，且有种子悬浮在液相中，随着聚合物反应的进行，VCM 变成 PVC 粒子，液体逐渐减少，固体逐渐增多，反应物则从液相变成稠状，再变成粉状。

⑦在聚合反应周期内需进行两种排气：一种是从回流冷凝器顶部按规定的流量排气，以脱除聚合釜内残余的氧和氮；另一种是从 PVC 回收过滤器同样按规定的流量排气，进一步脱除聚合釜内残留的氧和氮。由于 VCM 的汽化，使得物料能得到更充分的混合。上述两种排气在聚合反应周期内是连续进行的，在此过程中约回收 7 t VCM。根据不同的树脂牌号（型号），聚合反应时间为 2~4 h。

⑧根据聚合反应时间和热量计数器的读数来控制终点（转化率），当达到反应终点的转化率时，开始回收未反应的 VCM。

⑨回收未反应的 VCM 是采用自压回收和真空回收相结合的方法进行的，使 PVC 颗粒中残留的 VCM 减少到最低限度。首先按规定流量和规定时间向聚合釜通入蒸汽，使气相中的 VCM 分压降低，残留的 VCM 从 PVC 颗粒中脱除出来，经汽提后的 PVC 粉料中的残留 VCM 质量分数从 $3000\times10^{-6}\sim4000\times10^{-6}$ 降至 $20\times10^{-6}\sim25\times10^{-6}$。为了避免设备腐蚀，在通入蒸汽进行汽提之前，还必须将规定量的氨水从加料罐中通过氨喷射阀注入聚合釜中，并抽真空使聚合釜达到规定的真空度。为了增加 PVC 的流动性，还需将规定量的丙三醇喷入聚合釜中。

⑩通入氮气，使聚合釜内的压力回到大气压。

⑪启动气体输送系统，使聚合釜内的粉料通过 PVC 排放阀进入输送系统，送至分级工序进一步处理。出料结束后，对聚合釜进行冲洗干燥（需要时），准备下批树脂的生产。典型的聚合周期为 420~480 min。为了保证作业环境中的 VCM 在 8 h 内质量分数平均不超过 1×10^{-6}，在预聚合釜和聚合釜上分别设有泄漏排风机，其排空高度高出聚合厂房 2 m 以上，采用集中排放的方式进行。

5.3.1.3　聚合釜的水力清洗

当生产的树脂用作软制品时，为了避免"鱼眼"，每釜出料后需对聚合釜进行一次清洗；当生产的树脂用于加工硬制品时，每天需对聚合釜进行一次清洗。因此，在聚合釜顶上设有 2 个冲洗装置，由 DCS 控制，冲洗头会自动伸入聚合釜中，按程序冲洗聚合釜内的不同部位，冲洗时间可以调节。冲洗聚合釜所需的高压水由高压水泵供给，带有 PVC 颗粒的冲洗水从聚合釜底部通过排放阀排出。由废料捕集器捕集结块物后排至水池中。少量 PVC 物料在池中沉积，定期清理后作次品处理。废水则用泵送至废水汽提装置进一步处理。

5.3.1.4　VCM 的回收

聚合反应结束后，首先进行自压回收，未反应的 VCM 经 PVC 回收过滤器、脱气过滤器过滤后，直接进入一级冷凝器用冷冻水进行冷凝。脱气回收时，聚合釜夹套和脱气过滤器夹套均应用热水进行循环，以防止 VCM 冷凝。当聚合釜内压力下降至约 0.25 MPa 时，回收的 VCM 则被送入 VCM 气柜中。当聚合釜内压力下降至大气压时，启动脱气真空系统，使釜内的压力降至 0.01 MPa（绝压），并停止真空泵。聚合釜中加入 pH 值调节剂和蒸汽后，再次启动脱气真空系统，使聚合釜达到规定的真空度，尽可能多地回收未反应的 VCM。为了确保安全，在脱气真空泵的入口和 VCM 气柜上各装有 1 个氧气分析仪，以便检测 VCM 气体中的氧含量。从 VCM 气柜出来的 VCM 气体经气柜压缩机压缩后，被送至一级冷凝器，用冷冻水进行冷凝，不凝气再经二级冷凝器，用 -35℃ 冷冻盐水进行冷凝，尾气则被送至尾气吸收系统进行回收处理。经一级冷凝器、二级冷凝器冷凝下来的 VCM 被送至倾析器中。在其中静置后，水被分离出来。该废水与其他含有 VCM 的废水均被送至废液汽提系统进行回收处理。从倾析器出来的回收 VCM 则自流到 VCM 日储槽中。从 VCM 装置送来的新鲜 VCM 同样也进入 VCM 日储槽中，新鲜的 VCM 与回收的 VCM 通过加料泵打循环进行充分混合。当预聚合釜和聚合釜需要加料时，用加料泵将 VCM 由日储槽中抽出，经过滤器过滤后送至预聚合釜或聚合釜中。

5.3.1.5　分级

聚合釜生产的 PVC 粉料经釜底卸料阀用空气输送系统送至 PVC 接收槽中。从接收槽顶部来的空气再经 PVC 回收过滤器进一步回收空气中所夹带的 PVC 粉料，尾气经安全过滤器、风机排空。尾气排放中粉尘的质量分数小于 1×10^{-6}，VCM 质量分数小于 5×10^{-6}。进入 PVC 接收槽中的粉料用流化装置进行流化。PVC 粉料经筛分进料器进入分级筛进行分级，具体过程：①符合规定尺寸的 PVC 进入 A 级品料斗中，然后经输送系统送至均化料仓中。②中等大小的 PVC 颗粒则直接进入研磨料斗中，经研磨后送至研磨 PVC 分级筛进行筛分。③大颗粒的 PVC 经粉碎机粉碎后进入研磨料斗中，研磨料斗中的物料经研磨机研磨后，再经研磨 PVC 分级筛进行筛分；过大颗粒的 PVC 则通过研磨料斗循环到研磨机中再次研磨。筛分后的 PVC 粉料称为 B 级品，进入粉碎 PVC 料斗中，然后经输送系统送至均化料仓中。

5.3.1.6　均化、储存、包装

PVC 均化料仓的底部均设有流化装置，PVC 粒子中残留的 VCM 在均化过程中被空气最后脱除，使成品中残留的 VCM 质量分数小于 1×10^{-6}。A 级品 PVC 储存在均化仓中的一个仓里，另一个仓则处于均化状态。每个均化仓可装 8 釜料，均化 1 次约36 h，出料约10 h。从第 1 釜进入至料出完为止，每次均化占用均化仓的时间约为48 h。流化空气经空气过滤器过滤后排空。均化好的物料经输送系统送至 PVC 料仓中储存。由粉碎 PVC 料斗出来的 B 级 PVC 产品被送至均化料仓中均化。在流化和排料过程中，物料被储存在粉碎 PVC 料斗中。该均化仓中的物料，当加工作软制品时，可按规定的比例送至 A 级品 PVC 均化仓中与 A 级品掺混，均化后送至 PVC 料仓中包装外售；当加工作硬制品时，直接排至包装机进行单独包装，作为 B 级品外售。B 级品的数量一般不超过总产量的 3%。从均化仓中出来的粉料被分别送至 PVC 料仓中。空气经过滤器过滤后排空。当一个料仓处于进料状态时，另一个料仓则处于向包装机供料状态。在料仓的底部设有空气管线，通入空气以防止搭桥现象。储存在 PVC 料仓与研磨PVC 均化仓中的 PVC 料由设在各仓下的包装加料器，分时轮换向称量包装机给料，经称量包装机称量装袋。称量合格的袋落至充满袋输送机上，再输送至金属检测器检测。无金属异物的合格袋继续输送至计数器计数，经整袋器将合格的袋整形为成品袋并经喷码机打印后，由倾斜输送机送至全自动码垛机在托盘上码垛。码好垛的成品用内燃式平衡立式叉车送至成品库堆垛储存。当称量包装机称出不合格的袋时，称重报警器报警，由人工将不合格的袋送至台称增减袋中物料，使之称量合格，再由人工送至充满袋输送机上，并完成后面的工艺流程。当称量合格袋通过金属检测器检测出内有金属异物时，不合格袋检出器将袋推出包装流水线，然后由人工检出异物，由台称称量合格后，再进入包装流水线，并完成后面的工艺流程。当产品需要外运时，由内燃式平衡立式叉车将成品库内堆存的成品垛叉运到成品库外的装车平台上，由人工装上火车或汽车。如果此时包装流水线正在作业，也可以直接将码垛好的成品直接叉运到装车平台上，然后再由人工装上火车或汽车外运。该装置的自动化水平较高，所有的工艺信息都集中在中央控制室，以可视或可听的形式在 DCS 上反映出来，采用 DCS 集散控制系统对整个装置的生产过程进行监视、操作、控制和管理。

5.3.2　主要设备规格、型号及功能

5.3.2.1　预聚合釜

预聚合釜为 30 m³ 的立式釜，内径 2.95 m，高 3.46 m，釜体为不锈钢碳钢，内壁抛光成镜面，粗糙度为 $0.2 \sim 0.4$ μm，釜顶有回流冷凝器，釜体四周有冷却水夹套。釜内有挡板和搅拌器，搅拌器为带 4 块可折后掠式叶片，直径为釜直径的 1/3，从釜底伸

入。搅拌速度快，使聚合体系处于湍流状态，以保证树脂有较佳的颗粒分布；一般有 6 个档次，即 55 r/min、60 r/min、65 r/min、110 r/min、120 r/min、130 r/min。转速通过传感器变成 4～20 mA 的电流信号进入控制室并以数字显示转速；常用转速为 110 r/min 或 120 r/min。预聚合反应所产生的热量主要由釜顶回流冷凝器和釜体夹套带出，少部分可由搅拌器带出。预聚合釜安装在负载传感器上，VCM 的加料量通过整个预聚合釜称重而控制。预聚合釜由筒体、搅拌器、釜顶回流冷凝器、放料阀和润滑装置组成，在液相中通过湍流搅拌形成"种子"。

（1）预聚合釜釜体。

功能：PVC 种子的制备。

釜型：立式圆柱，带夹套。

圆柱直径：2950 mm。

圆柱高度：3460 mm。

材质：316L 复合钢板，内表面抛光（CS 用于夹套）。

质量：约 26.1 t。

（2）预聚合釜搅拌器。

功能：预聚合釜的搅拌。

类型：桨叶式。

减速器：机械可调速齿轮箱。

转速：55/130 r/min。

总长：约 1600 mm。

密封：迷宫式密封＋双端面机械密封。

材质：316L 抛光。

质量：约 0.5 t。

功率：200 kW（最大）。

（3）预聚合釜回流冷凝器。

功能：冷凝来自预聚合釜内的 VCM，带走反应热。

类型：管/壳式、立式。

冷凝面积：160 m^2。

外壳直径：1300 mm。

管径：50/54 mm。

管长：3000 mm。

材质：316L 管、面/CS 壳。

质量：约 4.2 t。

（4）卸料阀（放料阀）。

功能：预聚合釜放料。

类型：电机驱动。

通径：150 mm。

材质：316L。

质量：约 0.2 t。

5.3.2.2 聚合釜

聚合釜为 50 m³ 立式釜，内径 3.50 m，高 6.17 m，釜体为不锈钢/碳钢，内壁抛光成镜面，粗糙度为 0.2~0.4 μm，釜顶有回流冷凝器和脱气过滤器，釜体四周有冷却水夹套，釜内有 2 个独立的搅拌系统：一个为螺旋搅拌器，从反应釜顶一直延伸到反应釜的底部，其作用是在进行搅拌时，推动物料并维持物料的上下循环运动；另一个为锚式刮刀式搅拌器，从反应釜的底部伸入，整个搅拌器的桨叶的弯曲弧度与聚合釜的底部弧度保持一致，其作用是在液相反应时阻止物料的沉淀，而在粉末相反应时向螺旋搅拌器进料。2 个搅拌器都是低速运转的，顶部螺旋搅拌器转速为 25 r/min，底部锚式刮刀式搅拌器转速为 15 r/min。2 个搅拌器的旋转方向相反，即一个正转则另一个反转。聚合釜顶盖上附有 2 个冲洗头，当聚合釜需要冲洗时会按程序自动伸入聚合釜中，冲洗聚合釜壁和搅拌器的不同部位。聚合釜是安装在负载传感器上的，VCM 的进料量是通过对整个聚合釜的称重而控制的。聚合釜由筒体、搅拌器、釜顶回流冷凝器、釜顶回收过滤器、PVC 卸料阀、蒸汽注射阀、水排放阀和润滑系统组成。为了在固相中使"种子"增大，必须有 2 个特殊的、独立的搅拌系统，以便从开始的液相到后来的粉末相都能形成均匀的混合物，保证产品质量。

5.4 氯乙烯的乳液聚合

氯乙烯的乳液法生产已有 70 多年的历史了，20 世纪 30 年代首次在德国用乳液法生产出聚氯乙烯（称为糊树脂，简称 EPVC），尽管乳液法的产量只占 PVC 树脂的 10% 左右，但却有重要的地位。PVC 糊树脂已成为我国国民经济发展和 PVC 行业中不可替代的支柱产品，它不仅具有普通悬浮法 PVC 无法比拟的加工软制品的独特性能，而且因其加工工艺简单、设备少、投资省、厂房占地面积小、见效快等优点受到广泛重视。更重要的是，生产 PVC 糊树脂比用悬浮法生产 PVC 经济效益高。因此，近几年我国许多 PVC 生产企业采用了各种方式（如悬浮法 PVC 转产、新建、扩建等）增产 PVC 糊树脂，一股糊树脂"热"逐步兴起。

随着我国 PVC 糊树脂应用领域的不断拓展，用户不仅要求提高产品质量，而且在品种上也要求不断创新，过去那些只应用于人造革、地板革、壁纸、玩具、防护手套、黏结剂等的产品已不能满足目前的需要，一些满足高强度、阻燃、抗静电、耐高低温、糊性能优良等特种要求的产品更受市场欢迎。这将迫使 PVC 糊树脂生产企业不断开创新的领域，改进生产技术，以满足市场的需求。

5.4.1　PVC 糊树脂生产现状

　　1986 年前，我国 PVC 糊树脂生产基本是单一的乳液种子聚合法工艺，全国五家生产企业年产量不足 3 万吨。我国从 1986 年开始引进国外糊树脂生产技术，沈阳化工股份有限公司、上海氯碱化工股份有限公司、天津渤天化工有限责任公司、安徽氯碱化工集团有限公司等分别从日本、美国、法国引进了先进的生产技术，对我国糊树脂发展起到了历史性转折作用，不仅使产品质量有了飞跃，而且带动了我国 PVC 糊树脂生产技术的全面进步，特别是近二十几年来我国在消化、吸收引进技术的基础上，又有了新的发展。目前，我国 PVC 糊树脂的缺口较大，每年进口 15 万吨甚至更多来弥补市场需求。近几年 PVC 糊树脂在我国的生产能力见表 5-5。

表 5-5　我国 PVC 糊树脂生产能力

企业名称	生产能力（万吨/年）
沈阳化工股份有限公司	13
天津渤天化工有限责任公司	11
上海氯碱化工股份有限公司	10
湖南郴州华湘化工有限责任公司	9
武汉祥龙集团有限公司	3
安徽氯碱化工集团有限公司	3
牡丹江东北高新化工有限公司	1.5
西安西化热电化工有限责任公司	0.6
哈尔滨华尔化工有限公司	0.3
合　　计	51.4

　　PVC 糊树脂生产技术有 3 大类（具体实施过程有 7 种）：①乳液法，又分为普通乳液聚合、乳液种子聚合、连续乳液聚合；②微悬浮法聚合法，又分为普通微悬浮聚合、种子微悬浮聚合；③混合法，又分为混合微悬浮聚合、混合乳液聚合。其干燥方法比较单一，均采用离心式喷雾干燥。微悬浮法聚合得到的聚氯乙烯也称糊树脂（简称MSPVC）。

5.4.2　氯乙烯乳液聚合机理

　　前人对乳液聚合机理早有研究，但乳液聚合的一般理论不完全符合氯乙烯乳液聚合规律。其主要原因之一是用过硫酸盐作引发剂，引发反应发生在水相中，而不是发生在胶束中。

　　过硫酸根离子引发机理通常由两步构成：第一步由引发剂生成初始自由基；第二步

初始自由基和单体反应生成单体自由基。因为过硫酸盐引发剂所分解出的自由基在水相中，这些自由基必须由水相扩散进入反应中心乳胶粒中或胶束中才能引发聚合。引发过程生成的单体自由基进一步与单体反应，进行链增长，即生成长链大分子，其反应式为

$$M + \cdot OSO_3{}^- \longrightarrow \cdot MOSO_3{}^-$$

$$M + \cdot MSO_3{}^- \longrightarrow \cdot M_2OSO_3{}^-$$

$$M + M_{n-1}OSO_3{}^- \longrightarrow \cdot M_nOSO_3{}^-$$

式中，M 为单体，n 为低聚物自由基链的聚合度。

低聚物自由基的硫酸根离子末端为亲水端，而带有自由电子的一端为疏水端，疏水端的出现增大了自由基被胶束或乳胶粒吸收的趋势，结果带有自由电子的疏水端很容易地扩散进入胶束或乳胶粒中，进而在其中进行链增长，而带有硫酸根离子的亲水端则被截留在表面，如图 5-8 所示。以过硫酸盐/亚硫酸盐氧化还原引发系统在氯乙烯乳酸聚合中已被采用，其反应机理请参阅相关书籍。

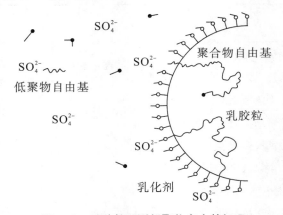

图 5-8　乳胶粒吸附低聚物自由基机理

氯乙烯乳液聚合与一般的乳酸聚合规律不完全相同，其主要偏差表现：乳胶粒的数目随乳化剂浓度的变化而急剧变化，但相对于聚合速率的变化则很小；粒子数目与引发剂浓度无关，但反应速率随引发剂浓度的增加而增加；从转化率-时间曲线可知，转化率达到 70%～80% 时有自动加速现象发生；乳液聚合产物的分子量与相同反应条件下悬浮聚合法产物的分子量相似，主要与反应温度有关。

5.4.3　乳液聚合的关键问题

乳胶粒径及其分布是乳液聚合的关键问题。操作中要选好乳化剂的品种，并根据不同的工艺条件选择适当的乳化剂，以确保体系质量，使生产稳定进行。乳化剂是一种表面活性剂，其结构必须具备两个基团，即亲水基团和亲油基团，二者的 HLB 值见表 5-6。水、油是不相溶的，但通过乳化剂的两个基团可以把水和油（单体）很容易地相溶在一起，其乳化效率与这些基团的大小和性质有关。因此，通常采用平衡 HLB 值来衡量乳化剂的乳化效率。表 5-7 是某些表面活性剂的 HLB 值，凡具备以上两个基团的

乳化剂都具有降低表面张力或降低界面张力（指液－液界面）的作用。表5-8是某些乳化剂或添加物降低表面张力的能力。

表5-6　亲水基团和亲油基团的 HLB 值

亲水基团	HLB 值	亲油基团	HLB 值
—SO$_4$Na	38.7	$\overset{\displaystyle\mid}{—CH}$	0.47
—COOK	−21.1	—CH$_2$	0.47
—COONa	19.1	—CH$_3$	0.47
$\overset{\displaystyle\mid}{—N}$（叔胺）	9.4	—CH$_2$—CH$_2$—O—	0.33
—COOR	2.4	$\left(\text{CH}_2\text{—CH}_2\text{—CH}_2\text{—O}\right)$	0.15
—COOH	2.1		
—OH	1.9		
—O—	1.3		

表5-7　某些表面活性剂的 HLB 值

表面活性剂	类　型	HLB 值
脂肪酸乙二醇酯	非离子型	2.7
烷基苯磺酸钠	阴离子型	11.7
甘油单硬脂酸	非离子型	3.8
油酸钾	阴离子型	20.0
甘油单十二烷酸酯	非离子型	8.6
十二醇硫酸钠	阴离子型	40.0

表5-8　某些乳化剂或添加物降低表面张力的能力

乳化剂或添加剂	温度（℃）	添加物浓度（mol/L）	表面张力（×10^{-3}N/m）
水（未添加）	20	—	72.75
乙醇	18	0.0156	68.10
苯酚	20	0.0156	58.20
十八醇硫酸钠	40	0.0156	34.80
十二醇硫酸钠	60	0.0156	30.40

乳化剂的选择依据如下：

（1）根据不同的聚合方法来选择使用阴离子乳化剂还是使用非离子乳化剂，或者同时使用两种离子乳化剂。

（2）被乳化物的 HLB 值越大，其效果越差，如图 5-9 所示。

（3）乳化剂对氯乙烯单体有较强的增溶作用，即增强对乳胶的吸附强度，从而增加乳胶体系的稳定性。

（4）阴离子乳化剂与非离子乳化剂复合使用，会有较好的乳化效果。采用复合乳化剂应用于氯乙烯乳液聚合生产中，可以提高乳胶的粒径，改进糊树脂性能。

（5）选用的乳化剂不应对聚合反应产生干扰作用。

对乳化剂的研究是比较复杂的课题，目前我国 PVC 糊树脂生产企业在实际选用乳化剂时，都有各自较系统的认识。乳液种子聚合采用了连续滴加的方式，其乳化剂的品种和用量与微悬浮聚合有根本的区别，但其核心问题仍然是乳胶的粒径及其分布。

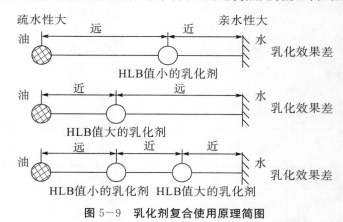

图 5-9　乳化剂复合使用原理简图

5.4.4　氯乙烯乳液聚合工艺技术

氯乙烯乳液聚合工艺包括一般乳液聚合法、乳液种子聚合法和乳液连续聚合法生产技术。

一般乳液聚合法是将 VCM、软水、过硫酸盐和十二醇硫酸钠按一定比例加入到聚合反应釜，并用氢氧化钠调节体系的 pH 值为 9.5~10.5，控制温度为 48℃，反应 14 h 结束。将乳浆送往乳胶储槽，乳胶储槽加压到 0.19 MPa 送往喷雾干燥工段，粉状树脂经旋风分离器、布袋除尘后包装。

采用乳液种子聚合法是因为一般乳液聚合法得到的乳胶粒径在 0.2 μm 以下，要得到调糊增塑剂用量低、黏度低的糊树脂，必须使粒径增加到 1~2 μm，而乳液种子聚合工艺就是解决这一问题的有效方法。从理论上讲，乳液聚合体系中，在已生成高聚物乳胶粒子的情况下，通过严格控制乳化剂、单体加料速度，单体原则上仅在已生成乳胶微粒上聚合，而不产生新的粒子，即仅增大原来乳胶粒子的体积。但实际生产中并不完全这样，因为单体质量、乳化剂加料速度、种子活性、聚合反应速率等将不可避免地产生新的粒子，同时乳胶在喷雾干燥过程中形成的次级粒子对其表面结构、坚实程度以及粒径大小分布等均有影响。以上问题在实际生产中都必须重视和解决。为了防止种子外的聚合，避免产生细小的新生粒子，充分发挥种子聚合的优点，关键问题是聚合转化率和乳化剂的添加量一定要控制好。

实际生产过程中都采用开始加入少量乳化剂和单体，随着聚合反应的进行再不断地连续加入乳化剂和单体的方式，这样既保证在聚合瞬间不产生新粒子，又能起到稳定聚合体系的作用。虽然这样也能提高糊树脂的糊性能作用，但当外界因素（单体质量、种子粒径、种子加入量等）发生变化时，实际很难控制种子外的聚合现象。乳液种子聚合工艺流程如图 5-10 所示。氯乙烯乳液种子聚合工艺配方见表 5-9。

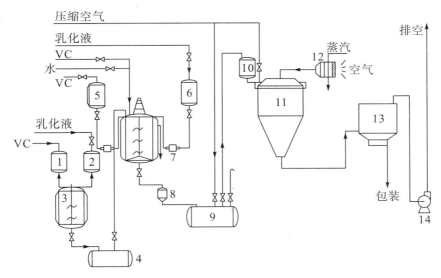

1、5—VCM 计量槽；2、6—乳化液计量泵；3—种子聚合釜；4—种子乳胶储槽；
7—比例泵；8—聚合釜；9—乳胶储槽；10—乳胶高位槽；11—喷雾干燥塔；
12—空气加热器；13—布袋除尘器；14—风机

图 5-10　乳液种子聚合工艺流程

表 5-9　氯乙烯乳液种子聚合工艺配方

原料	配方（w/w）	原料	配方（w/w）
VCM：H_2O	100：150	VCM：H_2O	100：150
$ROSO_3Na$	0.2	$ROSO_3Na$	0.3
$K_2S_2O_8$	0.1	$K_2S_2O_8$	0.065
种子一代	1.4	$NaHSO_3$	0.025
种子二代	2.3	种子（一代/二代）	1/2
pH 值	9.5~10.5	pH 值	9.5~10.5
聚合温度	(50±0.5)℃	聚合温度	(50±0.5)℃

氯乙烯乳液连续聚合工艺和氯乙烯一般乳液、乳液种子聚合工艺有比较大的区别，从聚合方式来看，前者属于连续聚合，后者属于间歇聚合，但它们的聚合原理是相同

的。其他区别在于：出料方式不同，因是连续出料，乳胶中未反应的单体必须经过连续脱氯乙烯装置脱去；连续聚合可以克服间歇聚合批量少而造成产品质量不稳定的弊病；在相同的工作条件下，减少工人的劳动强度，缩短辅助工序的时间；采用活性高的引发剂或氧化还原体系，使转化率超过 90%；间歇聚合的引发剂用量是单体用量的 0.12%～0.15%，而连续聚合引发剂用量是单体用量的 2%～3%，乳化剂用量（2%～3%）也大于间歇聚合用量（0.3%～0.6%）。

氯乙烯乳液连续聚合在 20 世纪 30 年代就被德国开发出来，德国伍德公司生产的糊树脂糊性能优良，用途广泛。其连续聚合工艺分为两种情况：一种是顶部进料底部出料，物料聚合反应达到规定的相对密度后从底部出料；另一种是由釜底进料釜顶出料，搅拌叶是两层，聚合乳胶连续从离顶部 1/10 处的溢流管导出。

氯乙烯乳液连续聚合无论采用哪种工艺都必须包括水相配置工序、聚合工序、乳胶脱气工序三部分。氯乙烯乳液连续聚合乳化剂一般使用 $C_{14\sim16}SO_3Na$（牌号 E-30），引发剂使用氧化还原体系，通常采用过硫酸钾/亚硫酸氢钾与乳化液混合使用。聚合釜夹套分上、中、下三层，中、下层用冷却水来控制聚合温度，聚合温度为 50℃，上层用 VCM 的加入量来控制聚合温度；一般 2 h 取样测定 1 次转化率、乳胶密度和稳定性；从聚合釜出料的乳胶经过滤器和调节阀进入脱气塔；聚合釜一般经 300 h 后因黏釜严重影响聚合反应传热，必须停车清洗。氯乙烯乳液连续聚合工艺配方及操作条件见表 5-10。

表 5-10　氯乙烯乳液连续聚合工艺配方及操作条件

水相工序	配方及操作条件	聚合工序	配方及操作条件
92%E-30	100%	VCM：H_2O	1：（0.95～1.05）
过硫酸钾	14%	引发剂	2%～3%
亚硫酸氢钾	4%	乳化剂	2%～3%
软水	3%	聚合温度	50℃
水相 pH 值	9.5～10	乳胶 pH 值	6～7.5
水相控制温度	<30℃	聚合釜容积	60%～70%
		VCM 含乙炔	≤2 mg/kg

5.5　氯乙烯的微悬浮聚合

氯乙烯微悬浮聚合是在悬浮聚合和乳液聚合的基础上发展起来的聚合工艺。早在 20 世纪 60 年代，法国的罗纳-普朗克公司的微悬浮聚合就已实现工业化，到了 70 年代和 80 年代，美国 Goodrich 公司、德国赫斯公司、英国 B. P. Chemical 公司和日本钟渊化学公司等都相继开发了氯乙烯微悬浮聚合工艺。因微悬浮聚合所生产的树脂颗粒大小、形态和粒度分布是可以预测和事先控制的，生产的树脂不仅可以像一般悬浮聚合树脂一样被加工，而且可以用微悬浮聚合方法生产糊树脂，因此，国外十分重视氯乙烯微悬浮聚合工艺的开发和研究。但是微悬浮聚合并不能生产 PVC 所有型号的树脂。

我国糊树脂总产量中仍然是以微悬浮法占优，达 60% 以上。究其原因：微悬浮法聚合反应比较简单，一次性投料与悬浮法聚合相似；产品质量比较稳定，重复性强；一次聚合就可得到大粒径乳胶（0.1~2.0 μm）；乳胶含固量高，通常约为 48%，甚至可达到 50% 以上，降低了热能消耗。微悬浮聚合与乳液聚合相比有很多优点，但同样一个关键问题仍然是粒径及其分布。可以说，所有有关糊树脂的研究都会围绕这个核心问题进行，而微悬浮聚合的技术进步最明显。

5.5.1 微悬浮聚合工艺原理

微悬浮聚合与悬浮聚合的不同之处在于不用分散剂，采用乳化剂将单体分散于水中，它与乳液聚合的不同之处是使用油溶性引发剂而不用水溶性引发剂；VCM 单体分散于水中，除了采用一定形式、剪切力、功率和转数的搅拌器外，还需要用均化器，经均化器进一步强行乳化，使 VCM 乳化形成一定粒径和大小均匀的小液滴，其粒径大小和分布决定了所生产的树脂颗粒的大小和分布。因此，微悬浮聚合所生产的树脂颗粒的大小、形态和粒度分布是可以预测和事先控制的。

5.5.1.1 引发剂

在微悬浮聚合中，一般采用油溶性引发剂，该引发剂几乎不溶于水而全部溶于氯乙烯单体液滴中，其引发反应是在氯乙烯单体液滴中进行的。为了保证引发反应迅速进行，有的企业采用了将氧化还原体系及偶氮类与过氧型引发剂复合使用的方法。表 5-11 为微悬浮聚合中使用的引发剂。

表 5-11　微悬浮聚合中使用的引发剂

引发剂名称	缩写	复引发剂名称
过氧化十二酰	LPO	硫酸铜（氯化铜）、甲基次硫酸钠
叔丁基过氧化氢	BHP	甲基次硫酸钠、氯化铜
二乙氧基乙酯	EEP	
偶氮二异丁腈	AIBN	过氧化二碳酸二乙基己酯，过氧化二碳酸二（3,5,5-三甲基）己酰
过氧化二碳酸二乙基己酯	EHP	
过氧化二碳酸（3,5,5-三甲基）二己酰	TMHP	
偶氮二异庚腈	ABVN	

5.5.1.2　乳化剂

乳化剂在微悬浮聚合中与在乳液聚合中的最大不同是乳化剂在体系中不是为了生成胶束，而是为了降低表面张力，使之容易乳化分散，起增溶作用，所以在微悬浮聚合中乳化剂用量较少，没有达到临界胶束（CMC）浓度的要求；而且乳化剂有主、助之分，主乳化剂的功能是水基团向水相、油基团向氯乙烯单体油滴相，起到增溶作用，助乳化剂的功能是稳定系统液滴，使之不聚集。微悬浮聚合常用的乳化剂和某些助乳化剂见表5-12。加入乳化剂除了大大降低表面张力外，还会使氯乙烯单体液滴稳定，为均化提供了良好的空间。氯乙烯单体、水、引发剂、乳化剂、助乳化剂经均化后形成稳定的微细分散液滴，用机械的方法把氯乙烯单体液滴打碎成细小粒子，为顺利进行下一步聚合创造了条件，而乳胶粒径的大小直接与均化效果有关。因此，微悬浮聚合的乳胶粒径远远大于乳液聚合粒径，一般乳液聚合乳胶粒径为 $0.1\sim0.5\ \mu m$，而微悬浮聚合乳胶粒径为 $0.1\sim2.0\ \mu m$。

表5-12　微悬浮聚合常用的乳化剂和某些助乳化剂

乳化剂名称	分子式	助乳化剂名称	分子式
月桂酸铵	$C_{11}H_{23}COONH_3$	硬脂酸钠	$CH_3(CH_2)_{16}COONa$
月桂酸钠	$C_{11}H_{23}COONa$	十六烷基醇	$C_{16}H_{35}OH$
棕榈酸钠	$C_{15}H_{31}COONa$	十六至十八烷基醇混合物	$C_{16}H_{33}OH\sim C_{18}H_{32}OH$
十二烷基酸钠	$C_{12}H_{23}OSO_3Na$	硬酯醇	$CH_3(CH_2)_{16}CH_2OH$
十二烷基磺酸钠	$C_{12}H_{23}SO_3Na$	胆甾醇（胆固醇）	$C_{27}H_{45}OH$
十二烷基苯磺酸钠	$C_{18}H_{29}NaO_3S$	硬脂酸	$CH_3(CH_2)_{16}COOH$
琥珀酸烷基磺酸钠	$\begin{array}{l}CH_2COOC_nH_{2n+1}\\ \vert\\ CH_2COOC_nH_{2n+1}\\ \vert\\ SO_3Na\end{array}$		

5.5.1.3　工艺特点

用简单的聚合方法制备大粒径乳胶是比较困难的，在乳液法聚合中采用了一代和二代种子聚合的方法也是为了制备大粒径PVC糊树脂。为了避免产生小粒子，在乳液聚合中采用了连续添加乳化剂的方法。微悬浮聚合也同样经历过一步法（MPS-1）和二步法（MPS-2）的探索，如今工业上采用较多的是混合微悬浮聚合（MPS-3），又称微悬浮种子聚合。由于采用了油溶性引发剂，氯乙烯单体微液滴较大，聚合反应在该条件下引发聚合，同时加入一代和二代种子，制备出的乳胶粒径不仅大，而且呈现大小粒径的双峰分布。

良好的PVC糊树脂必须具备4个条件：调糊用的增塑剂用量要尽量少，糊的黏度要低，糊的流动性要好，糊搁置黏度增长速度要慢且不分层。混合微悬浮聚合工艺能满足以上条件。

MPS-3 的特点如下：

(1) 聚合物一次投入，且不必均化或只需部分均化。

(2) 过程简单（针对乳液法种子聚合而言），节省了连续补加乳化剂的工序。

(3) 采用油溶性引发剂，其安全性高，特别是采用氧化还原体系的引发剂，只要有一种组分不加入反应就无法进行。

(4) 能耗低，因乳胶固含量高达 55%～60%，可节约热能消耗。

(5) 乳胶粒径大，而且呈双峰分布，可以得到 100% 的优级品树脂，这有利于提高 PVC 糊树脂的加工应用性能。

表 5-13 为 ATO 公司的 MSP-3 法工艺指标。

表 5-13　ATO 公司的 MSP-3 法工艺指标

工艺特点	指标	品种	K 值	残留 VCM
微悬浮法种子配方	5%/0.5 μm	PB1202	65～68	≤5×10⁻⁶
乳液法种子配方	3%/0.1 μm	PB1702	79～81	≤5×10⁻⁶
粒径分布	0.2～1.2 μm	PB1152	66～69	≤5×10⁻⁶
质量重复性	优级品率 100%	PE1311	69～71	≤5×10⁻⁶
固含量	>50%	PA1384	68～70	≤5×10⁻⁶
均化高速泵	3000 r/min	PB8015	54～56	≤5×10⁻⁶

5.5.2　喷雾干燥

无论采用何种聚合方法制得的乳胶，都必须经喷雾干燥才能制备出 PVC 糊树脂粉末。目前，我国 PVC 糊树脂生产企业均采用旋转式雾化器，即利用高速旋转（15000～20000 r/min）的离心力作用，使乳胶在旋转面向外伸展，离开转盘液体雾化。

干燥系统在微负压的条件下进行传热、传质，干燥塔的温度控制是影响产品质量的重要因素。考虑 PVC 的成糊性能，一般固定进口温度为 190℃，出口温度分别是 110℃、80℃和 58℃，该条件对二次粒子粒径分布的影响很小，但却极大地影响了糊黏度及糊搁置黏度。在 110℃时 PVC 糊呈膨胀型流体；80℃时糊呈假塑性流体，搁置后与假塑性流体相同；58℃时糊呈假塑性流体，搁置后无明显变化。这是粒子表面结构不同所造成的。由此看来，在满足成品水分含量达标的前提下，出口温度越低，越有利于糊树脂的成糊性能。

除此而外，采用布袋除尘器是较通用的且除尘效率较高的方法。因干燥过程中全系统要求微负压操作，阻力小、风量大是最理想的操作条件。因此，很多生产企业的喷雾干燥采用了前推、后拉工艺，即干燥前有鼓风机推，塔尾部有大抽风机拉，克服了系统的阻力。选择布袋除尘器的目的是设备阻力小、除尘效率高（99.99%）和维修方便。

5.6 氯乙烯聚合技术进展

5.6.1 悬浮聚合

日本信越公司发表的专利报道了一种氯乙烯悬浮聚合用的羟丙基甲基纤维素，其甲氧基取代度为27%～30%，羟丙氧基取代度为5%～12%，20℃时质量分数为2%的水溶液的黏度为5～1600 MPa·s，2 mL质量百分数为0.2%的水溶液中粒径为8～200 mm的不溶纤维状粒子数小于1000，大于50 mm的纤维状粒子数小于20。采用这一分散剂制备的悬浮PVC树脂的"鱼眼"数和外来物质含量少。

Kaneka公司发表的专利报道了在装配回流冷凝器（传热速率占50%）的氯乙烯悬浮聚合中，当转化率为0～7.4%时，采用1.2 kW/m³的搅拌功率；当转化率为7.4%～26.5%时，采用0.5 kW/m³的搅拌功率；最后又采用1.2 kW/m³的搅拌功率，得到250 μm粒度分布窄的PVC树脂。成功采用配备回流冷凝器的聚合釜生产粗粒子和细粒子少的悬浮PVC树脂。

韩国LG公司发表的专利报道了悬浮聚合生产掺混PVC树脂的方法。把引发剂、分散剂、pH缓冲剂、水和VC单体加入到高压反应器中，在氯乙烯悬浮聚合过程中连续或分批向反应器加水，填补由于反应而导致的体系收缩。采用该方法制备的PVC树脂粒径小、粒度分布窄、表面光滑、球形度高。

日本可乐丽公司发表的专利报道了pH=9的碱性溶液防黏釜剂，该黏釜剂包含摩尔分数为0.1%～10.0%的硅氧基团，其结构式为$R_{1n}R_{2m}Si(OX)_{3-m-n}$，其中，$R_1$为$C_{1～8}$的羟烷基，$R_2$为$C_{1～40}$的烷氧基、酰氧基，$n=0～2$，$m=0～3$，X为单价金属的乙烯醇聚合物、含—OH的芳香化合物、环氧乙烷基非离子表面活性剂。如由醇解的醋酸乙烯酯-乙烯基三甲氧基硅烷共聚物、1-萘酚和聚乙二醇月桂酸醚组成的防黏釜剂，pH=12.5，在釜壁具有良好的涂布性。

5.6.2 乳液聚合和微悬浮聚合

乳液聚合和微悬浮聚合是生产PVC糊树脂的两大聚合方法。降低PVC增塑糊的黏度是许多增塑糊应用的需要，因此，低黏度的PVC糊树脂的研究开发成为近年的热点。

Vale等对双峰分布PVC胶乳的合成进行了实验和模型研究，通过在不同种子胶乳和乳化剂浓度下进行一系列种子乳液聚合，研究产生二次粒子的起点和含量，发现二次粒子的出现和含量不仅与均相成核有关，还与粒子凝并有关。

日本Tosoh公司发表的专利报道了采用种子乳液聚合制备PVC糊树脂的方法。种子PVC胶乳粒子粒径为0.3～0.7μm，在种子乳液聚合中采用十二烷基苯磺酸钠为乳化剂，过氧化月桂酰为引发剂，得到的 PVC 胶乳稳定性高，黏釜物少于 0.6%。

韩国 LG 化学公司的专利报道了低糊黏度及透明性和脱气性良好的 PVC 糊树脂的制备方法。它是在 1~10 份种子胶乳、0.2~3.0 份乳化剂、0.001~2 份引发剂和 100 份 VCM 条件下聚合的，采用的乳化剂是聚氧化乙烯烷基醚硫酸碱金属盐，其中氧化乙烯的摩尔百分数为 2%~10%。该公司的另一专利报道了采用在 PVC 胶乳中加入 1~7 份的酸，将混合物在 30℃~60℃下硬化 0.5~3.0 h，再干燥，此法生产的 PVC 糊树脂的增塑糊黏度低，加工性能好。

日本钟渊化学公司的专利报道的 PVC 糊树脂生产方法中，VCM 从聚合釜底部的喷嘴以线性速度补加，引发剂连续或阶段性加入，待单体转化率为 20%~70%、引发剂加入速度符合 $A/B = 0.6~0.9$（A 为单体转化率，B 为补加单体量/总量）时，能获得高转化率且黏釜物少的 PVC 糊树脂。此外，钟渊化学公司用含胺基和乙烯双 $[NaO_2CCH(SO_3Na)CH_2CONHC_8H_{16}CHCHC_8H_{17}]$ 乳化剂制备 PVC 糊树脂，乳化剂在聚合前或聚合过程中加入，得到的 PVC 糊树脂的凝聚粒子数较少，适用于生产内饰件和汽车底盘涂料。

日本钟渊化学公司在采用微悬浮法生产 PVC 糊树脂时，使用了油溶性引发剂（如过氧化二碳酸二-2-乙基己酯）与水溶性引发剂（如过硫酸钾）复合引发体系。其中 $m_{水溶性引发剂} : m_{油溶性引发剂} = (0.05~1.00) : 1$，生产的 PVC 糊树脂适用于生产发泡壁纸。

德国 Vestolit 公司的专利报道了由氯乙烯微悬浮聚合法制备易增塑成糊的 PVC 糊树脂的生产过程。采用旋转分散设备或均化机械均化 VCM，得到粒度分布为 0.05~1.00 μm 和 1.5~2.0 μm 的均化液。30%~80% 的单体在进入聚合釜前先均化，其余单体直接加入聚合釜。德国 Vestolit 公司的另一专利报道了 VC-（甲基）丙烯酸酯共聚乳液的半连续乳液聚合制备方法，如在聚合釜中将 1949 g 水、184.2 g VCM、7.37 g Dowfax 2A₁ 和 1.11 g 抗坏血酸混合，加热到 75℃，滴加 245.6 g 3% 的过硫酸铵溶液和 1031.9 g 5% 的 Dowfax 2A₁（混有 14.74 g、25% 的氨水溶液），再在 300 min 内滴加 368.4 g 10% 的丙烯酰胺溶液、1584 g 丙烯酸乙基己酯和 1879.0 g VCM，最后加入 29.47 g 25% 的氨水溶液，冷却得到含固质量百分数为 53.1%、相对平均粒径为 163 μm 的共聚物胶乳，由该胶乳可生产出厚度为 150 μm 的高质量透明膜。

Vale 等通过间歇和种子乳液聚合实验研究了氯乙烯乳液聚合中的乳胶粒子的形成，通过间歇乳液聚合研究了乳胶粒子数与乳化剂（SDS 和 SDBS）浓度的关系，以及引发剂浓度、搅拌转速和单体/水比对粒子数目和聚合动力学的影响。通过不同种子和乳化剂浓度的 VC 种子乳液聚合研究，定量评价了它们对开始形成二次粒子及形成二次粒子量的影响。对于种子乳液聚合，他们发现新形成的粒子数不仅与均相成核速率有关，而且与均相和非均相凝聚速率有关。

韩国 LG 化学公司的某专利报道了一种用于 PVC 糊树脂的 PVC 种子的制备方法。把 VCM、乳化剂和引发剂加入水介质中，把均化器压力调节到 3792.25~6895.00 kPa（550~1000 psi）均化以上混合物，并进行微悬浮聚合，得到平均粒径为 0.53~0.84 mm 的 PVC 种子乳液。采用该种子乳液可调节 PVC 糊树脂的平均粒径和粒度分布。该公司的专利还报道了在 PVC 糊树脂制备中，把喷雾干燥器的喷嘴旋转速度调节到9000~141000 r/min 进行 PVC 乳胶的喷雾干燥，得到的 PVC 糊树脂的平均粒径为40~150 μm。该方法不需要经过粉化过程就可调节 PVC 糊树脂的平均粒径，且得到的 PVC 糊树脂制备糊黏度低，加工性好。

另外，LG 化学公司的专利还报道了高热稳定性 PVC 糊树脂的制备方法。在聚合后阶段向 PVC 糊树脂中加入碱（如 NaOH）和脂肪酸盐（如月桂酸钠），得到的 PVC 糊树脂具有高的热稳定性，加热时不变色，可用于墙纸和皮革的制造。

Kaneka 公司的专利报道了放热均匀的 PVC 糊树脂的生产方法。10 h、半衰期温度为 35℃~50℃的引发剂用量为 0.0001~0.03 份，10 h、半衰期温度为 50℃~60℃的引发剂用量为 0.005~0.03 份，在 52℃~72℃下进行 100 份 VC 聚合。如采用 0.01 份过氧化二碳酸二乙基己酯、0.01 份过氧化新戊酸叔己酯引发 100 份 VC 于 60℃聚合，转化率为 85.9%，且黏釜物少。

5.6.3　本体聚合

本体聚合不使用水和分散剂，后处理工艺简单，产品纯度较高。由于聚合过程中存在搅拌和聚合反应热导出困难等问题，所以从开始研究、开发到工业化生产所经历的过程比悬浮法工艺长。本体聚合 PVC 自 20 世纪 40 年代开始研究、开发，直到 1978 年法国 ATO 公司开发成功"两段立式聚合"工艺，搅拌与聚合导热问题才获得解决。除搅拌外，温度也对颗粒结构起着一定控制作用。法国 ATO 公司技术代表目前世界本体法 PVC 技术水平，被世界 20 多个国家和地区所采用，生产能力已达到 145 万吨/年。

本体聚合与悬浮聚合 PVC 树脂性能分别如表 5-14 和表 5-15 所示。

表 5-14　法国 ATO 公司本体聚合 PVC 树脂性能

PVC 牌号	平均聚合度	表观密度（g/cm²）	残单	K 值
GB1320	1250	0.52	$<1\times10^6$	70
GB1150	1075	0.57	$<1\times10^6$	67
GB9550	860	0.55	$<1\times10^6$	63
GB9010	800	0.60	$<1\times10^6$	60

注：挥发物含量及"鱼眼"数均为零。

表 5-15　日本信越公司悬浮聚合 PVC 树脂性能

PVC 牌号	平均聚合度	表观密度（g/cm²）	挥发物（%）	10 目筛余物（%）	鱼眼（个/dm²）	残单	K 值
TK1300	1300±50	0.42~0.52	<0.3	<0.1	<50	$<5\times10^{-6}$	70
TK1000	1050±50	0.44~0.54	<0.3	<0.1	<100	$<7\times10^{-6}$	67
TK800	800±50	0.41~0.61	<0.3	<0.1	<50	$<10\times10^{-6}$	60
TK700	700±50	0.52~0.62	<0.3	<0.1	<50	$<10\times10^{-6}$	57

　　与悬浮工艺相比，本体聚合法 PVC 脂相对分子质量和粒径分布均较窄，国外直接用于编织圆领汗衫，采用其他方法生产的 PVC 树脂无法做到；残余氯乙烯质量分数小于 10^{-6}，可达到食品级卫生要求；增塑剂吸收速度快；加工性能及表观密度比悬浮法 PVC 树脂高 15% 左右；纯度高，吸水率低，长期保存不易吸湿；制品透明度高，雾度小，电性能及热稳定性均良好，特别适合透明包装材料和电缆材料使用；可吹塑成高强度的各种厚度的薄膜，代替聚乙烯作农膜和地膜；同等规模装置，投资比悬浮聚合法工艺低约 20%。总之，本体聚合法 PVC 生产技术具有较强的发展优势和广阔的前景。

5.7　氯乙烯的新型聚合技术

5.7.1　以正己烷为介质的非均相聚合

　　Georgiadou 等以正己烷为介质进行 VC 非均相聚合，研究了不同亲水、亲油平衡值的表面活性剂对得到的 PVC 树脂的粒度分布和颗粒特性的影响，发现采用新的非均相聚合方法得到的 PVC 树脂具有比普通悬浮聚合 PVC 树脂更高的孔隙率和颗粒疏松性。

5.7.2　氯乙烯活性自由基聚合

　　传统自由基聚合不可避免地会形成许多分子结构缺陷，影响 PVC 的使用性能，而活性自由基聚合可较好地控制链增长，可以合成具有指定结构的规整聚合物，也是 PVC 行业今后的发展方向。单电子转移活性自由基聚合（SET－LRP）和单电子转移－退化链转移活性自由基聚合（SET－DTLRP）是美国宾夕法尼亚大学的 Percec 等研究成功的。SET－LRP/SET－DTLRP 可用于 VCM 的活性自由基聚合，不仅可控制 PVC 的分子链结构，而且合成的活性分子链可进一步引发聚合，从而可制备各种 PVC 嵌段共聚物。

　　近两年 Percec 课题组仍在这方面继续研究，取得的主要成果：①以铜导线与三（2－氨基乙基）胺为催化剂、$CHBr_3$ 为引发剂，在 25℃ 的 DMSO 中实现了 VCM 的活性聚合，相对于铜粉，铜导线的回收十分简单，可以循环使用；在以上体系中添加 $CuBr_2$，可以制备聚合度低达 100 的规整 PVC。②以 $Na_2S_2O_4$ 为催化剂、CHI_3 为引发剂，通过 SET－DTLRP 制备了含聚丙烯酸异冰片酯（PIA）的引发剂，并再次通过 SET－DTLRP 制备了具有高玻璃化转变温度的嵌段共聚物 PVC－b－PIA－b－PVC。③采用 SET－DTLRP 法制备了含官能团的聚丙烯酸丁酯（PBA）大分子引发剂，然后进一步引发 VCM 聚合，制备得到了星形共聚物。

　　Rocha 等以 $Na_2S_2O_4$ 为催化剂、CHI_3 为引发剂、$NaHCO_3$ 为缓冲剂及 PVA 与 MF50 为分散剂，采用 SET－DTLRP 法合成了 PVC－PHPA（聚丙烯酸羟丙酯）－

PVC 的嵌段共聚物，其中 PHPA 的质量百分数在 12% 以下，此聚合物的热稳定性是常规 PVC 的 3 倍。

Coelho 等也采用 SET－DTLRP 法制备了 PVC，发现其无明显的结构缺陷，具有较高的结晶性以及更好的热稳定性。

5.7.3　茂金属催化聚合

茂金属催化剂（MAO）是一类新的过渡金属催化剂，一般由第Ⅳ类 B 族过渡金属茂化合物（茂钛、茂锆等）与甲基铝氧烷组成。日本大阪城市大学的 Endo 课题组对茂金属催化氯乙烯聚合进行了多年研究，采用 $CpTi(OPh)_3$/MAO 催化体系催化 VCM 本体聚合，可得到更高分子质量的 PVC 树脂，其热稳定性优于相近分子质量的自由基聚合的 PVC，而且 5% 热失重温度随 PVC 分子质量增加而增大（自由基聚合 PVC 则基本不变），PVC 分子质量随聚合转化率增加而呈线性增加，而分子质量分布指数随之下降；此外，Endo 等在甲苯中进行了茂金属催化 VCM 聚合，发现在甲苯中氯乙烯聚合速率比在二氯甲烷中更慢，但其转化率可达到 100%。

金属烷基催化剂和 Ziegler－Natta 催化剂广泛用于高规整型烯烃类聚合物的制备，但 VCM 极性较大，采用典型的 Ziegler－Natta 催化剂很难实现聚合，除非加入亲核试剂或采用改性的 Ziegler－Natta 催化剂。茂金属催化剂是一类新的过渡金属催化剂，无论是在单体转化率还是 PVC 树脂性能方面都超越了自由基聚合。因此，加快金属烷基催化体系及氯乙烯活性自由基聚合的创新研究，是我国氯乙烯树脂行业赶超世界先进水平的举措，应广泛开展氯乙烯的新型聚合方法的研究，填补我国在相关领域的空白。

5.8　聚氯乙烯树脂的质量标准和性能要求

5.8.1　聚氯乙烯树脂的质量标准

各国根据自己的特点和历史，对聚氯乙烯树脂进行了不同的分类，制订出国家标准，提出相应的型号和规格。国际标准化组织也拟订了聚氯乙烯树脂的标准。

一般将聚氯乙烯树脂分为均聚和共聚两大类，然后再按用途和生产方法分成亚类，如通用树脂和糊用树脂、悬浮法和乳液法树脂等，最后按表征平均聚合度、颗粒特性、杂质等性质指标将树脂划分成型号和等级。

聚合度一般以稀溶液黏度来表示。商业上表征树脂颗粒特性的主要有筛分分析、表观密度等，此外，还有增塑剂吸收率、干流性等。挥发组分、水萃取液的导电率或 pH 值代表杂质、电性能、热稳定性等特殊性能，一般不列入标准内，由买卖双方协商确定。

　　目前我国聚氯乙烯以悬浮法为主，乳液法树脂只占少数，共聚树脂只限于少数几家厂生产。1974 年我国对悬浮法聚氯乙烯树脂拟订了部级标准（HG 2—775—74），该标准先按表观密度将树脂分成两类：①紧密型 XJ，表观密度≥0.55 kg/m³；②疏松型 XS，表观密度≤0.55 kg/m³。然后根据这两种类型树脂在二氯乙烷中稀溶液的绝对黏度（CP）的大小分成 6 个型号。

　　1986 年，悬浮法疏松型均聚树脂国家标准（GB 8761—86）颁布，见表 5—16，该标准按聚氯乙烯稀溶液（100 mL 环己酮中含 0.5 g 树脂）的黏度数分为 7 个型号，并按 GB 3402—82《氯乙烯均聚及共聚树脂命名》规定的符号来表示每个型号。

　　2006 年新的悬浮法疏松型均聚树脂国家标准（GB 8761—2006）颁布，国内企业结合悬浮法通用型 PVC 树脂售后服务实际情况，对 GB/T 5761—2006《悬浮法通用型聚氯乙烯树脂》进行了研究和分析，提出了有效的补充，见表 5—16。

　　聚氯乙烯的国际标准是 ISO 1060—1，该标准按国际通用规则建立了氯乙烯热塑性树脂的命名系统和分类基础，氯乙烯塑料按其特征性能，即黏数、表观密度、63 μm 筛孔的筛余物、室温下增塑剂吸收（仅对通用树脂和填充树脂）、标准糊黏度和流变类型（用于糊树脂）进行分类。图 5—11 和图 5—12 分别给出了命名的示例。

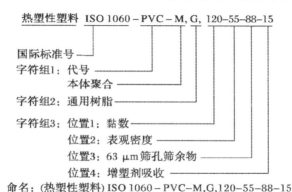

图 5—11　某种聚氯乙烯均聚物命名

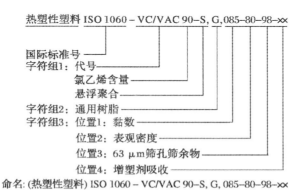

图 5—12　某种氯乙烯共聚物命名

表5-16 疏松型聚氯乙烯树脂国家标准 (GB 8761—86)

序号	指标名称	PVC-SG1 一级A	PVC-SG2 一级A	PVC-SG2 一级B	PVC-SG2 二级	PVC-SG3 一级A	PVC-SG3 一级B	PVC-SG3 二级	PVC-SG4 一级A	PVC-SG4 一级B	PVC-SG4 二级	PVC-SG5 一级A	PVC-SG5 一级B	PVC-SG5 二级	PVC-SG6 一级A	PVC-SG6 一级B	PVC-SG6 二级	PVC-SG7 一级A	PVC-SG7 一级B	PVC-SG7 二级
1	黏数 (mL/g)	154~144	143~136			135~127			126~118			117~107			106~96			95~85		
2	表观密度 (g/mL) ≥	0.42	0.42	0.42	0.40	0.42	0.42	0.40	0.42	0.42	0.40	0.45	0.45	0.40	0.45	0.45	0.40	0.45	0.45	0.40
3	100 g树脂的增塑剂吸收量 (g) ≥	25	25	25	16	25	25	16	22	22	16	19	19	13	16	16	13	14	14	13
4	挥发物 (包括水) 含量 (%) ≤	0.40	0.40	0.40	0.50	0.40	0.40	0.50	0.40	0.40	0.50	0.40	0.40	0.50	0.40	0.40	0.50	0.40	0.40	0.50
5	过筛率 (%) 60目 0.25 mm筛孔 ≥	98.0	98.0	98.0	92.0	98.0	98.0	92.0	98.0	98.0	92.0	98.0	98.0	92.0	98.0	98.0	92.0	98.0	98.0	92.0
	过筛率 (%) 250目 0.63 mm筛孔 ≤	10.0	10.0	10.0	20.0	10.0	10.0	20.0	10.0	10.0	20.0	10.0	10.0	20.0	10.0	10.0	20.0	10.0	10.0	20.0
6	100 g树脂中的黑黄点 总数 ≤	30	30	30	130	30	30	130	30	30	130	30	30	130	30	30	130	30	30	130
	黑点数 (颗) ≤	10	10	10	30	10	10	30	10	10	30	10	10	30	10	10	30	10	10	30
7	白度 (%) ≥	90	90	90	80	90	90	80	90	90	80	90	90	80	90	90	80	90	90	80
8	"鱼眼"数 (个/1000 cm²) ≤	10	10			10			10			10			10			10		
9	10%树脂水苯取液电导率 [1/(Ω·cm)] ≤	5×10^{-6}	5×10^{-5}			5×10^{-5}														
10	残留氯乙烯单体含量 (mg/L) ≤	10	10	10		10	10		10			10			10	10		10	10	
11	树脂热稳定性								协 商											

由图 5—11 可知，用本体聚合法（M）生产的某种通用（G）聚氯乙烯均聚物（PVC），黏数 120 mL/g（120），表观密度 0.55 g/mL（55），筛孔为 63 μm 筛上筛余物 92%（88），增塑剂吸收 16 份（15）。又由图 5—12 可知，用悬浮聚合法（S）生产的某种通用（G）氯乙烯含量 90%（90）的共聚物（VC/VAC），黏数 85 mL/g（85），表观密度 0.80 g/mL（80），筛孔为 63 μm 筛上筛余物 97%（98），增塑剂吸收 7 份（5）。

聚氯乙烯试样制备和性能测定的国际标准是 ISO 1060—2，该标准按国际标准通用规则规定了聚氯乙烯试样制备和性能测定的条件和项目。表 5—17 给出了 ISO 1060—2 规定的性能及测试标准。

国际标准体系仅给出了 PVC 树脂的按特征性能进行的命名、性能测定项目和条件，并不给出各种 PVC 树脂的性能指标。其体系旨在全球范围内统一产品的名称及测试手段，由各生产企业针对自己产品的特点在其提供的适合性能中选择合适的测试项目和条件，在统一规范条件下给出自己生产企业产品的性能指标。

表 5—17　ISO1060—2 规定的性能

性能	标准	性能	标准
粉末性能：	ISO60	醋酸乙烯含量（%）	ISO 1159
表观密度（g/mL）	ISO 1068	pH 值	ISO 1264
表观堆密度（g/mL）	ISO 1265	挥发分（%）	ISO 1269
杂质和外来粒子数	ISO 1624	黏数（mL/g）	ISO 1628—2
水中的筛分（%）	ISO	K 值	ISO 1628—2
用织布线筛测试筛分（%）	2591—1	灰分（%）	ISO 3451—5
室温增塑剂吸收量（100 份树脂）（份）	ISO 4608	氯乙烯单体残留量（mg/kg）	ISO 6401
用气动筛装置分析筛分（%）		糊的黏度	用于测试糊黏度的所有测试样品均按
热增塑剂吸收量（100 份树脂）（份）	ISO 4610 ISO 4574		ISO 4612 或 ISO 11468 制备
干流性（s）		布鲁克菲尔德表观黏度（Pa/s）	ISO 2555
化学性能：	ISO 6186	旋转黏度计在定剪切速率下的黏度（Pa/s）	ISO 3219
氯含量（%）			
	ISO 1158	用流变仪测试的表观黏度（Pa/s）	ISO 4575

注：ISO 4612 方法用于制备糊树脂。

5.8.2　聚氯乙烯的其他性能要求

聚氯乙烯除对分子量和颗粒特性有一定要求外，还需考虑其他性能要求，如热稳定性、透明性、水及挥发组分情况、水萃取液导电率、黑黄点、"鱼眼"等。

（1）热稳定性。聚氯乙烯热稳定性虽无具体指标，但它直接影响加工性能和使用性能，故甚为重要。

PVC 受热分解，释放出 HCl，使树脂变色（由浅而深），性能变差。因此，其热稳定性可以由开始分解温度、HCl 放出量、PVC 试片热老化试验的变色情况来衡量。

将 PVC 试样放在小试管内，放入油浴中，逐步升温加热，管口放 pH 试纸，其开始变色的温度即可定为开始分解温度。

我国 PVC 标准是在一定条件下测定 HCl 释放量来度量其热稳定性的。测定方法：将 3 g PVC 试样放在 U 型玻璃管中，然后将其置入 180℃ 油浴中加热 60 min，测定由 25 mL/min 的氮气流所带出的 HCl 量，并以每克 PVC 释出的 HCl 毫升数作为比较标准。

将 PVC 与加工助剂混合，压制成硬（软）试片，放在热老化箱中在一定温度下烘烤，在不同时间下定期取出试片，比较颜色变化情况。颜色越浅，热稳定性越好。

PVC 分子中一些不规则结构会导致热稳定性差的缺陷结构，如支链、内部双键（烯丙基氯）、端部双键、过氧基、头－头连接处等。避免过高的聚合温度或局部过热，减少乙炔、氧等杂质含量是提高 PVC 热稳定性的有效措施。

（2）透明度。PVC 试片透明度可用雾度计和分光光度计来评价。

（3）水分和挥发组分。其测定方法是取 5 g 试样，在 80℃ 下干燥 2 h，计算损失量占试样的百分比。水分过多，易使树脂结块；水分过少，易产生粉末。

（4）水萃取液的电导率。其测定方法是取 20 g PVC 试样，放入 500 mL 锥形瓶中，加入 200 mL 二次蒸馏水，加热煮沸回流 1 h，在 20℃ 下测定滤液的电导率。电缆材料对电导率有特殊要求，一般规定在 10×10^{-5}（$\Omega \cdot cm$）$^{-1}$ 以下。

（5）黑黄点和"鱼眼"。黑黄点代表机械杂质。测定方法是取 10 g PVC 试样，放在黑黄点测定器的毛玻璃上，铺匀，目测黄黑点数，并计算 100 g 试样中的点数。规定黑黄点总数不得多于 40，其中黑点不多于 15。"鱼眼"是在通常热塑化加工条件下未塑化的透明粒子，加工成试片后目测计量。"鱼眼"对加工制品质量影响较大，如影响薄膜的外观和强度、电缆材料的绝缘性能、唱片的音质等。

思考题

1. 了解典型悬浮聚合配方实例。为什么聚合工艺中常常采用复合引发剂？这对生产工艺控制有什么好处？

2. 简述聚合工艺流程及 70 cm³ 聚合釜的结构、材质、尺寸等参数。

3. 悬浮聚合反应中要考虑哪些影响因素？简述各因素对聚合反应的影响。

4. 绘制聚合工艺流程图及单体回收流程图，并附流程说明。

5. 聚合反应中为什么要加入分散剂？常用分散剂有哪些类型？

6. 聚合反应的浆料为什么要经过碱处理？终止剂和消泡剂的作用是什么？

7. 聚合工艺中水质对聚合工艺生产有何影响？聚合反应中水质的标准是什么？

8. 离心干燥前为什么浆料要经过汽提塔处理？汽提过程中需要考虑哪些影响因素？

9. 简述汽提塔塔顶和塔底温度、进料速度和物流流向。

10. 如何控制旋风机的跑料？除旋风干燥法，有何其他干燥设备？

11. PVC 树脂粉末的杂质和水分怎样控制？

12. 简述汽提塔、出料槽、分离器、离心机、旋风分离器的内部结构与原理。

13. 疏松型与紧密型树脂含湿量控制指标有哪些？螺旋输送物料带有什么好处？

14. 氯乙烯的本体聚合工艺采用两段式聚合是解决生产中的什么问题？

15. 氯乙烯的乳液聚合与一般的乳液聚合有什么不同？

16. 乳化剂的选择对最终的产物有较大影响，举例说明常见的乳化剂类型、HLB 值对乳胶粒子的影响。

17. 微悬浮聚合与悬浮聚合有何区别？微悬浮聚合常见引发剂有哪些？

18. 近年来一些新型聚合工艺技术不断涌现，举例说明氯乙烯新聚合工艺原理、树脂的应用领域。

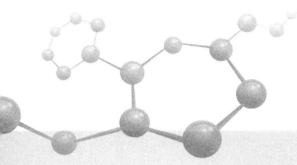

/第6章/

聚氯乙烯的改性

聚氯乙烯具有优良的综合力学性能，一定的耐化学腐蚀性；加之资源丰富，相对价格低廉，其制品又为社会建设和人们生活所需求，因而被普遍重视并得到广泛的应用。但它也有不少的缺点，如热稳定性和耐热性差，必须在熔融状态下加工，熔融温度约210℃。当温度到达100℃时，它开始分解放出氯化氢，温度高到150℃时分解速率更大，加入热稳定剂，仍伴有PVC分解发生，使树脂加工性能恶化，还造成环境污染。分解使PVC主链产生双键，导致制品容易变色、老化。硬质PVC制品有脆性，常温下缺口冲击强度只有$2.2 \ kJ/m^2$，低温时更易脆裂，不能作结构材料。硬质品使用温度下限为$-15℃$，软质品温度下限为$-30℃$。常采用小分子增塑剂，加工过程中增塑剂会溶出、挥发迁移，这不但污染了环境，还会使制品变硬，失去应用价值。为克服上述缺点，赋予PVC优良的性能，拓宽其应用范围，就必须进行改性。改性方法大致分为化学改性和物理改性两大类。

6.1　聚氯乙烯的化学改性

化学改性是通过一定的化学反应使PVC结构发生变化，从而达到改性目的。化学改性的途径有共聚合反应和大分子反应两种。

共聚合是PVC化学改性的主要方法，常采用无规共聚和接枝共聚两种方式。无规共聚可根据共聚单体性质的不同来降低PVC加工温度和熔体黏度，改进PVC的耐热性和共聚物的力学特性。接枝共聚是用改性聚合物体主链接上其他单体，如PVC主链上连接柔性单体，或将VC单体接到柔韧性好的聚合物链上，这样可提高PVC的抗冲击性能。

大分子化学反应改性对PVC而言常采用氯化和交联两种方式。PVC经氯化后，含氯量提高，使热变温度提高，溶剂中溶解能力增强。PVC在加工过程中，加入少量交联剂或采用放射线辐照，使PVC分子链间产生一定程度的交联，可提高PVC的拉伸强度和耐热性，使软质PVC具有更优的弹性。

6.1.1　氯乙烯无规共聚

氯乙烯与各种单体或PVC与其他单体共聚，它们的反应机理和反应动力学不同于氯乙烯均聚，而共聚物的结构也复杂，下面介绍几种有实用价值的无规共聚物。

6.1.1.1　氯乙烯－醋酸乙烯酯（VC－VAC）共聚

VC－VAC共聚物俗称氯醋树脂，是开发最早、应用最广的共聚PVC品种。它的软化温度低，流动性较好，可在较低温度下进行加工，易于加工成型；VAC有内增塑作用，柔韧性较好，作软制品时可减少增塑剂用量；溶解性好，能溶于普通溶剂，如丙酮、醋酸丁酯等；随着化学组成、分子量的不同，其物理机械性能略有下降，但电性能、耐水性和制品尺寸稳定性与 PVC 相当。VAC 含量为 13%～15% 的悬浮共聚树脂，主要用于生产塑料地板和唱片。前者（塑料地板）与树脂加工流动性、柔韧性，能否接受大量填料有关；后者（唱片）与 VC-VAC 的加工流动性，制品尺寸稳定性（高仿真、高保真）有关。VAC 含量为 20%～40% 的乳液或溶液树脂，利用其优良的溶解性能，塑化温度低于常规 PVC 糊树脂，主要用作防护性涂料。VC-VAC 树脂的三大用途是 PVC 树脂所不能取代的。

氯醋树脂体系中还有三元共聚物，如氯乙烯-醋酸乙烯酯-顺丁烯二酸酐、氯乙烯-醋酸乙烯酯-马来酸、氯乙烯-醋酸乙烯酯-乙烯醇、氯乙烯-醋酸乙烯酯-丙烯酸丁酯共聚物大多采用乳液法或溶液法共聚，产品主要用作涂料和胶黏剂。

6.1.1.2　氯乙烯-烯烃共聚

该共聚物中的烯烃是指乙烯（E）、丙烯（P）、碳原子数大于 3 的烯烃或二烯烃。目前实现工业化的只有 VC-E 和 VC-P 两种，它们均为内增塑聚合物，熔体流动性好，成型温度低。但 VC 与 E 或 VC 与 P 共聚竞聚力相差大，制备一定组成比的共聚物所需加入烯烃的量远高于最终组成，使反应体系压力增高，操作难度加大。如 VC 和 E 的竞聚力 $r_{(VC)}=2.8$，$r_{(E)}=0.05$。VC 易于或优先进入共聚体内，而 E 则在未反应单体混合物中积累，使共聚物组成很不均匀，聚合压力随反应进行而升高。研究表明，要制备含 E 4% 的 VC-E 共聚物，共聚温度为 50℃；未加入 E 时，聚合釜的压力为 0.8 MPa，加入 E 后，压力上升为 2.2 MPa，随着聚合进行，压力最高可达 3.1 MPa，这时就必须考虑釜的耐压和耐热问题。此外，由于烯烃的降解性和链转移作用，制备相同分子量的共聚物较 VC 均聚的温度低，这又带来了聚合中的导热问题。

P 比 E 更难与 VC 共聚，P 具有很明显的链转移作用，分压比 E 小，共聚压力低，当聚合温度为 50℃、生成含丙烯 2.5% 的 VC-P 共聚物时，聚合压力不超过 1.0 MPa，聚合速度也较慢。考虑它的性价比，不具备竞争力，但适用于食品和医药的无毒包装。

VC-E 共聚物中 E 含量为 1%～15% 时，热稳定性优于 VC-VAC，伸长率和冲击强度大于 PVC，制品透明，与无机物的亲和性好。悬浮法 VC-E 共聚物可用于制作唱片、人造革、薄膜、容器等，乳液法 VC-E 共聚物可用作罐头涂料、无纺布胶黏剂。

6.1.1.3　氯乙烯-丙烯酸酯共聚

这里所用的丙烯酸酯有丙烯酸甲酯（MA）、丙烯酸丁酯（BA）、丙烯酸-2-乙基己酯（EHA）、甲基丙烯酸甲酯（MMA）等，它们与 VC 共聚采用悬浮法或乳液法制备。这类共聚物加工性能好，制品抗冲击强度高，透明，且随着丙烯酸酯单体种类和含量的不同可得到硬质、半硬质、软质的 PVC 制品。

美国 Goodrich 公司采用两种结构不同的丙烯酸酯与 VC 共聚，制备了新型耐油的 PVC 树脂。一种是丙烯酸乙酯或丙酯或丁酯，是丙烯酸短烷基酯单体，作为耐油剂；

另一种是长烷基酯类，如丙烯酸－2－乙基己酯，具有改变共聚物压缩永久变形性能和低温脆性的作用。

氯乙烯－丙烯酸酯共聚物可用 PVC 常用的加工设备和方法加工，加工性能优于 PVC，其硬质产品用作飞机窗玻璃、仪表面板，软质产品用作涂料和胶黏剂。

6.1.1.4　氯乙烯－偏二氯乙烯（VC－VDC）共聚

VC－VDC 共聚物可通过悬浮法和乳液法制备，按 VDC 含量的不同，可将悬浮法共聚物分为三类。

VDC 含量小于 20％的共聚物性能接近 PVC，加工性能较好，用作 PVC 糊树脂的添加剂，能降低其黏度，便于涂刷、喷涂。

VDC 含量为 30％～55％的共聚物，在加工温度下有很高的流动性，溶于氯代烃、酯类及其他有机溶剂。VDC 分子的对称性使 PVDC 有高的结晶度。VC 与 VDC 共聚破坏了 VDC 的结晶性，热稳定性比 PVC 差，受热易放出 HCl，对热稳定剂要求高。乳液法 VC－VDC 共聚物中 VDC 含量小于 60％的产品主要用作涂料和胶黏剂。

VDC 含量为 75％～90％的共聚物，属于 VC 改性 PVDC 树脂，具有优良的阻透性能。可阻止许多气体和液体的渗透，又耐化学药品腐蚀，使用寿命长，可制作汽油过滤器、阀门、管件以及容器等化工设备。挤出法生产抽丝作纤维；压延和吹塑法生产薄膜，该薄膜具有极好的阻透性、透明性和热收缩性，是食品的保鲜包装材料，也可用于药品、武器弹药的包装。

近年来，以 VC－VDC 为主的一系列新型树脂不断发展，研制成的品种有 VC－VDC－丙烯腈、VC－VDC－二氯异丁烯、VC－VDC－丙烯酸酯共聚物等。

6.1.1.5　氯乙烯－N－马来酰亚胺（VC－NMI）共聚

该体系中的马来酰亚胺是指 N－环己基马来酰亚胺或 N－苯基马来酰亚胺，它与氯乙烯共聚的特点是提高了 PVC 的耐热性。虽然 PVC 树脂的耐热性可通过交联、氯化或与其他树脂共混等方式来提高，但为进一步扩大 PVC 耐热制品市场，国外开发了 VC－NMI 共聚物。VC 与 NMI 质量分数比为 86.6：12.4，制品的热变形温度可达 87℃～92℃，有良好的着色和色泽稳定性，常用来制作耐热管材、片材、薄膜等。

日本在 VC－NMI 中加入丙烯酸单体，三者比例为 100：10：30，研制的三元共聚树脂使用温度达 96℃，可制作医用透明膜、分离膜、耐热水管等。

6.1.2　氯乙烯接枝共聚

氯乙烯作为单体在其他聚合物主链上接枝共聚，作用有两个：一是改进硬质 PVC 的抗冲击性能；二是改进软质 PVC 的增塑稳定性。常见的提高抗冲击性能的接枝共聚物有下列几种：

（1）聚乙烯－醋酸乙烯酯（EVA）与氯乙烯接枝共聚，即 EVA-g-VC。

（2）氯化聚乙烯（CPE）与氯乙烯接枝共聚，即 CPE-g-VC。

（3）聚丙烯酸酯（ACR）与氯乙烯接枝共聚，即 ACR-g-VC。

（4）乙丙胶（EPR）与氯乙烯接枝共聚，即 EPR-g-VC。

（5）热塑性聚氨酯（TPU）与氯乙烯接枝共聚，即 TPU-g-VC。

它们的工艺配方见 6.1.4 节。

基体聚合物大多是 PVC 的抗冲击改性剂，其含量不高，PVC 是接枝物的主要成分，以均聚和接枝到基体聚合物上两种形式存在。接枝产物具有 PVC 的主要特性，但接枝 PVC 的存在提高了均聚 PVC 与基体聚合物的相容性，从而提高了它的抗冲击性能。

改进软质 PVC 的增塑稳定性采用的基体聚合物是柔性的，在接枝聚合物中含量较高，以达到增塑效果。

以上几种接枝共聚物在国内大都处于开发研制中，尚未形成规模生产。现以 EVA-g-VC 为例作简要介绍。

EVA-g-VC 是产量最大的接枝改性 PVC 品种，产量仅次于 VC-VAC 无规共聚物。按 EVA 含量分为两类：EVA 含量为 6%～10% 是硬质抗冲击型；EVA 含量为 30%～60% 是软质增塑型。采用悬浮聚合和乳液聚合法生产，工业上以悬浮法为主。根据 VC/EVA 配比，悬浮法分为溶解法（VC/EVA>5）、溶胀法（VC/EVA≈2～5）和低压法（VC/EVA<1）三种，反应温度为 50℃～60℃，温度升高有利于提高接枝效率，但分子量下降。悬浮聚合用纤维素醚类和聚乙烯醇作分散剂。

硬质型制品的抗冲击性大为提高，耐候性和加工流动性均好。制品可作上下水管、电缆护套、窗框等建材。软质增塑型制品有较好的热老化性和耐寒耐候性，特别适合用于寒冷地区作透明薄膜、高档鞋料以及食品和医疗用容器等。

6.1.3 聚氯乙烯接枝共聚

聚氯乙烯接枝共聚是以 PVC 分子为主链，再接上其他单体形成支链的共聚方法。这种共聚改性的目的是提高硬质 PVC 的抗冲击性和耐热性能，增加软质 PVC 的增塑稳定性。抗冲击和增塑改性主要接枝单体有醋酸乙烯酯、丁二烯、丙烯酸丁酯等；耐热改性主要接枝单体有甲基丙烯酸甲酯、N-苯基马来酰亚胺、苯乙烯、a-甲基苯乙烯等。

PVC 接枝共聚实施方法是悬浮溶胀法和乳液法，目前这种改性研究较多，但实现工业化生产的品种很少。

PVC-g-VAC 与 VC-VAC 无规共聚物不同，前者是 PVC 与 VAC 接枝共聚，可得到加工、抗伸和热稳定性都有改善的树脂；后者只能得到内增塑型共聚物，其抗冲击性和热稳定性并没有提高。PVC-g-VAC 适用于作软质制品，也适合作具有高抗冲击性能、加工流动性好的硬质制品，如管材、板材异型材、包装材料等。

PVC 接枝主要通过 PVC 脱除不稳定的氯原子，形成 PVC 大分子自由基，引发待接枝的单体或单体均聚体，在 PVC 上形成支链。PVC 也可在碱性水溶液中加热脱除

HCl，形成不饱和链，再与单体接枝共聚。

6.1.4　氯乙烯接枝共聚配方工艺条件实例

氯乙烯接枝共聚主要方法与配方见表 6-1～表 6-5。

表 6-1　VC 接枝共聚主要方法

聚合方法		主要特征	实例
溶液接枝共聚		基体聚合物溶于 VC 单体，或基体聚合物和 VC 单体溶于另一种溶剂中，采用油溶性引发聚合	TPU-VC 接枝共聚（溶剂为甲乙酮）
悬浮法接枝共聚	溶解法	基于共聚物溶于 VC 单体，分散于分散介质中聚合，引发剂和分散剂类似于 VC 悬浮聚合	VC/EVA > 5 时的 EVA-VC、TPU-VC 接枝共聚
	溶胀法	VC 单体全部或部分溶胀于基体聚合物中，分散于分散介质中聚合，引发剂和分散剂类似于 VC 悬浮聚合	EVA-VC、CPE-VC、EPR-VC、ACR-VC 接枝共聚
	低压法	VC 单体全部溶胀在基体聚合物中，无液相 VC 存在，一般采用分步或连续加 VC，分散介质、引发剂及分散剂等类似于 VC 悬浮聚合	VC/EVA < 1 时的 EVA-VC 接枝共聚
乳液接枝共聚		接枝单体全部或部分溶胀于基体聚合物胶乳中，分散介质、引发剂和乳化剂同 VC 乳液聚合	ACR-VC 接枝共聚

表 6-2　ACR 胶乳与 VC 悬浮接枝共聚配方

物料	质量（kg）	物料	质量（kg）
去离子水	14000	脱水山梨糖醇单月桂酸酯	12
VC 单体	9500	过氧化二月桂酰	12
交联 ACR 胶乳（固含量 25%）	2300	巯基乙醇	4
聚乙烯醇	55		

表 6-3　EPR-VC 悬浮接枝共聚配方及工艺条件

原料及工艺条件	质量（kg）
原料：	
VC	90～95
EPR	5～10
去离子水	200
偶氮二异丁腈	0.12
明胶	0.15
溶胀法	适量
工艺条件：	

原料及工艺条件	质量（kg）
冷搅时间（h）	2.5
聚合温度（℃）	55

表6-4　PVC-VAC悬浮接枝共聚配方及工艺条件

原料及工艺条件	质量（kg）
原料：	
PVC	6750
VAC	750（50℃时加入）
H_2O	1600（50℃时加入）
过氧化二碳酸异丙酯	8（30℃时加入）
工艺条件：	
聚合温度（℃）	50
聚合时间（h）	2

表6-5　TPU-VC悬浮接枝共聚配方及工艺条件

配方及工艺条件	1	2	3
原料/质量份：			
TPU（Pandex T-5265）	20	40	20
VC	80	60	60
丙烯酸丁酯	—	—	20
偏二氯乙烯	—	—	—
去离子水	200	200	200
PVA（KH-17）	0.8	0.8	0.8
过氧化二碳酸二（2-乙基己酯）	0.05	0.05	0.05
工艺条件：			
聚合温度（℃）	58	58	58
聚合时间（h）	15	15	15
聚合转化率（%）	90	90	90
共聚物中TPU含量（质量分数）（%）	22	44	22

6.1.5　大分子化学反应

PVC 的大分子化学反应改性有交联和氯化两种方法，目的是提高它的耐热变形能力。PVC 的玻璃化温度为 80℃～85℃，维卡软化点约为 80℃，最高连续使用温度仅 65℃，因此耐热性较差。前面叙述的共聚方法以及后面将要讨论的共混方法都能提高它的耐热性。根据对树脂性能的要求和用途，可采用不同方法进行改性。

6.1.5.1　聚氯乙烯的交联

PVC 化学交联的方法有光化学或辐射交联以及与交联剂交联。交联剂可以和 PVC 共聚合成交联聚氯乙烯，也可与 PVC 主链反应生成交联聚氯乙烯，还可以与无规或接枝共聚到 PVC 上的基团反应生成交联聚氯乙烯。近年开发的硅烷水解交联、二巯基三嗪化合物亲核取代交联等技术，使 PVC 交联过程中的降解程度降低，有利于提高聚合物的性能。

（1）硅烷交联聚氯乙烯。

氨基和巯基硅烷交联 PVC 按离子反应和水解缩合反应机理进行。首先通过氨基或巯基的亲核取代 PVC 主链上的 Cl^-，使硅烷接枝到 PVC 上，硅烷的硅氧基在水和催化剂（二丁基锡二月桂酸酯）作用下，水解成羟基，PVC 分子链间的羟基缩合脱水形成醚键，即得到交联 PVC。这个过程基本上消除了 PVC 的断裂和热降解现象，反应和交联 PVC 的结构都较容易控制。

加工条件会影响硅烷在 PVC 上的接枝程度，它们的交联度随着加工温度和时间的增加而增大，交联 PVC 中凝胶含量也增加。加工后在大气、水气或水浴环境中还可进一步交联，交联 PVC 的凝胶含量随水解交联时间的增加而增大，最后达到平衡。

交联 PVC 材料的拉伸强度、弹性模量、热稳定性和电性能均有提高，但断裂伸长率降低。

（2）二巯基－三嗪化合物交联聚氯乙烯。

PVC 中的 C—Cl 极性键，可与多官能团亲核试剂发生取代反应。巯基的亲核性较强，而碱性较弱，与 PVC 交联的能力较强，对它降解影响小。这类交联剂中研究得较多的是二巯基－三嗪化合物（R－DT）。应用过程中还需加入酸吸收剂，如 MgO、ZnO 等金属氧化物和 $CaCO_3$。R－DT 中 R 取代基结构、酸吸收剂、催化剂、增塑剂等的种类、用量、反应温度、时间等对交联反应速率都有影响。

R 取代基的碱性大，交联速度也大。R 为 $N(C_4H_9)_2$ 的 R－DT 化合物，即 2－二丁基胺－二巯基－三嗪（DB）的交联速率最大，是常用的交联剂，用量在 5 份（质量）以下时可使 PVC 达到较高的交联度（凝胶含量）。酸吸收剂对 DB 交联 PVC 的速率和诱导期按金属氧化物、金属碳酸盐、金属羧酸盐的顺序依次减弱。为提高交联效率，加入聚乙二醇（PEG）或多元醇，如二缩三羟甲基丙烷作催化剂，PEG 相对分子质量约 300 时效果最佳。它的醇羟基与 Mg^{2+} 配位形成络合物，利于交联反应进行。此外，增塑剂的介电常数越大，用量越多，会降低交联速率。

（3）辐射交联聚氯乙烯。

普通 PVC 在辐射作用下不发生交联，主要发生脱 HCl 反应和降解反应，产生共轭双键使产品变色。多官能团不饱和单体能够强化 PVC 辐射下的交联反应。多年的研究逐步揭示了 PVC 交联中的反应原理和结构变化，进而能够控制辐射交联 PVC 产品的结构与性能。聚合物辐射加工技术及电子加速器技术的进步促进了 PVC 辐射交联的发展，目前国内已有小批量生产。

辐射交联后的 PVC 形成三维网状结构，它的热性能、玻璃化温度和初始分解温度都显著提高，热老化下的耐热寿命大大增加，从而拓宽了它的应用范围。在力学性能方面，如拉伸强度可提高 5%～30%，模量上升，断裂伸长率下降；热老化后的力学性能保持率也大为提高。在电性能方面，体积电阻率增加，介电常数及介电损耗降低，耐击穿电压提高。在其他方面，如表面硬度、表面黏接力、耐增塑剂析出性、耐化学溶剂性及阻燃性等均有提高。

与化学交联相比，辐射交联的产品电性能好，生产工艺较为简单，容易实现连续生产，总能耗低，环境污染小。它的缺点是辐射不够均匀，交联程度不一，容易产生应力集中，甚至应力开裂，影响产品寿命。改进辐射技术，控制辐射剂量是有待解决的问题。

交联 PVC 材料的综合性能较好，故可用作电线、电缆等电绝缘和护套材料，以及模塑料（即模塑加工的 PVC 粒料）、建筑装潢材料等。

6.1.5.2　聚氯乙烯的氯化

由 PVC 氯化制得氯化聚氯乙烯（CPVC），由于分子的极性增加，使玻璃化温度（T_g）、软化点均有提高。T_g 约比 PVC 高 50℃，可在 90℃～100℃下长期使用。随着氯化度的提高，软化点、耐热性也随之上升。但熔融黏度增加，给加工成型带来一定的困难，另外还因 CPVC 有较高的氯含量，对加工设备的腐蚀也比 PVC 严重，使其应用受到一定的限制。

（1）生产工艺。

CPVC 生产工艺分均质氯化和非均质氯化两类，具体操作方法有下面三种。

①溶液氯化法（均质氯化）。

将 PVC 溶解在含氯的溶剂中（氯仿或氯代烃等），加入 ABIN，通 Cl_2 氯化，并经过水析、溶剂回收、离心干燥、尾气吸收处理等工序得到合格的 CPVC。工艺技术与氯化橡胶和氯化 PE 基本一致。此法的优点是反应均匀，树脂质量佳。缺点是工艺流程长，溶剂回收困难，成本较高，又容易造成环境污染。国内很少使用，正逐步被淘汰。

②水相悬浮氯化（非均质氯化）。

将 PVC 加入含盐酸的水中，搅拌形成浆料，加入引发剂，通 Cl_2 氯化，然后经水洗、离心分离、尾气后处理等工序得到 CPVC 产品。此法工艺流程短，操作简单，产品有良好的耐热性和力学性能，是目前国内外 CPVC 硬质材料的主要生产方法。不足之处是生产过程中的酸性废气需要处理。

③气固相氯化（非均质氯化）。

PVC 树脂在紫外线照射下引发，在流化床中氯化；反应温度为 40℃～100℃，可通过控制紫外光强度和氯化温度来提高生产效率。此法含氯量低，工艺简单，但操作复杂，氯化过程难于控制，产品均匀性差，由于反应物料黏稠，驱除反应热困难。

（2）氯化聚氯乙烯的性能与应用。

CPVC 是 PVC 的一个改性品种，含氯量比 PVC 增加 5%～8%，分子结构的不规整性使结晶度降低。其分子链有较强的极性，使热变形温度上升，90℃时 CPVC 制件可连续使用，寿命达 50 年之久。CPVC 树脂性能指标见表 6—6，CPVC 硬质材料性能见表 6—7。

表 6—6　CPVC 树脂性能指标

项目	指标	项目	指标
外观	白色或浅黄色粉末	黏度（MPa·s）	1.3～1.6
粒度（40 目筛通过率）（%）	≥98	热分解温度（℃）	≥100
密度（g/cm³）	1.52～1.59	热稳定时间（120℃）（s）	≥40
氯质量分数（%）	61～68	吸油率（%）	≥20
挥发组分质量分数（%）	≤0.3		

表 6—7　CPVC 硬质材料性能

项目	挤出	注塑
维卡软化点（℃）	120	105
拉伸强度（MPa）	55.0～65.0	55.0～65.0
冲击强度（缺口）（J/m）	53.3～266.7	26.7～266.7
弯曲屈服强度（MPa）	8.0～100.0	90.0～110.0

CPVC 与其他高分子材料相比，具有优异的耐老化性、耐腐蚀、高阻燃等特点，广泛用于化工建材、电器、纤维等生产领域。

①管材及结构材料。

制作管材输送热水及腐蚀性介质，在介质温度不超过 100℃时，它可保持足够的强度，还能在较高内压下使用。它的导热性极低，故可制作化工厂的热污管以及电镀液、热化学试剂、湿氯气等的输送管。CPVC 的注塑件可用于供水管的接头、过滤材料及脱水机部件。它压延成薄板可用于制造耐腐蚀的化工设备和电化设备。它良好的自熄性和绝缘性可制作电气、电子零件、电缆、电绝缘材料等。日益发展的化工建筑行业，采用 CPVC 等合成材料替代金属和木材已成为大势所趋。

②发泡材料。

CPVC 发泡体的耐热性优于 PVC 发泡体，高温时收缩率小，故用作热水管和蒸汽管的保温材料。它的机械强度和电绝缘性好，故可作建材、电器零件、化工设备的原料。含氯量大于 60% 的 CPVC 对溶剂的保持性相当好，故可使 CPVC 在加热时能产生气体的溶剂中进行发泡，如在沸点为 50℃～100℃ 的烃、醚、酮类等溶剂中作发泡剂可得到均一微孔的发泡体。

③复合材料。

与某些无机或有机纤维材料构成的 CPVC 复合材料，其耐冲击性、耐热性、拉伸强度会进一步提高，可制作板材、管材、波纹管等。

④涂料和胶黏剂。

CPVC 在有机溶剂中有良好的溶解性，与其他树脂混合溶于有机溶剂，可制成不同用途的胶黏剂和涂料，黏接能力强，施工方便，色泽成膜性好，附着力强。

⑤氯纶的改造。

国产氯纶的洗晒温度不得超过 60℃，在纺织氯纶中加入 30% 的 CPVC 可大大提高产品的耐热性，缩水率由原来的 50% 降到 10% 以下。

⑥树脂改性剂。

CPVC 与热塑性或热固性塑料掺混，可改善材料性能。例如，掺入 PVC，能明显提高树脂的耐热性；渗入丙烯腈，能提高合成纤维膨胀系数、韧性和伸长率等。

（3）新工艺。

基于 CPVC 综合性能优良，在工程塑料领域有广泛的用途，许多企业都积极设法解决它在加工过程中存在的问题。美国 Goodrich 公司发明了两步氯化 PVC 树脂的后氯化工艺，这是在高放热反应中控制水悬浮体氯化的一种新方法。该工艺分为以下两步：

第一步是在无氧条件下，使用半衰期为 10 h 的过氧化二烃基酯引发，水悬浮体氯质量分数为 55%～58%，75℃ 以下氯化，再升温到 100℃，用超过需要的化学计算当量 0.5%～10% 的氯进行反应，直到树脂中氯质量分数达 68%～69%。

第二步是在氧质量分数低于 100×10^{-6} 条件下，引发剂同上，温度为 100℃～200℃，保持反应体系中氯超过需要的化学计算当量 0.5%～10.0% 条件下继续氯化，直到树脂中氯质量分数达 70%～75% 为止。这一步反应在 30 min 内至少使树脂的氯质量分数提高了 3%，而表面氯密度低于旧工艺水平。

两步工艺使用的主要设备是带有搅拌的玻璃衬里的聚合釜，反应 1.67 h 后，氯质量分数可达 70.3%。新旧工艺生产的 CPVC 氯含量相同时，新工艺 CPVC 显示出较低的熔融加工温度，熔融黏度低，不像旧工艺产生大量的游离氯，故可省去氯回收、净化及循环利用的工艺设备，因而提高了反应速率和经济效益。

上海氯碱化工有限公司应用水相悬浮氯化技术建成万吨级 CPVC 生产装置，已于 2011 年 9 月投产。国内 CPVC 树脂行业处于黄金时期，"十二五"期间，产能已逐步集中并迅速扩大，年产 10 万吨项目已落成。如果有 10% 的 PVC 被 CPVC 树脂所取代，则我国对 CPVC 的需求量将为 130 万吨/年以上，市场前景广阔，具备很大的发展空间。

6.2　聚氯乙烯的物理改性

PVC 物理改性的主要手段是填充、复合、共混，它们不涉及分子结构的改变，比化学改性容易实施。

6.2.1　聚氯乙烯的填充改性

填充改性是在聚合物中均匀掺混一定量的微粒填充剂（简称填料）经混炼改性。填充改性的目的是提高制品的硬度、耐磨性和热变形温度，提高物料的热稳定性和耐候性，降低制品的成型收缩率及成本。选择适当的填料和填充量，制品还可能获得较高的冲击强度或较高的断裂强度。但不是所有填料都能起到上述作用，多数填料为惰性，经表面处理后可转化为活性填料。如轻质碳酸钙在 PVC 中只起增量作用，可降低材料成本，但减弱了 PVC 制品的力学性能。将轻质碳酸钙进一步粉碎成超细型（粒径在 $0.1~\mu m$ 以下），或表面用钛酸酯偶联剂处理，就可起补强作用，大大提高 PVC 的机械强度。

填料的粒径和粒径的分布对填充制品的力学性能影响甚大，粒径越小，表面积越大，表面能就较高，微粒的聚集趋向明显，抗剪切能力就强。机械式地破坏这种聚集体，解体后的微粒仍有聚集能力。将它们用表面活性剂或偶联剂处理后，填料表面能会明显降低。

常用的偶联剂有钛酸酯、铝酸酯、硅烷等；常用的填料有碳酸钙、高岭土、二氧化硅、滑石粉、二氧化钛、赤泥（氧化铝厂的废渣）、炭黑、云母、硅灰石（天然硅酸钙化合物）以及金属粉，如铁粉、锌粉、黄铜粉、铝粉、铅粉等。金属粉填料可用作抗静电或导电、屏蔽射线的制品。

6.2.2　聚氯乙烯纤维复合增强改性

增强改性是指聚合物中掺入高模量、高强度的天然或人造纤维，从而大大提高制品的力学性能的一种改性方法。纤维复合改性可提高塑料的硬度、耐磨性和热变形温度，降低成型收缩率和挤出胀大效应。

与填充改性相似，使用纤维材料会降低树脂熔体流动性，提高熔体黏度。由于纤维的长径比大，增强塑料中的纤维与塑料基体有强的界面力，使聚合物分子链运动能力受限制，因此它们的熔体黏度高，加工过程中会影响 PVC 的塑化温度和塑化程度。纤维增强塑料具有较高的力学性能、耐疲劳性和抗蠕变性，在外力重复作用下，材料性能不会明显降低。在这方面，PVC 的其他改性方法是不能与之相比的。

增强改性所用的纤维有玻璃纤维（GF，简称玻纤）、石棉纤维、有机聚合物纤维及其织物、碳纤维、硼纤维等。树脂通过纤维增强构成复合材料是大幅度提高其综合性能的有效途径。国内外对玻纤增强 PVC（GF/PVC）做过不少研究，20 世纪 80 年代后，随着复合工艺及加工设备的发展，尤其是新型化学偶联剂的开发，使 GF 增强技术用于 PVC 树脂得以实现。新型的 GF/PVC 复合材料既有高的刚性和使用温度、良好的尺寸稳定性和耐缺口冲击性，又可制成粒料来生产各种注塑件和挤出件，从而形成了系列化产品。

PVC 常用的石棉、玻璃纤维和锦纶三种纤维复合增强的改性配方实例见表 6－8～表 6－10。

表 6－8　PVC 石棉地板砖配方

原料	质量（kg）	原料	质量（kg）
PVC（聚合度 100）	100	高岭土	170
石棉纤维粉	80	三碱式铅盐	3
二碱式铅盐	2	HSt	0.8
PbSt	2	氯化石蜡	10
蜡	0.8	M－50	10

表 6－9　玻璃纤维增强 PVC 硬板材料配方

原料	质量（kg）	原料	质量（kg）
PVC（聚合度 1100）	100	BaSt	1
玻璃纤维（直径 10 μm，长度 3 mm）	30	PbSt	0.5
KH－550	0.3	蜡	0.5
三碱式铅盐	3	HSt	0.3
二碱式铅盐	2		

表 6－10　锦纶网增强 PVC 软管配方

原料	质量（kg）	原料	质量（kg）
PVC（聚合度 1300）	100	BaSt	1.2
DOP	25	CdSt	1
DBP	20	蜡	0.3
M－50	5		

6.2.3　聚氯乙烯共混增韧改性

聚氯乙烯共混的目的是改善其加工性能、提高冲击强度、增强耐热性和降低成本（如利用废料与新料共混制再生品）等。PVC 增韧改性的目的是解决脆性和缺口敏感性，使硬质 PVC 能用作工程塑料或建筑材料。增韧改性有两种方式：一种是用橡胶弹性体与 PVC 共混提高韧性；另一种是用刚性粒子（RF）型聚合物与 PVC 共混，可大幅度提高 PVC 冲击强度。

PVC 共混改性的弹性体主要包括橡胶和热塑性树脂。PVC 与弹性体共混增韧是目前研究最多的改性方法。虽然共混的理论与实践较共聚发展得晚，但近 20 年来发展很快，大大拓宽了高分子材料的领域。

6.2.3.1 增韧机理

对不同聚合物间的共混体系中分子状态的分散、两相混合的相结构、组分之间的黏附作用等，前人曾进行了理论探讨。以丁腈橡胶（NBR）、氯化聚乙烯（CPE）、乙烯醋酸乙烯酯共聚物（EVA）、热塑性聚氨酯（TPU）等为代表采用的是一种"网络增韧"机理。以丙烯腈、丁二烯和苯乙烯三元共聚物（ABS），甲基丙烯酸、丁二烯和苯乙烯共聚物（MBS），丙烯酸酯类橡胶（ACR）为代表采用的是"剪切屈服－银纹化"机理。

网络增韧机理认为，弹性体形成连续网络结构，网络内包含 PVC 初级粒子，弹性网络结构可吸收大部分初级能，而初级粒子的破裂同样也要吸收能量，从而使材料的韧性提高。

剪切屈服－银纹化机理认为，弹性体以颗粒状均匀分散在基体连续相中，形成宏观均相和微观分相（海岛相结构）。弹性体颗粒充当应力集中体，诱发基体产生大量的剪切带和银纹，剪切带和银纹的产生要消耗大量能量，从而提高材料的冲击强度；弹性体还可终止剪切带和银纹的发展，使其不发展成为破坏性裂纹。此外，剪切带也可阻滞、转向并终止银纹或已存在的小裂纹的发展，使基体又发生由脆性向韧性转变，同样提高了材料的韧性。

RF 增韧可分为刚性有机粒子（ROF）和刚性无机离子（RIF）两种，ROF 增韧目前有两种机理，相容性较好的体系采用的是"冷拉"机理，相容性不佳的体系采用的是"空穴增韧"机理。

冷拉机理认为，ROF 以圆形或椭圆形粒子均匀分散在 PVC 连续相中，连续相的杨氏模量 E_1 小于分散相的杨氏模量 E_2；泊松比 μ 相反，连续相 μ_1 大于分散相 μ_2。两相界面产生较高静压强，基体与分散相界面黏结良好时，这种高的静压强使分散相 ROF 易于屈服而产生冷拉伸，导致 ROF 粒子变扁、变长，长径比增大，产生较大塑性变形，发生脆韧转变，从而吸收大量的冲击能，提高材料韧性。另外，ROF 拉伸时促使周围基体发生屈服，也吸收一定的能量，使 PVC 冲击强度得以提高。

空穴增韧机理认为，体系的相容性较差时，ROF 以规整球形均匀分散在 PVC 基体中，两相之间有明显的界面，ROF 粒子周围存在空穴，受冲击时界面易脱离而形成微小空穴，这个过程要吸收能量，也会引发产生银纹吸收能量，从而提高材料冲击强度。

RIF 增韧机理认为，RIF 均匀分散在基体连续相中，RIF 的存在会产生应力集中效应，使粒子引发大量银纹，导致粒子周围基体产生塑性变形，吸收冲击能，产生韧性；

RIF 也可阻碍银纹的发展，终止银纹，故同样起到增韧作用。

6.2.3.2　弹性体冲击改性

弹性体对基体 PVC 的增韧是通过促进基体发生屈服和塑性变形吸收能量来实现的，基体必须有一定的初始韧性，分散粒子与 PVC 连续相间有较强的界面黏着力，粒子才能有效发挥引发，终止银纹并分担施加的冲击负荷，从而提高体系的冲击强度。分散粒子与 PVC 的相容性有一最佳值，相容性差，二相黏着力弱，容易出现分层、开裂等现象；相容性太好形成均相，就不能形成宏观均相、微观分相结构，分散相就不会起到增韧作用。弹性体与 PVC 的相容性和二相界面的黏着力对共混体系的冲击强度影响很大，最佳效果需通过试验来确定。此外，弹性体用量、模量、粒径的大小以及弹性体、PVC 的品种不同都会影响共混增韧效果。

（1）PVC/CPE 体系。

CPE 是高密度或低密度聚乙烯氯化后的产物。含氯量为 36％的 CPE 残留结晶度低，弹性最好，适合作 PVC 的冲击改性树脂。试验证明，CPE 的含量为 8～16 份（质量）时，PVC 冲击强度提高，但拉伸强度、耐热性下降。为了进一步提高材料的综合性能，往往采用多组分共混体系。国内开发的新型 CPE 改性剂是 CPE－g－VC，含氯量为 36％的 CPE 与 VC 接枝共聚物可以提高 PVC 与 CPE 的相容性，改善 CPE 的分散性，三者共混时，PVC 的缺口冲击强度可提高到 100.7 kJ/m²，耐热性可达 90℃。

（2）PVC/NBR 体系。

NBR 是丙烯腈（AN）与丁二烯的无规共聚物，常作耐油橡胶。AN 含量为 20％～30％的 NBR 有较低的玻璃化温度，与 PVC 有良好的相容性。PVC/NBR 共混物以优异的韧性、弹性、耐油性、耐臭氧性和加工成型性而受到人们的青睐，它在 PVC 共混物中占有极其重要的地位，可用于生产管材、板材、垫、工业零部件、鞋类等。

（3）PVC/ABS 体系。

PVC 与 ABS 共混的目的是使 PVC 从通用塑性过渡为工程塑料，在某些领域可代替 ABS 的较为廉价的新型材料。它综合了 ABS 抗冲击、耐低温、易于成型加工，以及 PVC 阻燃、刚性强、耐腐蚀、价格低等特点，因而在机械零部件、纺织器材、汽车仪表、电器元件、箱包制造等方面显示了强大的生命力。

作为 PVC 的增韧改性剂的 ABS，按丁二烯的含量分为标准 ABS 和高丁二烯 ABS 两种。前者组成为丁二烯（30）－丙烯腈（25）－苯乙烯（45），后者组成为丁二烯（50）－丙烯腈（18）－苯乙烯（32）。高丁二烯 ABS 增韧效果优于标准 ABS，使用前者与 PVC 共混，当 $m_{PVC}:m_{ABS}=70:30$ 时，冲击强度有一极大值。

（4）PVC/MBS 体系。

PVC 与 MBS 共混物不同于前面三项，是兼有韧性和透光性的新型 PVC 材料，MBS 被称为 PVC 的透明型冲击改性剂。

MBS 是三元接枝共聚物，其中甲基丙烯酸甲酯（MMA）使聚合物有极性，可与 PVC 相容；丁二烯为柔性链段，赋予聚合物的高抗冲性；苯乙烯为刚性链段，赋予聚合物一定的刚性和优良的加工性能。MBS 在 85℃～90℃ 时仍具有足够的刚性，－40℃时仍有良好的韧性。它与 PVC 折射率相匹配，极性和溶解参数相近。MBS 还可促进 PVC 凝胶化，缩短共混的塑化时间，防止 PVC 热分解，利于加工。凭借以上的优良性能，PVC/MBS 共混物几乎占领了要求高冲击、高透明 PVC 制品的应用领域。

共混物中 MBS 含量在 10%～17% 时冲击强度高，含量再高时，MBS 在 PVC 中难以分散，影响改性效果。据报道，MBS 含量在 12% 时可使 PVC 的缺口冲击强度从 10 kJ/m^2 提高到 60 kJ/m^2。若再加入少量 CPE 共混，冲击强度可达 100 kJ/m^2，出现协同增韧效应。

6.2.3.3　刚性粒子改性

PVC 共混改性的刚性粒子中，ROF 为甲基丙烯酸甲酯－苯乙烯（MMA－S）、苯乙烯－丙烯腈（S－AN）共聚物等。RIF 为 $CaCO_3$、SiO_2、TiO_2 等，它不能单独使用，而是与弹性体或 ROF 同时使用。

ROF 对基本 PVC 的增韧是通过促进基体发生屈服，产生塑性变形而吸收能量来实现的。基体必须有一定的初始韧性；分散相与 PVC 连续相有较强的界面黏着力；粒径太小，颗粒间作用力大，易团聚，粒径大了，又分散不佳，只有适宜的粒径才能与基体接触面大，受冲击时产生更多的屈服，吸收更多的屈服能。因此，粒径大小随 ROF 种类和 PVC 品种的不同而异。此外，ROF 的用量和其模量的大小对 PVC 共混增韧效果都有影响。

RF 对 PVC 的增韧度不及弹性体，但可明显地提高冲击和拉伸强度。因此，人们提出将二者同时使用，协同增韧 PVC，这是近年来 PVC 共混改性方面较为活跃的研究领域之一。

张宁用 MBS 与 $CaCO_3$（1250 目）复配协同增韧 PVC，发现冲击强度达 120 kJ/m^2，拉伸强度约 37 kPa，断裂伸长率约为 40%。MBS 改善了 $CaCO_3$ 和 PVC 的相容性，部分 $CaCO_3$ 分散在 MBS 中减小了分子链间的作用力，弹性体的分子链段变得松弛，可吸收更多冲击能。MBS/$CaCO_3$ 在 PVC 中分散形成柔韧层，能改善二者界面结合。该共混体系具有刚、硬、韧综合性能。但 $CaCO_3$ 用量大于 PVC 质量的 10% 时，因颗粒团聚、界面状况不良而降低了共混物的力学性能。

6.3　纳米粒子改性 PVC 树脂

纳米微粒的粒径通常为 20～150 nm。当物质的粒径进入纳米量级后，其结构与性能和常规材料相比发生了很大变化。它在催化、光电、磁性、热性和力学等方面出现许多奇异的物理化学性能，也就存在许多相应的重要的应用价值。本节只涉及纳米微粒制备高级复合材料方面的内容。

6.3.1 纳米粒子的特性及表面改性

6.3.1.1 纳米粒子的特性

（1）表面与界面特性。

纳米微粒比表面积大，位于表面的原子占相当大的比例，它们缺少临近配位的原子而具有高的表面能，因而表现出强烈的表面效应；可与某些大分子发生键合作用，提高分子间键合力。加入纳米粒子的复合材料的强度和韧性会大幅度提高。

（2）小尺寸效应。

当微粒粒径与传导电子的德布罗衣波相当或更小时，粒晶周期性的边界条件被破坏，导致磁性、光吸收、热、化学活性、催化性及熔点等的变化。如银的熔点为900℃，纳米银粉的熔点只有100℃。利用纳米材料的高流动性和小尺寸效应，可提高纳米复合材料的延展性，减小摩擦系数，改善材料表面的粗糙度。

6.3.1.2 纳米粒子的表面改性

纳米微粒表面能大，容易团聚，这给制造和应用纳米材料带来了很大的困难。为降低微粒表面自由能，抑制凝聚力，提高它在树脂中的分散度，必须对纳米材料表面进行处理。在高分子材料领域中最常用的方法是在粒子的制备过程中加入界面改性剂，这种改性剂分为分散剂和偶联剂两种。分散剂可降低粒子的表面能，改善其分散状况，但不能改变粒子和基体的界面结合；偶联剂则是覆盖在粒子表面，改变粒子表面的化学性质，使它与基体有强的相互作用，因此，用纳米粒子制备高强度复合材料，最好用偶联剂。界面改性剂有硅烷偶联剂、钛酸酯偶联剂、铝酸酯偶联剂、硬脂酸、有机硅等。

6.3.2 纳米高分子材料性能

研究表明，由无机纳米粒子制备高分子复合材料可明显改变材料的力学性能。

6.3.2.1 拉伸强度

前面已叙述 RIF 改性树脂很少单独使用，但用纳米材料复合，拉伸强度会有所提高，如纳米 SiO_2 填充复合材料的拉伸强度在 SiO_2 体积分数约为 4％时达到最大值。

6.3.2.2 断裂伸长率

纳米级 $CaCO_3$ 填充改性 PE，提高 PE 的断裂伸长率。

6.3.2.3　杨氏模量

相同的基体与填料，相同的处理方法，微米级无机粒子的复合材料杨氏模量增长平缓，而纳米级的复合材料杨氏模量急剧上升。

6.3.2.4　抗击强度

研究表明，无机填料制备的高分子复合材料可降低成本，提高刚性、耐热性和尺寸稳定性，但冲击强度、断裂伸长率和韧性则大大下降。用纤维增强，可提高冲击强度，但断裂伸长率下降。弹性体可提高冲击强度，但耐热性、拉伸强度有所下降。纳米技术的出现为塑料增强、增韧和改性提供了新的途径。表面改性的纳米粒子和基体紧密结合，相容性较好，受外力时，由于应力场的相互作用，基体内出现许多微变形区，吸收大量能量。这就决定了它既能传递所承受的外应力，又能引发基体屈服，消耗大量的冲击能，从而达到增强、增韧的目的。

6.3.2.5　抗老化性

阳光中紫外线波长为 200~400 nm，它能使高聚物分子链断裂，使材料老化。纳米 SiO_2 与 TiO_2 适量混配，可大量吸收紫外线，从而提高复合材料的抗老化性能。

6.3.2.6　流变性

纳米材料的熔点比相同材料熔点低 30%~50%，且有很好的流动性及小尺寸效应，与高聚物复合后可改变其流变性。如超高分子量 PVC 不能挤出成型，与纳米粒子复合后可直接用挤出机挤出高性能的管材。

6.3.3　纳米粒子改性 PVC

纳米无机粒子改性树脂是 21 世纪初发展起来的一项技术，PVC 是目前最大的通用塑料之一，国内对纳米粒子改性 PVC 的研发甚多，有些已投入生产。

胡圣飞等将粒径为 30 nm 的 $CaCO_3$ 经铝酸酯偶联剂表面改性后与 PVC 共混，复合材料的拉伸强度和缺口冲击强度随 $CaCO_3$ 用量增加而加大，当 $CaCO_3$ 用量为 10% 时，均达到最大值，即拉伸强度由原来的 47 MPa 上升至 58 MPa，缺口冲击强度从 5.2 kJ/m² 提高到 16.3 kJ/m²。对冲击断口的 SEM 分析，$CaCO_3$ 在基体中呈点阵分布，粒间无间隙；基体冲击方向存在一定的网状屈服。

都魁林等用硅烷偶联剂 KH-570 包覆纳米 TiO_2，改性的 TiO_2 微粒用量为 PVC 的 0.2% 时，PVC/TiO_2 复合材料拉伸强度由 60.7 MPa 上升到 66.8 MPa；TiO_2 用量为

0.5%时，冲击强度由 3.7 kJ/m² 升至 5.85 kJ/m²。经 XRD 测试表明，改性 TiO₂ 纳米粒子使 PVC 产生一定的有序排列结构。

韩和良等成功开发了聚合级纳米 CaCO₃ 乳化体系，可直接用于 VC 的原位聚合，当体系与 VC 比例为 3%～5% 时，所得 PVC-SG5 树脂的白度为 86，表观密度为 0.59 g/cm³，吸油率达到 25% 左右，加工流变性大幅度提高，制品冲击强度提高 2～4 倍。电镜测试发现纳米粒子与 PVC 基体之间呈三维网架结点结构，CaCO₃ 粒子崩解为 5～10 μm 的微粒。该技术在国内 6 万吨/年工业装置中已实现工业化生产，经氯乙烯原位反应动力学研究证明，纳米粒子影响引发剂分解动力学行为，反应时间缩短 15%～20%。

纳米 SiO₂、CaCO₃ 硬度分别为 7 和 2.5，即 SiO₂ 比 CaCO₃ 坚硬，加工时会磨损螺杆或模具。CaCO₃ 应用广泛，光泽度高，磨损率低，粒子经覆盖改性后，可填充到 PVC、PP 等树脂中。PVC/CaCO₃ 复合材料广泛用于电缆器材，PVC/SiO₂ 复合材料用于塑钢门窗，它们的光泽度及抗老化性都大大提高。

思考题

1. 聚氯乙烯有何特性？聚氯乙烯的改性主要是围绕制品的哪些性质进行的？主要有哪些改性方法？

2. 什么是化学改性？举例说明化学改性聚氯乙烯的原理和应用领域。

3. 聚氯乙烯的接枝共聚的目的是什么？主要采用什么聚合工艺？分析实现工业化生产的品种较少的原因。

4. 氯化聚氯乙烯（CPVC）树脂的性能指标有哪些？大力发展氯化聚氯乙烯有什么好处？

5. 纳米粒子的性质有哪些？举例说明纳米粒子改性 PVC 的实例。

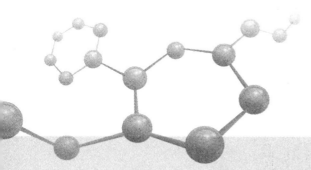

/第7章/

医用聚氯乙烯材料

7.1　医用聚氯乙烯的特性

高分子材料的化学组成、分子结构、理化性质与生物体组织最为接近。近 50 年来，它们越来越多地应用于医学领域，基本形成了生物高分子材料产业。医用高分子的发展，对人类战胜疾病，保障人民身体健康，探索生命的奥秘，具有极其重大的意义。正因为它们与人们的健康密切相关，故对其特性有严格的要求。这些要求的主要体现：①有优良的化学稳定性，不会与体液接触而发生反应，如降解交联、相变化等；②即使在一定时间内被生物降解，降解产物对人体无害、易排除；③对人体组织不会引起炎症或异物反应，不会致癌；④有良好的血液相容性，不会在材料表面凝血；⑤长期植入人体内，不会失去机械强度；⑥经受消毒措施，不产生变形；⑦易于加工成型。

医用高分子材料的生物相容性与血液相容性是与一般高分子材料最大的区别。对不同的应用场合，各有不同的要求。作为修复人体某些部位缺陷的人工材料的医用 PVC 以及医疗器械的高分子材料，应能满足上述性能要求。例如，该材料广泛用于输液管、血袋、透析附件、导液管、呼吸面具、外科手套等医疗器械；在人工器官方面，有袋式人工肺（氧合器）、人工腹膜、人工尿道、人工口耳等。由于 PVC 的柔韧性好，成本相对低，易于加工成型，在一次性医用制品方面有广泛的市场。但 PVC 的应用还存在以下三个安全隐患：

（1）PVC 中会残留 VC 单体，加工 PVC 时也会分解产生 VC 单体。1987 年国际肿瘤机构已将 VC 定为人类致癌物。

（2）为改善 PVC 加工性能，在加工过程中，仍以邻苯二甲酸二辛酯（DOP）、邻苯二甲酸二（2-乙基己酯）（DEHP）为主增型剂。它们是低分子物质，容易迁移析出，导致随药液或血液进入人体。DOP 会使肝脏致癌，DEHP 对人体生殖系统、肺、心脏、肾脏、肝脏等有毒副作用。DEHP 水解生成邻苯二甲酸单乙基己酯（MEHP），其毒性高于 DEHP。

（3）为了防止 PVC 在加工过程中分解，通常加入铅、锌、铁等化合物作热稳定剂，它们又会使血液中毒，引起严重贫血。

为了减少或避免 PVC 材料应用过程中的安全隐患，国内有关工厂已改进了引发分散体系，同步研究防黏釜技术、水洗装置，提高汽提脱除 PVC 中 VC 单体的效率。如上海氯碱化工股份有限公司改进原有生产工艺，用无毒的有机过氧化物代替 ABVN 作引发剂，调整各引发剂配比及其材料系统，清除树脂中残留的—CN 基团；采用三元复合分散体系，改变 PVC 树脂颗粒形态，使它易于脱吸 VC 单体；将原有穿流式无溢流堰的大孔径筛板塔改为带溢流堰结构的汽提塔，增设换热器，使进塔的 PVC 浆料和出塔的浆料充分热交换，进塔浆料温变提升，也就提高了汽提塔对 VC 单体的解吸能力，使 VC 残留量小于 $0.4\ \mu g/g$，达到医用 PVC 要求。

在 PVC 加工过程中选择对人体毒性小的热稳定剂，如以溶出量少的有机锡为宜。

其中二巯基乙酸异辛酯二正辛基锡（京锡8831）是一种无毒型有机锡稳定剂，其耐热性、透明性优良，但润滑性较差，配合一定量的硬脂酸钙（Cast）、硬脂酸锌（Znst）无毒透明稳定剂一起使用效果较好。

PVC加工过程中增塑剂迁移的问题，已成为当今开发医用制品的主要研究内容。开发环保型增塑剂，或采用内增型、共聚、接枝的方法来制备医用PVC材料，是可以做到既使增塑剂基本不发生迁移，无挥发性，也不影响PVC原有的热学和力学性能。

7.2　医用聚氯乙烯的外增塑

PVC所用增塑剂多为廉价的邻苯二甲酸双酯类，用量高达30%。在水溶液PVC膜中DOP迁移的模拟实验表明，30℃以上其迁移率最大，而人体温度为37℃，正好扩大DOP的迁移率。世界发达国家已用环保增塑剂替代了DOP。纵观国内外环保增塑剂市场，对环氧酯类、柠檬酸酯类、二元醇羧酸酯类、己二酸酯类和高分子聚酯类增塑剂等在原料的来源、合成技术、环保增塑剂性能等方面的研究可知，以无菌的乙酰柠檬酸三丁酯（ATBC）作为我国医用PVC制品的主增塑剂，环氧大豆油（ESO）及高分子增塑剂等作辅助增塑剂具有可行性。

我国柠檬酸产量居世界第二位，为生产柠檬酸酯提供了充足的原料。现已生产有柠檬酸三丁酯（TBC）、柠檬酸三辛酯（TOC）以及二者的乙酰化物（ATBC、ATOC）。柠檬酸酯中的羟基会降低它与PVC的相容性，羟基经酰化后，乙酰柠檬酸酯增塑剂性能更优异，应用也更广。醇的碳原子数较少时，相应酯的沸点就较低，加工时挥发损失就大。直链或支链的醇碳原子数范围以2~10为宜，最常用的是丁醇。以ATBC为例，制备工艺条件见表7-1。

表7-1　ATBC的制备工艺条件

项目	工艺条件
原料摩尔配比	柠檬酸：丁酯=1：32
催化剂	浓硫酸为物料总量的0.3%~0.5%
反应温度	<155℃
酰化	乙酸酐酰化剂，过量20%，控温60℃~90℃，缓慢升温，搅拌滴加

ATBC比TBC更容易分解，分解后产生乌头酸和乙酸，故整个反应过程必须控温在155℃以下。其反应式为

$$CH_3COO—C—COOC_4H_9$$

$$(CH_2COOC_4H_9)_2 \longrightarrow C_4H_9OOCCH=C—COOC_4H_9 + CH_3COOH$$

$$CH_2—COOC_4H_9$$

ATBC 为白色无味的稳定液体，不溶于水，溶于有机溶剂。基于它的药理安全性，用它增塑的 PVC 材料有优良的低温柔软性，可用作食品包装、儿童玩具、化妆品容器、牙科材料、药片包膜、一次性输液导管、血浆袋、医用手套等。我国 2009 年对 ATBC 市场进行的调查报告中，分析了国内外 ATBC 的产能、产量、消费量、价格走势，认为将它作为医用 PVC 材料的增塑剂具有极大的发展可行性。

环氧类增塑剂包括环氧大豆油（ESO）、环氧亚麻油、环氧棉籽油、环氧米糠油酸辛酯等，它们都有优良的增塑与热稳定性能。ESO、环氧棉籽油同为含三元环氧基结构的化合物，它们能吸收 PVC 因光或热作用降解而放出的氯化氢，减少 PVC 中不稳定的烃氯代烯丙基形成共轭双链，阻止 PVC 连续降解。它们与 PVC 相容性极好，能均匀分散在基体内，削弱分子链间作用力，加大分子间的相互移动性。在 PVC 制品加工成型中，能提高加工速度，节约能耗，改善制品表面质量，因此是 PVC 优良的热稳定剂兼增塑剂。

以环氧大豆油为例，工业上常用的制备方法是以精炼大豆油与乙酸或甲酸混合，滴加过氧化氢进行环氧化。静置分离后再碱洗、水洗和减压蒸馏，即得成品。环氧大豆油质量指标见表 7-2。

表 7-2　环氧大豆油质量指标

项目	质量指标	项目	质量指标
色泽（铂-钴）	≤400	碘值（g/100g）	<6.0
酸值 [mg(KOH)/g]	≤0.5	闪点（℃）（开杯）	>280
环氧值	≥6.0	相对密度 d_4^{20}	0.985~0.990

该制品生产的关键是环氧基的形成。烯键在链末端，与羟基或羧基相邻的化合物，由于双链的电子效应，环氧化速度慢。但油脂的不饱和双键不在链端，紧邻双链且无其他功能团，故易于环氧化。甲酸作为活性氧载体，过氧甲酸氧化速度大于过氧乙酸，反应时间缩短，产品质量好，但应注意甲酸部分分解的 CO 的毒性。其原料配比及工艺条件见表 7-3。

表 7-3　原料配比及工艺条件

项目	配比及工艺条件
原料配比（质量）	大豆油：有机酸：过氧化氢=1：0.23：0.33
温度（℃）	55~60
时间（h）	2~3

由于有机酸的存在，可不加硫酸催化。反应式为

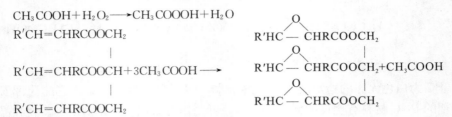

成品中残留的不饱和结构——环氧基在酸性水溶液中开环生成邻二羟基化合物，它们都影响了产品与 PVC 的相容性。在实际应用中，因价格较高，主要利用其热稳定性功能，一般只加入总增塑剂用量的 5%～25%，与其他环保增塑剂配合使用。

高分子酯类增塑剂是一种分子量相对较大的增塑剂。它是由饱和二元醇与二元酸缩聚而成的线性高分子化合物，是增塑剂另一系列品种。制备聚酯常用的二元酸有己二酸、癸二酸、壬二酸、苯二甲酸等；二元醇有 1,3-丙二醇、1,4-丁二醇、乙二醇、一缩二乙二醇、二缩二乙二醇等。以己二酸类聚酯品种居多，其中己二酸与丁二醇聚酯（PBA）最为重要，平均相对分子质量为 2000～8000。用一元酸或一元醇进行封端，以达到对聚酯相对分子质量和结构的调控。己二酸类聚酯挥发性低，迁移性小，不易被水或溶剂抽出，耐热和耐久性优良，在 PVC 制品中有突出的抗低温冲击、高的抗撕裂强度和抗抽出能力。高度枝化的 PBA 比线性 PBA 增塑效果和耐迁移性更好。其他如聚癸二酸丙二醇酯等增塑性能与 PBA 相似。它们适用于高温、高湿等不良环境和耐久性要求苛刻的医疗制品。

高分子酯类增塑剂相对 ATBC 而言，增塑综合性能较差、价格昂贵，它们的毒理作用在生产过程中及后处理阶段对环境影响程度各异，一般用作辅助增塑剂。

7.3　医用聚氯乙烯的内增塑

内增塑共聚和接枝改性是制造医用 PVC 有发展前途的方法，可以做到增塑剂基本不发生迁移，无挥发性，同时材料的耐热性也得到改善。

内增塑制备医用 PVC 材料是选择适宜的单体与氯乙烯共聚，分子链中的单体起内增塑作用。对单体的要求如下：

（1）共聚单体的溶解度参数为 8.5～10.5。

（2）共聚单体物质量的摩尔比不宜过高。

（3）共聚单体不规则地分布在分子链中。

常用共聚单体有硬脂酸乙烯酯、丙烯酸酯、聚酯等。有代表性的医用 PVC 内增塑剂材料是美国 Goodrich 公司的 VC-聚酯共聚物、VC-丙烯酸酯共聚物。

7.3.1　VC-聚酯共聚物

VC-聚酯共聚物的制备方法：首先将二元酸和二元醇酯化，再加入一定量的终止剂终止反应，得到反应性聚酯；然后将这种带有活性功能基的反应性聚酯加入含去离子水的聚合金中，通入 N_2 除 O_2，再加入 VC 单体进行悬浮聚合。其工艺条件见表 7-4。

表 7-4　VC-聚酯悬浮聚合工艺条件

项目	工艺条件
物料质量配比	VC：反应性聚酯：去离子水＝2：1：3
反应温度（℃）	40~70
压力（MPa）	与 PVC 均聚工艺相同
时间（h）	2~15

最好是 VC 单体与反应性聚酯预先混合，按计量加入聚合金中。除悬浮聚合外，也可采用乳液法或本体聚合的方法。

迁移性实验：将 60 g 共聚树脂加入索式抽提器中，用异丙醇进行萃取，温度控制为 82.4℃，萃取时间为 24 h；然后将树脂置于真空烘箱中，干燥后再在蒸发器中抽取出可萃取的增塑剂，得到稳定的树脂。称取树脂质量，计算被萃取出的增塑剂量。

7.3.2　VC-丙烯酸酯共聚物

用不同碳链长度的醇如甲醇或丁醇、2-乙基己醇，与丙烯酸或甲基丙烯酸酯化，得到相应的丙烯酸酯化物。

乳液聚合法或悬浮聚合法均可制备 VC-丙烯酸酯共聚物。乳液聚合法与 PVC 均聚乳液法类似，但聚合温度较低，大多为 35℃~45℃，反应时间稍长；悬浮聚合法与 PVC 均聚悬浮法基本相同。上海天原化工厂生产 VC-丙烯酸丁酯（BA）共聚物，商品牌号少。其工艺条件见表 7-5。

表 7-5　VC-丙烯酸丁酯（BA）共聚工艺条件

项目	工艺条件
物料质量配比	VC：BA：去离子水＝85：15：200
	聚乙烯醇：偶氮＝异庚腈：二月桂酸二丁基锡＝0.15：0.25：0.15
其他工艺参数	与均聚 PVC 悬浮法相同

丙烯酸酯单体的共聚竞聚率远大于 VC，消耗较快，常采用分批添加或缓慢连续加入丙烯酸酯的方法。

VC-丙烯酸酯共聚物中，丙烯酸酯含量为 5%~10%。当组成不均匀时，共聚物有较好的低温冲击强度，但拉伸强度较差；当组成均匀时，性能恰相反，冲击强度差，拉伸强度略有提高，断裂伸长率低。但它们的透明性，耐候、耐酸碱性均好。丙烯酸短链烷基酯共聚物如 VC—EA、VC—PA、VC—BA 等是耐油性树脂；而长链烷基共聚物如 VC—EHA，可改进共聚物压缩永久变形性和低温脆裂性。随丙烯酸酯在树脂中含量的不同，可制得硬质、半硬质、软质等制品。

7.4 医用聚氯乙烯接枝共聚物

接枝聚合是高分子材料功能化方法之一，医用 PVC 材料也可使用该方法得到。这方面的例子甚多，下面着重介绍 PVC—g—甲基丙烯酸—2—羟乙酯（HEMA）和 TPU—g—VC 两种共聚物。

7.4.1 PVC—g—HEMA 接枝共聚

将 HEMA 接枝到 PVC 上是一个成功的例子。它提高了 PVC 的强度和玻璃化温度（提高 15℃）且具有优良的耐化学药品、耐辐射性能以及生物相容性，特别适合制作医疗器具、血液循环器具和非对称超滤膜等。

PVC—g—HEMA 接枝共聚制备方法如下：

（1）PVC 脱 HCl：PVC 树脂聚合度为1070，设备为装有回流冷凝器的反应釜，其接枝反应条件见表 7—6。

产物用蒸馏水洗涤，除去全部残留的碱，真空干燥 8 h，得到略发红的树脂。

表 7—6 HEMA 接枝反应条件

项目	工艺条件
物料质量配比	PVC：10%的 NaOH 溶液=1：10
温度（℃）	100
时间（h）	2

（2）接枝聚合：脱除部分 HCl 的 PVC 树脂溶于溶剂（环己酮，四氢呋喃）中，加入 BOP 引发剂，用量为 1 kg PVC 加 0.15 mol BOP，溶解静置 12 h；在 N_2 保护下加热至 70℃，加入适量 HEMA 接枝聚合，反应完后冷却，用正己烷洗涤，50℃ 下真空干燥。

接枝聚合可用紫外光照射代替 BOP 引发，这样产品更易纯化。在 PVC 制品表面具有亲水性和生物相容性的物质就可作医用材料。因此，PVC—g—AA 和 PVC—g—MAA 大都采用将 PVC 直接浸入含有 MAA 或 AA 的溶液中，通过辐射使表面形成接枝层的方法，这样即可作医疗制品。例如，Pande 将 PVC 先在空气中辐射处理，使它的分子链上形成过氧化氢基团，再浸渍到 AA 水溶液中，然后升温反应，制得 PVC—g—AA

共聚物。Singh 等将 PVC－g－MAA 薄膜进行凝血性研究，发现随接枝量的增加，血小板凝结量减少。N－乙烯基吡咯烷酮（NVP）是一种亲水性单体，用[60]Co 源辐照引发 PVC 与 NVP 接枝，共聚物中随着 NVP 接枝量的增加，DOP 渗出量减小。在 PVC 上接枝 HEMA、NVP 混合单体，降低了 DOP 的渗出量。解云川等用紫外光辐照，将甲基丙烯酸缩水甘油酯（CMAH）接枝到 PVC 薄膜表面，温度为 80℃，辐照 15 min，GMAH 浓度为 1.5 mol/L 时 PVC 表面接枝效果最佳，成品性能优良。

7.4.2　TPU－g－VC 共聚

热塑性聚氨酯（TPU）是性能优异的弹性材料，用 TPU 改性 PVC 能获得耐磨、不易压碎、永久变形小、耐腐蚀及低温性能优良的 PVC 材料。TPU 与 PVC 直接共混，因二者在黏度与加工温度上的差异，使共混不均，改性效果不佳。若在 PVC 成型过程中加入多羟基化合物和多元异氰酸酯（混炼或熔融状态下合称 TPU），得到 TPU 和 PVC 共混物，可以提高两者的相容性与均匀性，共混物力学强度和透明性均好。但在制备过程中，容易造成多羟基化合物和多元异氰酸酯浓度不均，局部形成凝胶，使共混物黏度上升，不易加工。为了克服上述缺点，采用 TPU 与 VC 单体接枝共聚。

7.4.2.1　TPU 的选择

通常选用在 VC 单体中能溶解或溶胀的 TPU，一般为聚醚或聚酯型多羟基化合物与脂肪族或脂环族二异氰酸酯（如六亚甲基二异氰酸酯、环己基甲基二异氰酸酯、2,2,4 或 2,4,4－三甲基六亚甲基二异氰酸酯）反应得到的产物。芳香族二异氰酸酯制 TPU 在光照下不容易形成醌式结构，使制品发黄，故不宜采用。

TPU 分子量不宜过高，过高不利于它在 VC 中溶解和扩散；其分子量也不能过低，过低时得到的接枝共聚物的拉伸强度，耐油、耐热性能均不佳。现在市场上的 TPU 多为己二酸聚酯和六亚甲基二异氰酸酯的缩合物。

7.4.2.2　接枝方法

可采用悬浮、乳液、溶液等共聚方法，以悬浮法为主。先将 TPU、水和分散剂加入反应釜，排 O_2 后加入 VC 单体，冷搅拌使 TPU 溶解或溶胀，再升温聚合。TPU－g－VC 共聚工艺条件见表 7－7。聚合转化率可达 90%，共聚物中 TPU 含量为 22%～44%。

表7-7 TPU-g-VC共聚工艺条件

项目	工艺条件
物料质量配比	TPU：VC=(1~7.5)：5 (TPU+VC)：水=(1~0.3)：1
分散剂	不同醇解度的PVA、甲基（乙基）纤维素、无水马来酸酐共聚物等，用量为单体总量的0.8%
引发剂	过氧化二碳酸二（2-乙基己酯）(EHP)，用量为单体总量的0.05%
温度（℃）	40~60
时间（h）	15

　　TPU含量越高，产物硬度越小，越柔韧。TPU-g-VC共聚物实际上是PVC上接枝的TPU、未接枝的PVC和TPU的混合物，接枝率的高低是影响材料性能的重要因素。为了提高接枝率，可将TPU溶解或溶胀，只有等TPU在VC中充分溶解、均匀分散后，才能升温聚合。

7.4.2.3　接枝共聚物性能

　　TPU-g-VC共聚物兼有TPU和PVC的性能，特点是完全不用增塑剂。因此，不存在黏着性和表面污染问题；耐油、耐磨损、耐候和耐寒性优良；透明性与着色性优异，可高度填充；硬度可在60~95范围内调节，柔软性优良；高温下仍保持较好的力学性能，二次加工性好。

　　用TPU-g-VC接枝共聚物生产医疗器械，如输血袋、储液袋、导液管、人工肾脏回路管、袋式人工肺、人工腹膜、人工尿道等，具有不易透析、溶血性小、高温消毒时耐热性好、生物相容性优异等特点。

7.5　结　语

　　随着医用高分子材料的发展，世界范围内用于医疗器械的高分子大约有12~15种，其中PVC的用量最大，约占28%。国内基于PVC的成本相对低廉，综合性能优良，存在的隐患基本得到解决，所以一次性医疗器械，如输注器械、血袋、导管、手套等基本上全以PVC为原料，年用量达数十万吨。医疗器械同样具有高技术含量、高附加值的特点，我国医用PVC材料要向多规格、多品种的方向发展，高新技术应用于PVC材料的生产是必然的发展趋势。

思考题

1. 医用聚氯乙烯应用的医疗器械包括哪些? PVC 在医疗卫生方面应用还存在的安全隐患是什么?

2. 我国医用 PVC 制品使用的增塑剂有哪些?

3. 内增塑 PVC 与外增塑有什么不同? 需要考虑的因素有哪些?

4. 举例说明医用聚氯乙烯工业化及其应用实例。

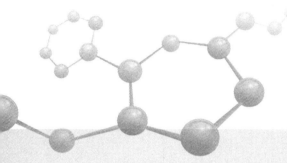

/第8章/

聚氯乙烯的再生利用

8.1　概　述

塑料制品对人类生产和生活做出了巨大贡献，同时大量的废旧塑料也给环境造成了污染。21 世纪以来我国塑料再生行业逐渐发展，从家庭作坊式回收再生塑料模式向以市场需求为动力的纯商业模式转变，正在发展成回收加工集群化、市场交易集约化，以完全靠市场需求和价格驱动为导向的环保型产业经济。

从事再生塑料回收利用及加工的企业和人员数量庞大，且仍在稳定增长，主要以个体户和农民为主，也有其他行业的投资商。塑料再生行业为农村经济增长、富余劳动力就业、增加收入提供了渠道，为资源再生利用、环境保护事业做出了巨大贡献，是环保产业的重要组成部分。

再生塑料是指使用寿命结束后仍具有回收利用价值而存在不同形态的塑料。几乎所有热塑性的塑料都有回收利用的价值。

我国是世界上最大的 PVC 消费国。2011 年统计资料表明，我国年产 PVC 1295.2万吨，进口 114.8 万吨，消费量接近1400 万吨。"十二五"期间，我国 PVC 需求量每年以 10% 的速度增长。PVC 的回收利用，不仅可解决环保问题，还可解决 PVC 资源紧缺的压力，它的再生利用具有重要的意义。

回收 PVC 的技术有三种，即物理法、热化学法、焚烧废 PVC 材料回收热能的方法。前两种方法是可行的，可再次利用废旧品，充分发挥材料的使用性能。物理法是通过切碎、磨碎、筛选等机械处理方法，获得颗粒、粉末、薄膜等形状的再生料，用来生产农用管道、鞋底、重物包装袋等。热化学法是将废 PVC 裂解为小分子化合物而加以利用，分解出来的 HCl 要回收，且要控制卤代烃的生成量，因卤代烃有碍裂解形成的液态有机物作化工原料和燃料。焚烧废 PVC 回收热能的方法可产生的燃烧热为 19 MJ/kg，热能可用来发电；随烟道气释放出来的 HCl 可用生石灰或硝石灰吸收，但现在无法解决有致癌性的物质二噁英，燃烧后的残渣含有铅等重金属，对环境造成二次污染，故该法将被淘汰。

PVC 塑料制品分软、硬两种，软制品主要包括薄膜、电缆、护套、塑胶鞋等，硬制品包括瓶子、管材、异型材、板材等。目前我国塑料软制品占 45%，硬制品占 55%，且消费量还在逐年上升。根据回收料的来源和清洁程度的不同，用不同的处理法进行循环利用。

8.2　PVC 机械回收法

根据来源的不同，可将废旧 PVC 制品分为两类：一类是成型加工中的边角料，切、剖、磨、碎的废料以及拆卸下来的废料等，这些废料成分均一，比较清洁，可按一定比例加到新料中混合成粒，再成型加工、循环利用。另一类是工农业应用和日常生活中报废的制品，种类多，成分不均一，受外部环境影响性能也有变化，含有大量添加剂，混有其他树脂等，因此回收过程较复杂。这类 PVC 制品的回收程序如下：

（1）分离除去非 PVC 制品。

（2）硬质、软质制品进行分类、筛选、清洗、干燥等预处理。

（3）加入适量添加剂，混炼后造粒或挤出，生产再生制品。

（4）尽可能用回收料制成原来的相同产品。

应注意废料加工前，由于受环境和使用情况影响，它们的分子结构、黏度、添加剂剩余量以及重金属含量等均有变化，因此必须按制品的要求，确定加入添加剂的种类和用量。PVC 废料净化流程如图 8-1 所示。

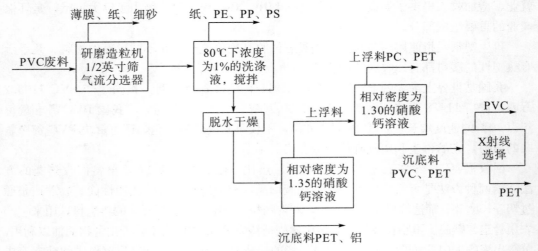

图 8-1　PVC 废料净化流程

8.2.1　PVC 门窗

PVC 门窗框架具有独特的节能、防潮、隔音、隔热和防腐蚀性能，逐步取代了钢质、木质门窗，在欧洲得到迅速推广，并制定了 PVC 门窗配套标准。我国自 20 世纪 80 年代引进 PVC 门窗生产技术和设备，生产规模逐年扩大。特别是国家明文规定限制金属门窗的使用，这些法令有效地促进了国内塑料门窗生产的发展。PVC 门窗的使用寿命长达 40～50 年，而全世界范围内只有 1% 左右的门窗使用时间超过 30 年，因此，超过使用年限报废的门窗几乎没有，对它的回收技术也不成熟。

除了加工、安装施工中切割的余料和破碎的门窗废料外，其他废 PVC 管材经处理也可用来生产 PVC 门窗。表 8-1 和表 8-2 分别为废 PVC 与冶金废料赤泥混合制备的再生塑料门窗框架的配方和性能，由表 8-2 可看出，再生门窗框架的性能还高于国家标准。

表 8-1　废旧 PVC、赤泥制造塑料门窗的配方

组　成	配方（质量分数）（％）
旧 PVC 料	30
赤泥	65
硬脂酸铝	1
胶质碳酸钙	4

表 8-2　废旧 PVC、赤泥制造塑料门窗的性能比较

性　能	国家标准	废旧 PVC、赤泥组合物
密度（g/cm³）	1.3~1.7	1.74
24 h 吸水率（％）	0.5~1.0	—
耐热温度（℃）	65~80	80~95
拉伸强度（MPa）	7.0~25.0	15.97
伸长率（％）	200~400	—
抗压强度（MPa）	2.5~7.0	24.2

这种再生门窗的芯层由再生料制得，面层由新料构成，二者质量比为 2∶1，芯层与面层融合在一起，形成不可分离的整体。由 100％新料构成的面层有足够的耐光、耐候及美观性，这种再生窗与完全由新料制得的门窗没有区别。

8.2.2　PVC 管材及地膜

8.2.2.1　PVC 管材

世界上 PVC 最大的应用领域是 PVC 管材，约占 PVC 生产总量的 40％。聚氯乙烯管材具有质量轻、强度高、耐腐蚀、导热系数低、电绝缘性好、流体阻力小、不结垢、易着色、施工安装和维修方便等优点，主要用作给水、排水管、通信电缆、电线护套管等。与金属管材相比，在生产和使用上节能 55％~75％。

废旧 PVC 管材经挤出再生得到的再生管材常用作电线护套，用于建筑物中的电路铺设，要求再生管材在受热时不会塌陷。在挤出再生时，适当添加一定量的新树脂或其他填充量较少的硬质 PVC 废旧料，有助于改善再生料熔融时的流动性，同时应添加适量的稳定剂，以保证再生加工和使用过程中的稳定性。由 PVC 新树脂与回收的废旧 PVC 管道料以 100∶80 的比例混合，制成的管材较废旧 PVC 树脂再生管材冲击性能有所提高，而其他物理机械性能没有明显的变化。

由硬质 PVC 废旧管材或其他硬质 PVC 废料（如 PVC 瓶子等），经挤出制造再生管材的工艺路线如图 8-2 所示。基础配方和加工工艺条件分别见表 8-3 和表 8-4。

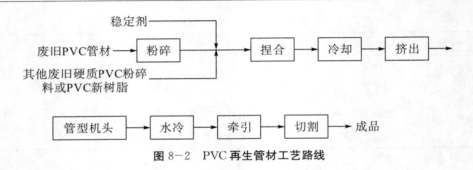

图 8-2　PVC 再生管材工艺路线

表 8-3　PVC 再生管材工艺配方

组　成	配方（w/w）	组　成	配方（w/w）
PVC 回收料	85	二碱式亚磷酸铅	1
PVC 新树脂	15	硬脂酸钡	0.5
三碱式硫酸铅	2	颜料	适量

表 8-4　PVC 再生管材挤出工艺条件

机身部分	工艺条件	机身部分	工艺条件
加料段温度（℃）	150~160	分流器支架温度（℃）	165
塑化、均化段温度（℃）	180~190	口模温度（℃）	185~190
机头温度（℃）	180~190	螺杆转速（r/min）	16~26

　　PVC-U 管材由于其优越的性能而广泛应用于国民经济的各个部门。管材直径和壁厚的增大，给不合格品的回收带来较大困难，传统的破碎机工作方式已经不能满足要求。管材废料若不及时回收，不仅要占用大量的生产资金，而且要占用大量的生产场地，严重影响企业的正常生产。为此，近几年来，国内外大力开展了相关技术的研究和相关设备的研制，取得了一定的进展。

　　PVC-U 管材既硬又韧，成型加工的温度范围较窄，为了防止由于材料降解而引起物化性能的改变，提高回收物料的质量，国内外研究成果所采用的技术路线一般分为以下几种：

　　（1）铣削粗碎—动、定刀离心切削细碎—磨粉。

　　（2）锯切＋冲击粗碎—动、定刀离心切削细碎—磨粉。

　　（3）应力冲击粗碎—动、定刀离心切削细碎—磨粉。

　　PVC 料细碎回收和磨粉技术已经相对成熟，上述工艺路线的技术水平和区别主要取决于对体积庞大的塑料管材的粗碎回收技术以及回收过程的自动化水平。

　　此外，三层管材共挤出技术也促使了 PVC 废旧料的再生利用。三层管材中，中间一层为 PVC 回收料或 PVC 低发泡料，外层、里层为 PVC 原料树脂。回收 PVC 制备低发泡再生料的配方及管材性能分别见表 8-5 和表 8-6，发泡不均匀或不充分时可加入少量偶氮二异丁腈。在荷兰，含有中间层的 160 mm 管径的 PVC 再生管材作为污水管已应用了 15 年以上。

表 8-5 废旧 PVC 制备低发泡再生料的配方

组 成	配方（w/w）	组 成	配方（w/w）
回收 PVC 粉碎料	70~90	润滑剂	0.5~2.0
PVC 树脂	30~10	发泡剂（AC）	0.6~0.8
ACR（201）	2~8	滑石粉	3~6
稳定剂	1.0~3.0	颜料	适量

表 8-6 废旧 PVC 制备低发泡再生料的管材性能

测试标准	技术要求	实测值
冲击强度（0℃，摆锤重 1 kg）（m）	1.4	2
刚性（41 级，160×4.0）（kPa）	4	4.8~6
刚性（34 级，160×4.7）（kPa）	8	8.5~10
收缩率（%）	<5	2~3

8.2.2.2 农用地膜

随着科学种田的普及，农用地膜的用量越来越大，这些农用地膜使用破损后大多废弃田间，既是很大的浪费，又污染了环境。若能将这些废旧农用地膜收购，进行净化再生，即再生塑料原料，则可用于多种塑料制品加工。农用地膜有聚乙烯、聚氯乙烯两种，辨别方法可采用火烧，即聚乙烯燃烧时胶液往下滴，聚氯乙烯燃烧时散发出难闻的气味，燃烧后则变成灰。

废旧地膜收回时大多很脏，还含有杂质，它的净化分人工和机械两种。机械净化是近年来才开发成功的新技术。它利用一种三用净化机，只需把收购的地膜稍微清理一下杂质，送入净化机即可得到净化率达 95% 以上的干净膜料。采用净化机比人工清洗效率高得多，且净化效果好。

除了废旧 PVC 管材等硬制品可以挤出再生管材外，废旧 PVC 软制品（如 PVC 废膜等）添加无机填料后，经密炼、开炼及再挤出，也可以生产再生 PVC 管材。其工艺流程如图 8-3 所示，工艺配方见表 8-7。密炼时的蒸气压力为 0.6 MPa，密炼时间为 4~5 min，加料总体积不超过密炼机容积的 70%，得到的团状物在开炼机中精炼成 4 mm 厚的片材，开炼机双辊温度维持为 160℃~170℃，片料冷却后切成碎块，供挤出管材用。

图 8-3 PVC 废膜制再生管材的工艺流程

表 8-7　PVC 废膜制再生管材的配方

组　成	配方（w/w）	组　成	配方（w/w）
PVC 废膜	100	硬脂酸	1
硫酸钙	80～100	石蜡	1
三碱式硫酸铅	2	炭黑	0.8
二碱式亚磷酸铅	1	—	—

　　用废旧 PVC 膜还可以生产再生 PVC 软质管材，其工艺流程如图 8-4 所示，配方见表 8-8，挤出机工艺条件见表 8-9。挤出机直径为 45～65 mm，长径比为 25∶1，压缩比为 2.5∶1，螺杆螺槽等距不等深；转速根据挤出机直径而定，45 mm 直径的挤出机转速为（40±10）r/min，65 mm 直径的挤出机转速为（30±10）r/min；机头分流器扩张角大于 60°，压缩比控制为 10～20；口模平直部分长度约为软管壁厚的 10～20 倍，芯模尺寸要比管的内外径放大 10%～30%；软管挤出后拉伸到要求的管径尺寸，用冷水喷淋冷却，喷淋位置离开机头 20～40 mm。加工中不通压缩空气，但应保持通气孔与外界接通，以防止粘连和管径不圆的现象产生。

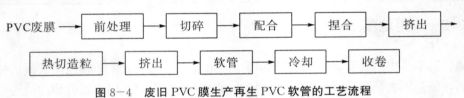

图 8-4　废旧 PVC 膜生产再生 PVC 软管的工艺流程

表 8-8　废旧 PVC 膜生产再生 PVC 软管的配方

组　成	配方（w/w）	组　成	配方（w/w）
PVC 废膜	100	邻苯二甲酸二辛酯	3～6
PVC 树脂	5～10	邻苯二甲酸二丁酯	2～4
三碱式硫酸铅	2	氯化石蜡	0.6
二碱式亚磷酸铅	1	颜料	适量

表 8-9　废旧 PVC 膜生产再生软管挤出工艺条件

机身部位	工艺条件	机身部位	工艺条件
加料段温度（℃）	100～120	分流器温度（℃）	140～160
压缩段温度（℃）	120～140	口模温度（℃）	160～180
均化段温度（℃）	140～160	螺杆转速（r/min）	30～50

　　在生产过程中可能出现一些异常现象，具体问题应视生产设备和生产工艺的不同具体解决，表 8-10 和表 8-11 列出了再生 PVC 管材和再生 PVC 软管生产中可能出现的异常现象和解决办法，可供读者参考。

表 8-10 再生 PVC 管材生产中的异常现象及解决办法

异常现象	原 因	措 施
管材表面有焦料出现	①各段温度过高 ②过滤板未清洗 ③再生料有焦状物 ④稳定剂少	①降低各段温控 ②清洗机头、过滤板 ③清理、检查再生料 ④增加稳定剂
材料表面无光泽	口模温度偏低或过高	调整机头和口模温度
材料表面有黑条纹	①机头温度过高 ②过滤板未清洗	①降低机头温度 ②清洗过滤板
材料表面有皱纹	①口模温度不均匀 ②冷却水温度偏高 ③牵引速率太慢	①检查电热圈 ②降低冷水槽温度 ③加快牵引速率
管内壁有皱纹	①模芯温度偏低 ②机身温度太低	①提高模芯温度 ②提高机身温度
管内壁有裂纹	①料中有杂质 ②机身温度低 ③牵引速率快	①清除杂质 ②提高各段温度 ③减低牵引速率
材料表面有气泡	①再生料有水分 ②温度过高	①进一步烘干料 ②降低加工温度
管壁不均匀	①口模与芯模不同心 ②牵引产生打滑 ③压缩空气不稳定	①调整同心度 ②检修牵引装置 ③稳定气流

表 8-11 再生 PVC 软管生产中的异常现象及解决办法

异常现象	原 因	措 施
管壁不均	①口模与芯模不同心 ②口模温度不均匀	①调整同心度 ②检查温度及加热线圈
管不圆	①挤出温度过高 ②口模与冷却水距离太近 ③冷却水量太大	①降低挤出温度 ②加大冷却水与口模距离 ③减小冷却水用量
管壁毛糙	挤出温度太高	降低挤出温度
管外表有痕迹	①口模粗糙度不均或有划痕 ②口模处有积料	①磨光修整口模 ②清除积料

8.2.3 PVC 瓶料

硬质 PVC 可中空吹塑制瓶，所得产品有良好的透明性，主要用于化妆品、洗发水、矿泉水及食用油等的包装。在回收的 PVC 瓶废料中常常混有 PET、HDPE、PP、PS 等废塑料，其中 HDPE、PP、PS 等废塑料很容易通过浮选法分离，即使分离不完全，当含量小于 3% 时，对废旧 PVC 瓶再生制品的性能几乎没有影响。但是 PET 与 PVC 的密度相近，较难分离，且当 PET 的含量大于 0.1% 时就会严重影响 PVC 的性能，若提高加工温度会使 PVC 发生降解反应，因此在对废旧 PVC 瓶料加工之前必须分离出 PET。

废旧 PVC 瓶在再生之前必须经过粉碎、筛分、洗涤、浮选、干燥、除去金属杂物及熔融过滤等工序将杂质分离除去。其分离工艺流程如图 8-5 前半部分所示。一般先将废瓶研磨粉碎成 10~12.5 mm 的碎片，在 80℃ 的热水中洗涤，在此过程中可加入洗涤剂或苛性钠，并借助搅拌剪切力清洗塑料，除去标签，洗涤后的碎料在 1.2~1.4 g/cm³ 的硝酸钙溶液中经浮选或水力旋流器中分离除去其他杂质，得到回收的 PVC 料。

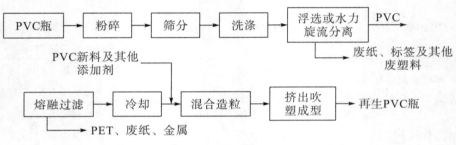

图 8-5　废旧 PVC 瓶生产再生 PVC 瓶的工艺流程

值得注意的是，洗净的 PVC 废料中仍然存在少量的杂质 PET、标签纸、铝屑、含金属镀层的聚酯标签、HDPE、PP、聚碳酸酯及胶黏剂等。因此，用于制造再生 PVC 瓶的洗净的 PVC 碎料还需要经过熔融过滤。这是关键的一个步骤，将洗净的 PVC 废料在挤出机内熔融，熔体通过安装在机头的筛网挤出，以除去仍然残留在物料中的纸、标签、金属及 PET 等废物。

由于 PVC 熔体的黏度高、稳定性差、易降解，所以 PVC 的熔融过滤较为复杂。实验表明，在 74~100 μm（150~200 目）的筛网尺寸下，可以通过熔融过滤除去 PET、废纸及铝屑等杂质。在熔融过滤过程中筛网的使用寿命较短，一般为 10~20 min，因此只能采用连续筛网转换器。为了减少熔体黏度，熔体温度应尽可能高，但不能引起 PVC 物料的分解，具体温度应根据 PVC 物料的稳定情况确定。

熔融过滤后的 PVC 回收料以 5%~27.5% 的比例与新料混合，然后在高速混合机中将 12 份冲击改性剂加入上述粉末混合料中，得到的混合料用单螺杆挤出机造粒，最后可用挤出吹塑机吹制成再生 PVC 瓶。其再生工艺流程如图 8-5 所示，再生瓶与新瓶的物理性能比较见表 8-12。

表 8－12　再生瓶与新瓶的物理性能比较

性　能	再生瓶	新瓶	性　能	再生瓶	新瓶
悬臂梁冲击强度（J/m）	639	587	拉伸模能（MPa）	2687	2480
拉伸强度（MPa）	42.7	44.8	热挠曲温度（℃）	72	68

在欧洲和澳大利亚等一些国家和地区，从食品和卫生角度考虑，PVC 瓶的回收料被禁止再加工成瓶子，而是经再生造粒后用于挤出生产 PVC 再生管材等其他材料，其再生利用流程如图 8－6 所示。

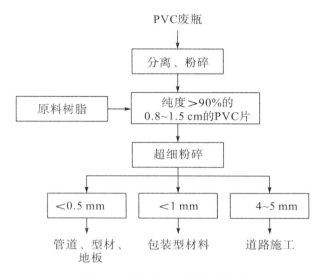

图 8－6　PVC 废瓶再生利用流程

PVC 瓶经清洗、分离、干燥，粉碎成 800 μm 大小，加入 Ca/Zn 稳定剂后，可用于再生 PVC 泡沫型材。这首先是因为 PVC 瓶和泡沫都是由同级别分子量的 PVC 树脂制得的，PVC 废瓶在树脂泡沫材料的挤出过程中流变特性符合生产泡沫的要求；其次是因为泡沫是以气泡形式存在的多孔结构，这使得泡沫型材的力学性能对废瓶料中的 PET 杂质不敏感；最后是因为制得的泡沫产品是通过共挤出工艺生产的，其表面是一层薄薄的 PVC 树脂，因此，由废瓶料引起的缺陷及颜色变化不会对最终产品的外观产生影响。

PVC 废瓶料生产泡沫型材的配方见表 8－13。研究表明，PVC 瓶回收料含量的增加对泡沫型材的密度、多孔结构及冲击性能等没有影响。

表 8-13 由 PVC 废瓶生产泡沫型材的配方

组 成	配方（w/w）	组 成	配方（w/w）
PVC 新料	100～X	润滑剂	1.0～2.0
PVC 再生料	X＝0～100	碳酸氢钠和偶氮二碳酸氨	1.5～2.5
丙烯酸系加工助剂	5～8	二氧化钛	2～4
Ca/Zn 稳定剂	2～3		

8.2.4 PVC 地板

PVC 地板以其美观、舒适及造价适宜等特点，在欧、美、日等发达国家和地区广泛采用。在我国，PVC 塑料地板的生产和发展一直较缓慢，大多以混凝土、水磨石、大理石及硬木地板等作为铺地材料。典型的 PVC 地板结构见表 8-14，其配方见表 8-15。

表 8-14 PVC 地板结构

片 层	材 料	厚度（μm）
面层	聚氨基甲酸酯	25
耐磨层	PVC	508
泡沫层	PVC	762
底层	PVC、有机毡	635

表 8-15 PVC 地板配方

材 料	质量分数（%）	材 料	质量分数（%）
PVC	28～50	润滑剂	<1
增塑剂	10～20	填料	25～60
稳定剂	0.5～1	颜料	1～5

废旧 PVC 地板经破碎、粉碎成粉末，然后经过压延机压出或挤出再生地板，其中装饰面层和耐磨层由新 PVC 树脂制得，废旧 PVC 地板料在再生地板中约占 60%。其他废旧 PVC 回收料也大都可以用于再生 PVC 地板的生产。

废 PVC 农用地膜经处理后可用作再生 PVC 地板的主体材料，废农用地膜中含有 10%～25% 的增塑剂、稳定剂及润滑剂等助剂，用于生产再生 PVC 地板具有优异的物理机械性能及良好的二次加工性能。热压贴合成型 PVC 再生地板是由面层、中间衬层和底层热压后加工而成的，面层是套色印花耐磨 PVC 硬片，中间层是白色 PVC 硬片，底层是以废 PVC 膜和活性填料为主要原料的。热压贴合成型 PVC 再生钙塑地板生产工艺流程如图 8-7 所示，其生产配方见表 8-16，工艺条件见表 8-17。

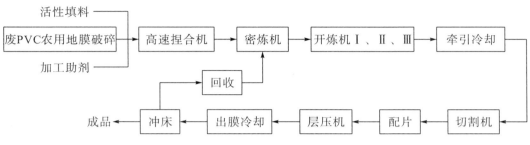

图 8-7　热压贴合成型 PVC 再生钙塑地板生产工艺流程

表 8-16　废 PVC 农膜生产再生钙塑地板的配方

组　成	配方（w/w）	组　成	配方（w/w）
废 PVC 农膜	100	二次增塑剂	1.5~2.5
重质 CaCO$_3$（325 目）	350~400	颜料	适量
三碱式硫酸铅	3.5~4.5	表面活性剂	1

表 8-17　废 PVC 农膜生产再生钙塑地板的工艺条件

工艺参数	条件	工艺参数	条件
温度（℃）	140~160	热压时间（min）	20~25
压力（MPa）	8~10	降温保压时间（min）	20
压制时间（min）	40~45	降压温度（℃）	<50

　　地板在使用过程中主要受压力和摩擦力两种作用，加大填料 CaCO$_3$ 用量可以提高制品的硬度、抗蠕变性和尺寸稳定性，同时降低成本。为了解决填料和树脂的分散均匀性，降低填料对增塑剂的吸收能力，可加入表面处理剂对 CaCO$_3$ 表面进行活化处理，以利于树脂塑化，提高流动性，改进聚合物对填料的润湿性和黏结性，进而提高填料填充量，保持或提高 PVC 填充制品的力学性能。值得注意的是，CaCO$_3$ 吸湿性大，PVC 废料又经洗涤处理，物料中含有一定的水分，会引起制品表面起泡，因此在加工前必须对物料进行干燥处理，使 CaCO$_3$ 含水率低于 0.5%。

　　加工过程中热压时应逐步升温至热压温度为 145℃。温度太高，树脂不能充分塑化和相互渗透，造成制品表面有气边，使边缘复合不好；温度太低，地板复合性能及耐水性降低，且热压周期长，生产效率低。热压温度升至 145℃时，可略升高 2℃~3℃，再回落到 145℃，保压保温 20 min，然后保压冷却到 50℃以下，约 20 min 后卸压。

　　其他废旧 PVC 软制品（如防水卷材等）也可用于生产再生 PVC 钙塑地板，其配方见表 8-18。将废旧 PVC 软制品用破碎机破碎后，与其他配合剂在高速捏合机中捏合 5~6 min（捏合机夹层中通以 0.3~0.4 MPa 的蒸汽），然后将物料在密炼机中密炼 3~4 min（密炼机夹层蒸汽压力为 0.4~0.6 MPa），再经开炼机塑炼（辊温约为 180℃），保持 1.5 mm 厚度放片。压光辊加热保温，压光后用压花辊在板材背面压上花纹，以增强与地面的贴合效果；再经水槽冷却，按规定尺寸冲切成地板块。其工艺流程如图 8-8 所示。

表 8-18　废旧 PVC 软制品生产再生钙塑地板的配方

组　成	配方（w/w）	组　成	配方（w/w）
废旧 PVC 软制品	100	二碱式亚磷酸铅	1
轻质 $CaCO_3$	250~260	硬脂酸	2
三碱式硫酸铅	2	氧化铁红	0.3

图 8-8　废旧 PVC 软制品生产再生钙塑地板的工艺流程

如果所用 PVC 废料为硬制品，在生产再生钙塑地板时，不宜再添加无机填料，其配方见表 8-19。

表 8-19　废旧 PVC 硬制品生产再生钙塑地板的配方

组　成	配方（w/w）	组　成	配方（w/w）
回收 PVC 硬制品	100	DOP	2~3
PVC 树脂	5~15	石蜡	1
三碱式硫酸铅	4	颜料	适量
二碱式亚磷酸铅	1.5		

如果用废旧 PVC 生产软质铺地材料，如化工厂耐磨蚀板、地板、客车车厢铺地片材、垫片等，宜减少增塑剂用量，适当增加无机填料量以提高耐磨性。但对有耐酸要求的品种应避免使用 $CaCO_3$ 作为填料，可改用 $BaSO_4$。生产此类铺地材料的参考配方见表 8-20，其挤出工艺条件见表 8-21。

表 8-20　废旧 PVC 生产软质铺地材料的参考配方

组　成	配方（w/w）	组　成	配方（w/w）
回收 PVC 膜或软制品	80~100	DOP	2~6
PVC 树脂（聚合度 1000）	20~0	CPE	2~6
三碱式硫酸铅	2	氯化石蜡	6~8
二碱式亚磷酸铅	1	颜料	适量
$BaSO_4$	10~20		

表 8-21　废旧 PVC 生产软质铺地材料的挤出工艺条件

机身部分	条件	机身部分	条件
加料段温度（℃）	130 ± 10	均化段温度（℃）	150 ± 10
压缩段温度（℃）	140 ± 10	机头温度（℃）	160 ± 10

8.2.5　PVC 电线、电缆护套

电线电缆工业用的软质 PVC 是以 PVC 为基材，添加稳定剂、增塑剂、着色剂、润滑剂及填充剂等多种助剂，经捏合、塑化及造粒等工序加工而成的材料。其物理机械性能和电绝缘性好，耐光性、耐油性、耐寒性、耐化学药品性优良，易加工，并且可通过调节增塑剂的用量来调整其柔软性，是电线与电缆理想的包覆材料。

传统的电线、电缆的回收一般用溶解法。废电线、电缆上的 PVC 护套可溶解在适当的溶剂中，增塑剂、原料及其他有机添加剂也进入 PVC 溶液。除去金属和其他杂质后，蒸发溶剂可得到含有这些添加剂的粗 PVC 回收料，用于制造要求比较低的地板、园艺软水管等产品。其工艺流程如图 8-9 所示。废电线、电缆应提前破碎，所用溶剂一般为苯系物，如苯、甲苯、二甲苯、乙苯、丙苯、丁苯、卤代苯、重整汽油及其混合物等，最好用甲苯。浮选液为相对密度为 1.0～1.6 的无机或有机溶剂。

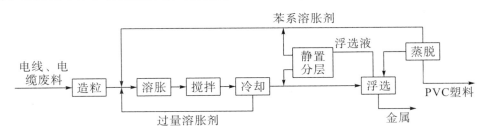

图 8-9　溶胀法回收电线、电缆 PVC 塑料护套的工艺流程

上述工艺没有将 PVC 树脂与增塑剂等添加剂分离，得到的是混合成分。可以通过溶解-沉淀的方法从 PVC 中除去增塑剂等添加剂，得到纯净的 PVC 树脂。一般的方法是将干燥的 PVC 电线、电缆破碎料用甲乙酮、四氢呋喃及环己酮等溶剂加热到 80℃溶解，得到 PVC 塑料的混合悬浮溶液，通过筛网分离除去铜和其他固体杂质；筛分后的溶液置于絮凝釜中，在 65℃～82℃下加入酸（如硝酸、硫酸，最好是盐酸），保温 15～30 min，以缓慢促进絮凝作用，同时中和酸，最后过滤除去絮凝物。

除环己酮外，用其他溶剂时的酸处理过程必须有絮凝剂的存在。可用作絮凝剂的聚合物有 PS、PMMA、PVA 及聚乙烯基异丁醚等；适于作絮凝剂的液态酯类有乙酸乙酯、乙酸丙酯、乙酸异丙酯、乙酸异戊酯、乙酸丁酯以及它们的混合物。其中乙酸乙酯特别适用于导线及电缆碎料的絮凝处理过程。

向除去絮凝物后的含 PVC 及增塑剂的溶液中加入 PVC 的非溶剂，如甲醇或甲乙酮，使 PVC 沉淀，经离心分离得到纯净的 PVC 树脂，干燥后可重新用于电线、电缆或

其他产品的生产。

8.3 PVC 热裂解回收法

热裂解是一种合理利用资源和有利于环境的处理废弃塑料的新工艺。它产生的有毒气体比单纯焚烧法低得多，且回收的产物包括 HBr 及 HCl，可重新作原料和燃料。废塑料的种类很多，必须进行初步分离，对热裂解有不良影响的废塑料不能用该法回收。

PVC 在高温真空中的热裂解分两个阶段：第一阶段温度低于 360℃，PVC 脱除 HCl 形成多烯链及少量的未取代芳烃，如苯、萘、蒽等；第二阶段温度高于 360℃，PVC 骨架降解形成甲苯、乙苯等烷基芳烃，余下碳残渣。PVC 热裂解还会生成氯甲烷、氯乙烯、氯乙烷、氯苯等卤代烃，但量很少，当裂解温度高达 500℃ 时，生成的卤代烃总量可达液态有机物的 2%。

PVC 的添加剂对热裂解有较大的影响，能延缓第一阶段的反应。例如稳定剂中的金属组分与 HCl 或活性氯原子反应，使第一阶段放出的 HCl 量减少。某些金属添加剂热裂解生成残碳，使第二阶段固态残渣增加。但含添加剂的废弃 PVC 热裂解的第二阶段反应与纯 PVC 类似，这说明添加剂对 PVC 裂解第二阶段的影响小于第一阶段。PVC 中的稳定剂可提高 PVC 热裂解所需的活化能。PVC 中的增塑剂，聚酯型的比含邻苯二甲酸酯型的更适于工业规模热裂解回收再利用。

PVC 是一种稳定性差的碳链聚合物，在热、光、电、机械能作用下均会发生降解。它的不稳定性为 PVC 废料的处理提供了一条新途径，即可通过高温裂解、催化裂解、加氢裂解等方法，将它分解成小分子化合物而加以利用。

PVC 中含有约 59% 的 Cl，裂解时，C—Cl 键较 C—C 键容易断裂，产生大量 HCl 气体，所以必须先进行脱除处理。

8.3.1 氯化氢的脱除及利用

不同裂解温度下 PVC 裂解机理不同。350℃ 时 PVC 降解反应主要是脱除 HCl，活化能为 54~67 kJ/mol，脱出的 HCl 对反应有催化作用，会加快脱除速率，生成的挥发物中 96%~99.5% 为 HCl。350℃ 以上时，脱除 HCl 时活化能为 12~21 kJ/mol，但此时主要是 C—C 键的断裂，裂解机理发生变化。因此，一般在较低温度下，即 250℃~350℃ 时，先脱除 HCl，再升温使 PVC 主链裂解。PVC 裂解油的收率低，工业上将 PE、PP、PS、PET 和 PVC 按一定比例混合后再脱除 HCl。HCl 经处理后可重新与电石乙炔合成 VC 单体，氯可与乙烯氧氯化后制备 VC 单体。

8.3.2　PVC 裂解油

PVC 在高温裂解后生成线形结构与环状结构的低分子烃混合物。对混合废塑料的裂解，目前世界上有多种装置，大体可分为高温裂解、催化裂解、加氢催化裂解三大类，回收物为汽油、柴油、可燃气体及 HCl。

8.3.2.1　高温裂解

高温裂解的工艺流程如图 8-10 所示。裂解反应是在裂解炉反应器中进行的，裂解炉可采用多种形式，常见的有槽式反应器、流化床反应器、螺旋式或挤出机式反应器。

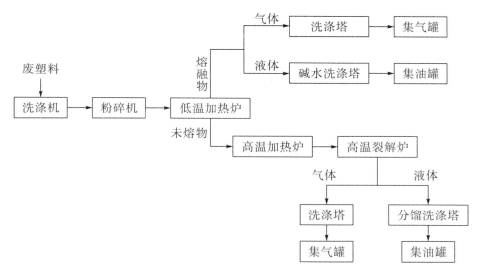

图 8-10　混合废塑料高温裂解的工艺流程

槽式反应器是将废塑料在槽内隔绝空气加热到 400℃～500℃，将熔融废塑料干馏汽化。分解槽上部有冷凝器，回流温度为 200℃～300℃，分解气经过时，高沸点物质被冷凝，从裂解槽下部返回继续热解，未冷凝的气体经冷却器冷至常温后，液体进入储油罐，分解生成的 HCl 及其他气体进入吸收塔，用水吸收生成盐酸，经油水分离器分离后进入盐酸储罐，其他气体进入中和塔，用碱液洗去微量盐酸后进入气柜。热解过程中所需的热量可以通过燃烧分解得到的油、气及残渣获得。

槽式反应器裂解的优点是在分解过程中进行混合搅拌，物料处于充分混合状态；外部加热可以通过温度调节控制生成油品性状。缺点是由于分解槽内既有已分解的油分，又有刚加入的高分子量物料，分子量分布广，停留时间较长；外部加热消耗分解出的油与气体，实际回收效率较低；热解管上有碳形成，降低了传热效率，需定时排除形成的碳和固体。

流化床反应器是将固体废料以一定速率直接投入分解炉，流化床鼓入空气，在

460℃左右时，炉内保持一定压力进行裂解反应，蒸馏塔回流温度约为 130℃。流化床反应器的优点是温度、压力较稳定，实际的油吸收率较高，得到的油的黏度较大，如需要可用蒸馏釜重新加热使其轻质化。缺点是在分解 PVC 时，生成的碳化物接近 50%。

螺旋式或挤出机式反应器采用的是两段式分解流程。废旧塑料混合物首先在熔融炉内用微波加热到 250℃~270℃，脱除 HCl，然后进入螺旋式反应器，在 510℃~560℃、略低于标准大气压下进一步分解，得到的油品经蒸馏分离成轻油和重油。这种方法的优点是用螺旋搅拌混合，能提高传热效率。缺点是熔融槽需要大量热量，且高黏度聚合物不易混合，需要较大的搅拌动力；分解反应在减压下进行，物料停留时间不稳定；高温分解使塑料气化与碳化的比例增加，油的回收率降低；采用外部加热，燃料用量大。

8.3.2.2 催化裂解

催化裂解是用催化剂使废塑料在较低温度下发生降解。催化裂解的工艺流程如图8-11 所示。

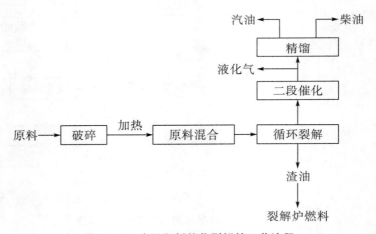

图 8-11　废旧塑料催化裂解的工艺流程

催化裂解一般采用两段法工艺：首先将脱除 HCl 的废塑料在 350℃~400℃下使其发生热分解，经回流冷凝器分离出重烃，余下的进入填满 ZSM-5 催化剂的裂解槽进行催化裂解；其次将裂解后的物料经冷却器进入油气分离槽，分解气用作加热炉的燃料，分解油在分馏塔中分离成汽油、柴油及煤油等馏分，产率一般为 80%~90%。

ZSM-5 催化剂为天然沸石加工、烧结而成的合成沸石，它具有纵轴为 1 nm、横轴为 0.8 mm 的椭圆形细孔隧道，能切断大分子烃类的主链，生成游离基，使烃类进行连锁式逆增长，分解成低分子脂肪烃和芳香烃，直到小到能通过 ZSM-5 的隧道小孔，保证裂解产物为 C_4~C_{20} 的低分子烃类。

为解决裂解中的结焦问题，在从热解槽到原料混合槽的循环管路中装有离心沉淀器，将熔融物料进行循环并加热，同时形成槽内熔融物的搅动，使碳和其他固体残渣沉淀，然后定期清除。

8.3.2.3 加氢催化裂解

加氢催化裂解是将粉碎并除去金属及玻璃的废旧 PVC 与油或类似物质混合成糊状，然后在氢化裂解反应器中于 500℃、400 MPa 高压、氢气气氛下进行裂解，脱除 HCl。裂解产物在洗涤器中除去无机盐，液体产物经分馏得到化工原料、汽油及其他产品，挥发性的碳氢化合物作为裂解供热用的气体燃料。与一般裂解法相比，气体和油的回收率更高。但这种方法由于使用加压氢气，所以投资与操作费用昂贵。

8.3.2.4 其他裂解方法

这里仅介绍超临界水废塑料油化法。超临界水废塑料油化法是一种新型的临界方法，与现有的热解法相比，这种方法可以加速废塑料分解，减小设备尺寸，且不需要任何催化剂和反应药品，成本较低。

使用超临界水作为反应溶剂将废塑料转化成汽油或润滑脂的过程，只需控制处理时间与温度及水的添加量，反应时间很短，油化率较高。如在 400℃～500℃、压力 25～30 MPa 下只需几分钟，80％以上的废塑料都可以回收，产品主要是轻油，几乎不产生焦炭及其他副产物。作反应性溶剂使用的水可以重复使用，油化生产的油和瓦斯可作油化反应器的热源，对环境无不利影响。

目前这种方法还处于实验室阶段，尚未形成工业生产。

8.3.3 PVC 裂解制碳化物

废 PVC 在 350℃左右脱除 HCl 后，以 10℃/min 的升温速率加热至 600℃～700℃得到碳化物，再在转炉中于 800℃～900℃下用水蒸气活化，得到比表面积为 400～600 m²/g 的活化碳，收率可达 15％。此外，PVC 与脱水剂 $CaCl_2$ 或氧化剂 $K_2Cr_2O_7$ 共热，则 PVC 的碳化和活化可同时进行，比水蒸气活化的温度低。PVC 中的添加剂如增塑剂、热稳定剂等对活性炭质量有较大影响，反应温度随添加剂种类和用量的不同而有所差别。不同 PVC 废料制得的活性炭性能比较见表 8-22。

表 8-22 不同 PVC 废料制得的活性炭性能比较

原料	生产方法	比表面积（m²/g）	炭回收率（％）
PVC 混合废料	①脱 Cl：350℃ ②碳化：700℃ ③活化：转炉水蒸气 800℃～900℃	400	7.5
硬 PVC 管	①碳化：烧瓶中 600℃ ②活化：水蒸气 750℃～1000℃	550	16

原　料	生　产　方　法	比表面积（m²/g）	炭回收率（%）
电线用 PVC	①脱 Cl：高压釜，加碱 200℃～280℃ ②碳化：石英蒸馏瓶 180℃～800℃ ③活化：转炉水蒸气 800℃～900℃	650	14
电线用 PVC 颗粒	①热分解：铁制蒸罐 500℃～600℃ ②活化：NaOH 550℃～650℃	1370	6.5
硬 PVC 颗粒 （含铅 0.17%）	①脱 Cl：转炉 180℃～400℃ ②碳化：600℃ ③活化：转炉水蒸气 850℃～950℃	1600	5
硬 PVC 颗粒 （含铅 1.96%）	①脱 Cl：转炉 180℃～400℃ ②碳化：600℃ ③活化：转炉水蒸气 850℃～950℃	400	5.2

8.4　回收 PVC 与改性

直接利用废旧 PVC 制品生产再生制品的优点是工艺简单，成本低廉，缺点是力学性能下降。可通过物理方法改善和提高再生制品性能。

8.4.1　增韧改性

可适用的改性剂有 NBR（丁腈橡胶）、CR（氯丁橡胶）等弹性体，含氯量 35%左右的 CPE（氯化聚乙烯）类弹性体。另外，还有含量 65%～70%乙酸乙烯（VA）的 EVA（乙烯－乙酸乙烯）共聚物，用量为 5%～15%；含量 40%丁二烯的 MBS（甲基丙烯酸甲酯－丁二烯－苯乙烯）共聚物，用量为 10%～20%；含量 50%丁二烯的 ABS（丙烯腈－丁二烯－苯乙）烯共聚物，用量为 8%～25%的非弹性体。

用 NBR/CPE 增韧改性废旧 PVC，可制软制品生产泡沫鞋底，其生产工艺流程如图 8-12 所示，其配方见表 8-23。

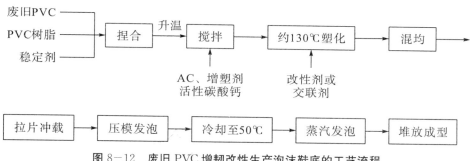

图 8-12　废旧 PVC 增韧改性生产泡沫鞋底的工艺流程

表 8-23　NBR/CPE 增韧改性废旧 PVC 软制品生产泡沫鞋底的配方

组　成	配方（w/w）	组　成	配方（w/w）
PVC 废料	90	碳酸钙（活化）	15
PVC 树脂	10	过氧化二异丙苯（DCP）	0.2
AN（含量 24%～29%）	6	稳定剂	1.6
CPE（含氯量 36.5%）	4	增塑剂	8
AC	5		

注：PVC 废料的配方是注塑鞋底质量：薄膜质量：泡沫鞋底质量＝30：20：50。

8.4.2　增强改性

8.4.2.1　玻璃纤维（GF）增强

PVC 与玻璃纤维（GF）有较好的相容性，在用 GF 增强废旧 PVC 时仍需用偶联剂进行活化处理。经研究，使用 KH-550 偶联剂对 GF 有较好的活化效果，GF 含量为 20% 时，对 PVC 增强效果较佳。其工艺流程如图 8-13 所示。

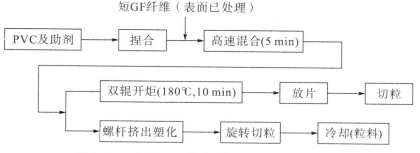

图 8-13　废旧 PVC 的玻璃纤维增强改性工艺流程

8.4.2.2　木塑复合材料

　　废旧 PVC 塑料的回收利用可提高其潜在的附加值，还可减少环境污染，是众多科研工作者一直研究的课题。PVC 木塑复合材料可反复再生利用，它的应用可使环境不再受废弃塑料的二次污染，是一种良好的环保解决办法，还可降低新产品、新材料的生产成本，实现经济效益与环境效益的双赢，使 PVC 树脂生产及加工行业有着更为广阔的市场前景。

　　PVC 木塑复合材料及制品的加工制造与传统的木材加工和塑料加工相比有明显的技术特点，它以废旧 PVC 塑料、PVC 树脂、高含量的植物纤维为原料，经挤出或层压为异型材、板材，极具木材制品的特性，可替代天然木材制品。

　　以废旧 PVC 塑料、PVC 树脂和植物纤维为原料，经特殊加工工艺复合而成的 PVC 木塑复合材料可用于生产木塑托盘、货架及地板等。尤其是地板，可用于化工车间，经久耐用。由于 PVC 木塑复合材料制成的托盘的综合性能高于木制托盘和全塑托盘，而且在耐酸碱性、耐水性、尺寸稳定性及可回收性等方面优于木质托盘，因此得到广泛的应用。

　　调整改性加工工艺及配方可改善 PVC 木塑复合材料的物理性能，以兼顾材料的成本和社会需求。

思考题

1. PVC 的回收技术有哪些？焚烧法为什么已经被淘汰？

2. 简述工农业和日常生活中的报废的塑料制品的回收程序，绘制 PVC 回收的净化流程图。

3. 简述回收 PVC 制备低发泡再生料的配方及管材性能。

4. 简述 PVC 机械回收法的品种以及各品种生产再生工艺流程。

5. 不同温度下 PVC 的裂解机理是什么？什么是 PVC 裂解油？有何用途？

6. 高温与催化裂解工艺上有何不同？从应用上看哪个更占优势？

参考文献

[1] 邴涓林，黄志明. 聚氯乙烯工艺技术 [M]. 北京：化学工业出版社，2008.

[2] 张民，郎需霞，梁锡伟，等. 乙炔法氯乙烯低汞触媒应用进展 [J]. 中国氯碱，2009 (5)：16—19，45.

[3] 中国氯碱工业协会. 中国烧碱和聚氯乙烯行业发展现状及 2009 年技术工作重点 [J]. 中国氯碱，2009 (1)：1—5.

[4] 殷厚义，仇志义. 戈尔膜的改进及戈尔新膜的应用 [J]. 氯碱工业，2009，45 (8)：9—10.

[5] 崔小明. 我国电石法聚氯乙烯生产技术新进展 [J]. 江苏氯碱，2011 (2)：4—9.

[6] 郭亚军，代少勇，董红星，等. 氯乙烯制备工艺研究进展 [J]. 化学与粘合，2002 (6)：277—279.

[7] 江苏省氯碱工业协会. 中国聚氯乙烯产业可持续健康发展讨论 [J]. 江苏氯碱，2012 (4)：1—3.

[8] 郑进. 乙烷氧氯化制备氯乙烯工艺 [J]. 中国氯碱，2004 (3)：14—17.

[9] 蓝凤祥. 世界聚氯乙烯工业技术进展 [J]. 聚氯乙烯，2002 (5)：7—14.

[10] 吕学举，费强，程铁欣，等. 乙烷氧氯化制氯乙烯研究 [J]. 高等学校化学学报，2003，24 (3)：522—524.

[11] 张新力. 中国 PVC 行业发展现状及趋势 [J]. 聚氯乙烯，2010，38 (6)：1—3.

[12] 周军，张新力. 我国电石法聚氯乙烯发展的挑战和趋势 [J]. 聚氯乙烯，2012，40 (7)：1—4.

[13] 陈平，廖明义. 高分子合成材料学 [M]. 2 版. 北京：化学工业出版社，2010.

[14] 郑石子. 聚氯乙烯生产与操作 [M]. 北京：化学工业出版社，2007.

[15] 杨涛. 聚氯乙烯配方设计与制品加工 [M]. 北京：化学工业出版社，2011.

[16] 杨丽庭. 聚氯乙烯改性及配方 [M]. 北京：化学工业出版社，2011.

[17] 都魁林，刘亚康. 纳米 TiO_2 原位聚合改性聚氯乙烯 [J]. 塑料工业，2012，40 (8)：37.

[18] 高旭东. 电石路线氯乙烯生产技术新进展 [J]. 聚氯乙烯，2011，39 (9)：1—8.

[19] 韩和良，钱锦文，徐雨尧，等. 纳米 $CaCO_3$ 微乳液存在下的万吨级氯乙烯原位聚合技术 [J]. 聚氯乙烯，2001，29 (4)：11—15.

[20] 张宁. $MBS/CaCO_3$ 协同增韧 PVC 的性能研究 [J]. 塑料工业，2012，40 (3)：69—73.

[21] 李淼，王秀丽. 聚氯乙烯专用料的研究进展 [J]. 合成树脂及塑料，2003，20 (4)：46−69.

[22] 包永忠，黄华章. 接枝共聚改性型医用聚氯乙烯 [J]. 化工新型材料，2001，29 (6)：19−21.

[23] Garcia D，Balart R，Crespo J E，et al. Mechanical properties of recycled PVC blends with styrenic polymers [J]. Journal of Applied Polymer Science，2006，101 (4)：2464−2471.

[24] Singh J，Ray A R，Singhal J F，et al. Radiation-induced graft copolymerization of methacrylic acid on to poly (vinyl chloride) films and their thrombogenicity [J]. Biomaterials，1990，11 (7)：473−476.

[25] Mehdi Sadat-Shojai，Gholam-Reza Bakhshandeh. Recycling of PVC wastes [J]. Polymer Degradation and Stability，2011，96 (4)：404−415.

[26] 解云川，杨青芳，张海娜. 医用聚氯乙烯材料的表面光接枝改性 [J]. 高分子材料科学与工程，2002，18 (3)：118−120.

[27] 罗绍武，习有建，那荣华. 废旧 PVC 电缆料的利用 [J]. 聚氯乙烯，2011，39 (3)：31−34.

[28] 欧育湘，韩廷解，孟征. 热裂解回收利用废弃聚氯乙烯及其混合塑料 [J]. 化工进展，2007，26 (1)：18−22.

[29] 张玉霞，张岩，李东萱，等. 国内外塑料包装材料回收法律体系概况 [J]. 塑料工业，2011，39 (1)：1−4.

[30] 王美华. 我国食品包装材料回收利用的现状及发展动态 [J]. 包装世界，2008 (6)：18−19.

[31] 蒲长城，邬建平，王红，等. 食品接触材料及制品监管法律法规选编 [M]. 北京：中国标准出版社，2007.

[32] 孙昭友. 国外塑料包装材料回收利用的现状和发展动态 [J]. 中国包装工业，2000，74 (8)：45−48.

[33] 严福英. 聚氯乙烯工艺学 [M]. 北京：化学工业出版社，1990.

[34] 韩光信. 我国 PVC 糊树脂技术发展及加工应用 [J]. 聚氯乙烯，2007 (11)：5−12.

[35] 邴涓林，赵劲松，包永忠. 聚氯乙烯树脂及其应用 [M]. 北京：化学工业出版社，2012.

[36] 肖军，林冠重，王丽娟，等. 低汞触媒的高效应用 [J]. 中国氯碱，2019 (10)：7−9.